折纸与数学

黄燕苹　李秉彝　著

科学出版社
北京

内 容 简 介

本书使用文字语言、符号语言和图形语言相结合的方式介绍了折纸几何学的7个基本公理，并通过举例说明了折纸基本公理的操作过程，给出了折纸操作的基本性质. 用A4纸和正方形纸，使用统一的折纸操作语言，按照“折一折”、“想一想”、“做一做”结构，给出了平面基本图形的折叠方法，讨论了$\sqrt{2}$长方形、$\sqrt{3}$长方形和黄金长方形的折叠过程及相关的数学问题. 通过将平面基本图形折叠成一个无缝无重叠的长方形，讨论了多边形的面积公式. 利用折纸基本公理对平面基本图形进行分解与合成，探索了分数运算的算理，给出了一次、二次和三次方程解的折叠方法.

本书还从数学课堂教学原理和数学课堂教学艺术的角度出发，结合中小学数学课程对“数学活动”的基本要求，以中小学数学教材为范本，按照“折一折、想一想、做一做”的教学模式给出了“垂线的教学设计”、“平行线的教学设计”、“等腰三角形性质的教学设计”等7个具体的数学教学设计案例. 最后，从近几年中国各地的中考数学试题中精选了16道与折纸有关的题目，应用折纸的基本公理，对题目的折纸操作方法进行了解析，并应用折纸基本性质对题目的解答过程进行了分析.

本书适合中、小学数学教师、学生、数学爱好者、折纸爱好者、数学教育研究者阅读参考.

图书在版编目(CIP)数据

折纸与数学/黄燕苹，李秉彝著. —北京：科学出版社，2012.7
ISBN 978-7-03-035086-2

Ⅰ. ①折… Ⅱ. ①黄… ②李… Ⅲ. ①几何-普及读物 Ⅳ. ①O18-49

中国版本图书馆CIP数据核字（2012）第152294号

责任编辑：陈玉琢／责任校对：张怡君
责任印制：吴兆东／封面设计：王 浩

科学出版社出版
北京东黄城根北街16号
邮政编码：100717
http://www.sciencep.com
北京天宇星印刷厂印刷
科学出版社发行 各地新华书店经销
*
2012年7月第 一 版 开本：720×1000 1/16
2024年5月第二十二次印刷 印张：11
字数：205 000
定价：48.00元
(如有印装质量问题，我社负责调换)

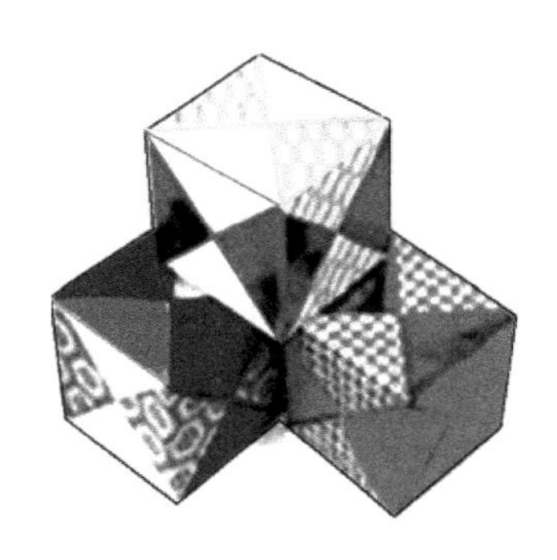

前　　言

本书是我和李秉彝先生电邮讨论的成果之一. 2008 年我去宁波参加中国、新加坡数学课程与课堂教学国际交流活动, 李先生用四个全等的直角三角形纸片给大家出了一道几何拼图题, 我被那新颖的题型所吸引, 便与李先生交流起来, 后逐渐被先生幽默、机智和充满智慧的数学故事所吸引, 会议结束后我们便开始了电子邮件的对话讨论. 这种讨论更准确地说是师生的对话, 是李先生给我的一种特别的授课形式. 2009 年 8 月我去日本看到了一些关于折纸与数学的文章和书籍, 想到李先生在宁波会议上给出的是一道剪纸拼图题, 而剪纸又常常借助于折纸来完成, 再联想到 2008 年在墨西哥举行的第 11 届国际数学教育大会上了解到的关于 “折纸与科学、教育、数学” 的相关国际会议的情况, 我和李先生电邮讨论的话题便进入到折纸与数学.

李先生在我们开始折纸对话的第一封电邮中就讲了两个观点：第一个是站在数学的角度去研究折纸; 第二个是从数学教学的视角去开发折纸. 这实际上就是先生常讲的 “上通数学、下达课堂”. 站在数学的高度去研究折纸已经有了如 Robert Geretschlager 所著的*Geometric Construction in Origami* 和 Kazuo Haga 编著的 *Origamics: Mathematical Explorations through Paper Folding* 等著作, 从数学教学的视角去开发折纸, 要解决的主要问题是：折纸能否进入中小学数学课堂; 中小学数学课堂中哪些内容可以利用折纸进行辅助教学, 怎样利用.

确定了讨论的方向后, 我们便直接进入第一个话题：折纸能否进入中小学数学课堂. 先生给我讲了他的一个日本朋友秋山仁教授的故事. 秋山仁教授是从事图论和离散几何学研究的数学家, 但人们亲切地称他为 “雷鬼教授”, 他利用各种资源以生动活泼的形式为小学、初中、高中和大学生讲授数学, 深得学生们的喜爱. 先生还例举了多媒体技术在中小学数学课堂中的应用主要是通过文本、图形、声音、动画等建立数学对象的各种形式的逻辑连接, 可以起到提高学生的学习兴趣、发展学生的观察能力和创造性思维能力等作用. 通过反复的讨论交流, 我们最终认为: 折纸可以进入中小学数学课堂, 其特点是通过折纸活动, 建立起动手操作与动脑思考的联系, 可以培养学生的动手能力、观察能力、想象能力和创造性思维能力.

在达成了"折纸可以进入中小学数学课堂"的共识后, 我们就开始讨论第二个话题: 在中小学数学教学中, 哪些内容可以利用折纸进行辅助教学, 怎样利用. 讨论首先从我们知道的内容开始, 李先生告诉我, 他知道怎样折直角三角形和正三角形, 我告诉先生我知道怎样折"赵爽弦图"证明勾股定理. 通过这样的讨论我们完成了第一阶段的原始积累. 其次是研究中小学数学教材, 我们发现在各种不同版本的中小学数学教材中, 有许多内容使用了折纸, 例如, 探索三角形的内角和为 180°, 探索等腰三角形的性质等. 这样完成了我们第二阶段的原始积累. 第三阶段就是对中小学数学教师的访谈和相关参考文献的查阅, 我们发现有许多数学教师都有将折纸或剪纸作为辅助教学的手段和工具的经历, 但经常使用的教师不多, 大多数教师都反映没有掌握系统的折纸方法.

完成了三个阶段的原始积累后, 我们将讨论的话题转入到操作的层面. 分两个阶段进行, 第一个阶段是折纸课程 (lessons) 的设计, 第二个阶段是通过实验检验其效果. 李先生首先指出, 设计折纸课程首要的是确定框架, 并给了我一个关于三角形面积的课程, 这个课程的框架由三个部分组成: 讲授 (instruct)、尝试 (try out) 和延伸 (stretch), 并对这三个步骤进行了详细的说明. 根据折纸的特点, 我们初步将折纸课程的框架确定为: 示范、操作和扩展, 并在此基础上设计出了第一个折纸课程, 即"平行四边形", 主要内容包括: 怎样用长方形或正方形纸片折平行四边形和探索平行四边形的性质. 在对这个课程的讨论修改中, 结合中小学数学教材的一些常见用语, 我们又将课程框架改为"学一学"、"做一做"、"想一想", 同时设计出了第二个课程"正方形", 这个课程的主要内容包括: 在长方形内怎样折出面积最大的正方形; 将正方形的四个角分别向内折叠, 怎样能保证折痕所围成的也是正方形.

在对上述第二个课程的讨论中, 李先生又提出了两个根本性的问题: 课程设计的目标是什么? 课程设计的原则是什么? 通过反复的讨论, 最终形成了**课程设计的总体目标: 通过折纸操作活动, 引导学生观察折痕所形成的边角关系, 帮助学生建立折纸操作与数学内容的联系, 培养学生的动手能力、观察能力、想象能力和创造性思维能力**. 经过反复的讨论和修改, 我们最终形成了折纸课程设计的原则: 第一, 结合中小学数学教材的内容, 从学生熟悉的"门"进去; 第二, 把握学生各年龄阶段的认知特点, 用学生熟悉的语言表述; 第三, 折纸操作过程要使用文字、符号、图形相配合, 让学生一看到图形就能模仿折叠, 通过阅读文字和符号说明, 能够从数学的角度理解折叠过程、解释折叠结果；第四，所有的折纸课程都依据折纸的基本公理进行描述.

根据上述课程设计的总体目标及其设计原则，最后形成了本书所采用的折纸课程设计的框架：**折一折、想一想、做一做**. "折一折"部分给出折纸的操作步骤，并利用图形、符号和语言文字相结合的方式进行描述；"想一想"部分包括两个方面内容：一是将"折一折"操作的结果以问题的形式提出，建立与相关数学知识的联系，并解答所提出的问题，二是利用类比的方法对"折一折"内容进行延伸；"做一做"部分是在基本掌握折叠方法及其原理的基础上，从数学的角度提出问题，进行折纸操作的演练及对所提问题的解答.

当我们经过多次反复讨论、修改形成了最初的 10 个折纸课程以后，就着手进行实验，以检验这些课程的可操作性、规范性及其效果. 我们在一所中学的初中一年级通过自愿报名的方式选择了 30 名学生组成折纸与数学兴趣小组，由我亲自执教，每周活动一次，每次活动的时间是两节课. 因为实验是在中国进行的，所以我和李先生的讨论包含三个方面的内容：课前对课程内容及教学方法的讨论；课后对学生学习情况的总结和对教学方法的反思；根据实验及讨论的结果再次修改课程.

经过一学期的实验我们发现，折纸对培养学生的团队合作精神、探究精神和创新精神，培养学生的观察能力、归纳能力、发现问题和解决问题的能力有明显的效果. 根据实验过程中发现的问题，我们进一步修改折纸课程，在初步形成了比较成熟的 10 个折纸课程以后，讨论的话题便进入到了如何进行教师培训. 李先生对教师培训有非常丰富的经验，在他的指导和帮助下，我在学校成立了一个折纸工作室，有 1 位中学数学教师和 2 位小学数学教师每周到我的工作室来学习 3 个小时的折纸操作，同时在中学的折纸与数学兴趣小组的活动就由这位中学教师具体执教. 期间，我先后为 4 所高校的数学教师及研究生，2 所小学和 3 所中学的数学教师作了关于折纸与数学的讲座，还为 2 所高校承办的国家级骨干教师培训和重庆市 2 个区县教委组织的全区中小学数学教师培训举办了专题讲座. 在讲座的过程中，李先生提出：**注意科学性和操作性相结合、趣味性与严谨性相结合、启发性与示范性相结合的原则**.

教师培训是促使我们写这本书的动力之一，几乎每次培训都有教师问有没有相关的书籍. 于是，我们在已经积累的成果基础上继续深入讨论和实践，首先确立了本书的写作风格.

采用图形、符号和语言文字相结合的方式展示全书的折纸操作过程. 图形语言要直观地、明确地刻画折纸的操作过程，力争能够做到读者一看到图形就能模仿进行折叠；符号和语言文字主要是配合图形进行说明，架设从折纸操作到数学思维、从直观操作到抽象思维的桥梁. 内容的组织上，按照数学教学由浅入深、由易到难、由直观到抽象等教学原则，注重精炼性与启发性相结合、教育性与针对性相结合的原则进行编排. 在结构体系上, 第 1 章是全书的逻辑基础, 以后各章都是利用第 1 章的操作公理和折叠性质进行操作和解释. 除第 7 章关于中考问题的解析以外, 每一章都是采用 "折一折、想一想、做一做" 的结构进行描述.

全书共分 7 章, 第 1 章首先使用图形、符号和语言文字相结合的方式介绍了折纸几何学的 7 个基本公理, 并举例说明了折纸基本公理的操作过程, 给出了折纸操作的基本性质. 作为第 6 公理的应用, 介绍了三等分任意锐角和倍立方问题的折纸方法及其原理.

第 2 章使用 A4 长方形打印纸和市贩的正方形彩色纸, 应用第 1 章的折纸公理及其性质给出了平面基本图形的折叠方法, 讨论了 $\sqrt{2}$ 长方形、$\sqrt{3}$ 长方形和黄金长方形等特殊长方形的折叠方法以及等边三角形等特殊三角形的折叠过程; 在讨论黄金长方形的折叠方法的基础上给出了正五边形的折叠步骤.

第 3 章用长方形、三角形、平行四边形、梯形和风筝等基本图形折叠成一个无缝无重叠的长方形, 并据此推导这些图形的面积公式, 同时还分别从 A4 长方形纸折叠平面基本图形的过程中, 将平面基本图形的面积转化为长方形的面积, 也得到了相应的平面基本图形的面积公式.

第 4 章利用折纸操作对图形进行分解与合成, 探索了利用折纸进行简单的分数运算. 主要内容包括用正方形、长方形、三角形等不同形状的纸片进行全等分解、等积分解和比例分解, 通过图形的分解, 认识分数的单位 "1", 理解分数的意义; 通过折叠、观察、概括和总结, 理解异分母分数的加减运算及其算理; 用正方形纸片折叠含 $30°$ 的直角三角形板和含 $60°$ 的菱形板并进行图形的合成, 通过图形的合成进行分数运算.

第 5 章用长方形纸片给出了一次、二次和三次方程解的折叠方法, 用正方形格子纸给出解具体方程的操作过程, 并用第 1 章的基本公理和性质加以说明.

第 6 章是基于数学折纸活动的教学设计, 这章从 "数学活动" 的理念从发, 结合中小学数学教材, 按照 "折一折、想一想、做一做" 的教学模式给出了 "垂线"、"平行线" 等 7 个数学教学设计案例.

第 7 章从近几年中国各地的中考数学试题中精选了 16 道与折纸相关的题目, 应用折纸的基本公理, 对题目的折纸操作方法进行了解析, 并应用折纸基本性质对题目的解答过程进行了分析, 同时应用折纸几何的语言对题目进行了重述.

本书的折纸操作有两个基本假设：第一是用平滑的无任何标记的纸进行折叠; 第二是每次折叠的折痕都是直线. 本书描述折纸过程的图形有两类：一类是含有阴影部分的图形, 这类图形表示折叠过程, 阴影部分表示折后重叠的部分, 其中的虚线表示被移走的部分; 一类是不含有阴影部分的图形, 这类图形表示折叠以后的展开图, 其中的虚线表示折痕. 本书使用的纸有三类：第一类是 A4 或 B5 长方形白色打印纸, 这是本书的主要用纸; 第二类是市贩的手工折纸, 即正方形彩色纸; 第三类是印刷的正方形格子纸, 这一类用纸只在第 5 章折纸与方程中使用.

本书采用了图形、符号和语言文字相结合的方式对折纸过程进行描述, 文中所涉及的全部几何问题都能够应用初中数学的平面几何知识解决, 而通过折纸对图形的分解和组合来认识分数的单位、探究分数的运算, 可以应用于小学数学课堂. 因此本书适合中小学生、数学教师和家长使用, 还可供折纸爱好者和数学爱好者参考, 同时也为从事数学教育教学研究的学者提供了开发数学课程资源和数学教学研究的素材.

黄燕苹

2011 年 11 月

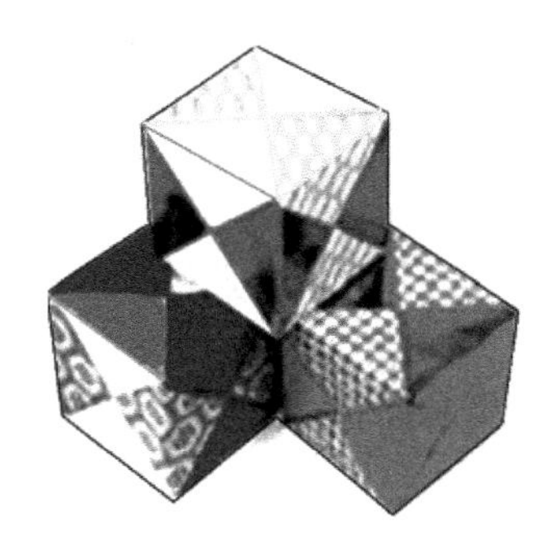

目　　录

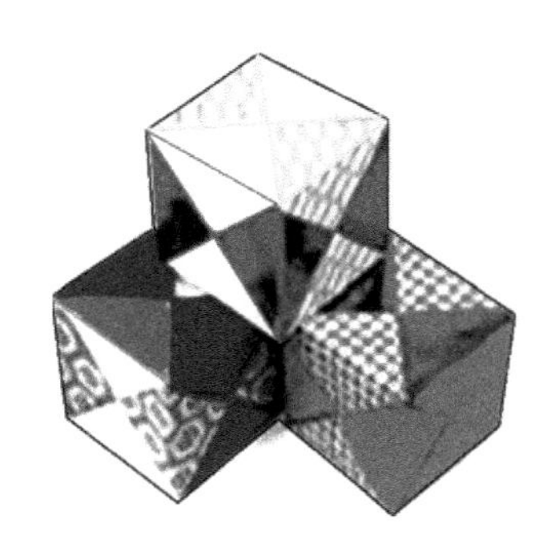

第1章

折纸的基本理论

本章讨论了折纸操作的 7 个公理及其性质, 是全书折纸操作的基础. 前 6 个公理分别是由 Justin Jacques 在 1989 年和 Humiaki Huzita 在 1991 年提出的[1,2], 我们在此 6 个公理的基础上给出了折纸操作的第 7 公理及其性质. 前 5 个折纸公理的结果都能用欧氏几何尺规作图完成, 第 6 和第 7 公理是折纸几何学所特有的操作, 其最大的特点是翻折 “纸 — 平面” 的时候借用了三维空间. 本章中, 前 5 个折纸公理的应用举例, 全部选用欧氏几何的相关问题, 作为第 5 公理的应用, 例举了经过两次折叠三等分直角的方法, 即得到含 30° 的直角三角形的操作过程, 而作为第 6 公理的应用, 则介绍了阿部恒在 1980 年发表的三等分任意锐角和解倍立方问题的折纸方法[3], 我们用第 7 公理描述了芳贺和夫关于三等分线段的第三定理的折纸步骤[4].

1.1 两点折线

欧几里得《几何原本》的第 1 公设:“任意一点到另外任意一点可以画直线”, 在折纸几何中这一公设仍然成立.

折一折

操作 1 过长方形 $ABCD$ 的 A, C 两点折叠, 折痕 AC 即为长方形 $ABCD$ 的对角线 AC, 如图 1-1 所示.

公理 1 (两点折线)　过已知两点能且只能折一条直线.

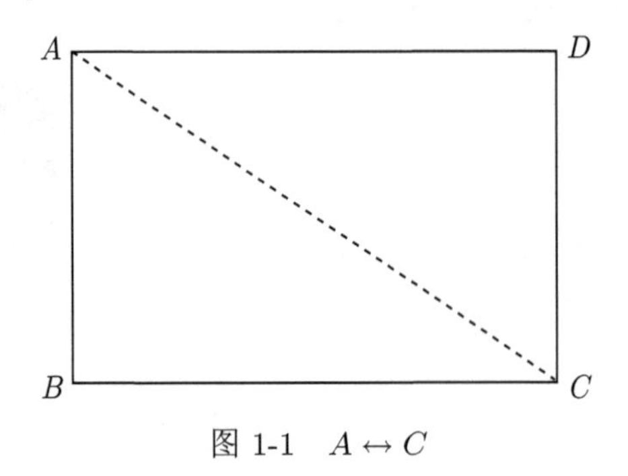

图 1-1　$A \leftrightarrow C$

设 P_1, P_2 为已知两点, 则过 P_1, P_2 能折且只能折一条直线. 我们将过 P_1, P_2 折叠的操作用记号 $P_1 \leftrightarrow P_2$ 表示, 如图 1-2 所示.

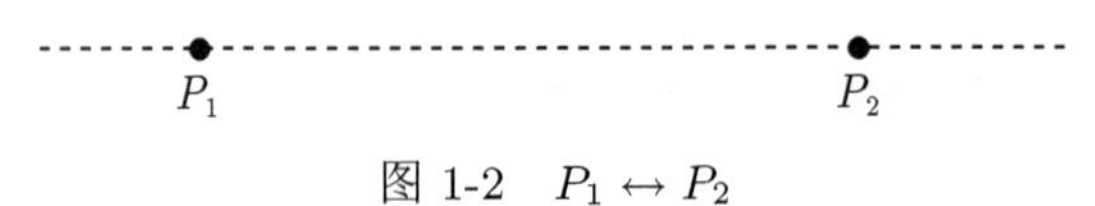

图 1-2　$P_1 \leftrightarrow P_2$

想一想

在长方形纸 $ABCD$ 的 BC 边上取一点 E, 过 D, E 两点折叠, 折痕为 DE, 点 C 的落点为 F. 想一想, $\triangle CDE$ 与 $\triangle DEF$ 有什么关系, 如图 1-3 所示.

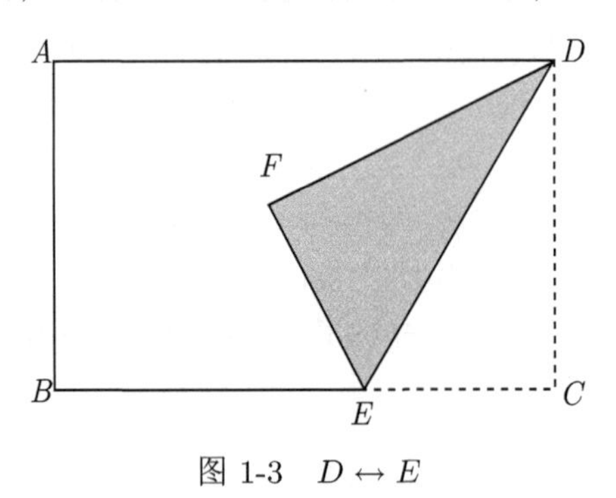

图 1-3　$D \leftrightarrow E$

因为折叠以后点 C 的落点是 F, $\triangle CDE$ 与 $\triangle DEF$ 重合, 有 $EF = CE$, $DF = CD$, $DE = DE$, 且 $\angle CED = \angle FED$, $\angle DFE = \angle DCE$, $\angle EDF = \angle EDC$, 也即 $\triangle CDE$ 的三条边和三个角与 $\triangle DEF$ 相对应的三条边和三个角分别相等, 因而可以说 $\triangle CDE \cong \triangle DEF$.

这里, 将折叠以后重合的两点称为**对应点**. 关于对应点有下列性质成立.

性质 1-1　过已知两点折叠, 一对对应点分别与已知两点构成的两个三角形全等.

如图 1-4, 过点 P_1, P_2 折叠, 点 P 的对应点为 P', 则 $\triangle P_1PP_2 \cong \triangle P_1P'P_2$.

性质 1-2 如图 1-5, 过点 P_1, P_2 折叠, 设 P 的对应点为 Q, M 的对应点为 N, 则四边形 P_1MPP_2 与四边形 P_1NQP_2 全等.

事实上, 在图 1-5 中, 过点 P_1, P_2 折叠后, 四边形 P_1MPP_2 与四边形 P_1NQP_2 重合, 即四边形 P_1MPP_2 的四条边与四个角分别与四边形 P_1NQP_2 所对应的四条边与四个角相等, 也就是说四边形 P_1MPP_2 与四边形 P_1NQP_2 全等.

做一做

1) 怎样将长方形纸分解为四个形状和大小都相同的直角三角形.

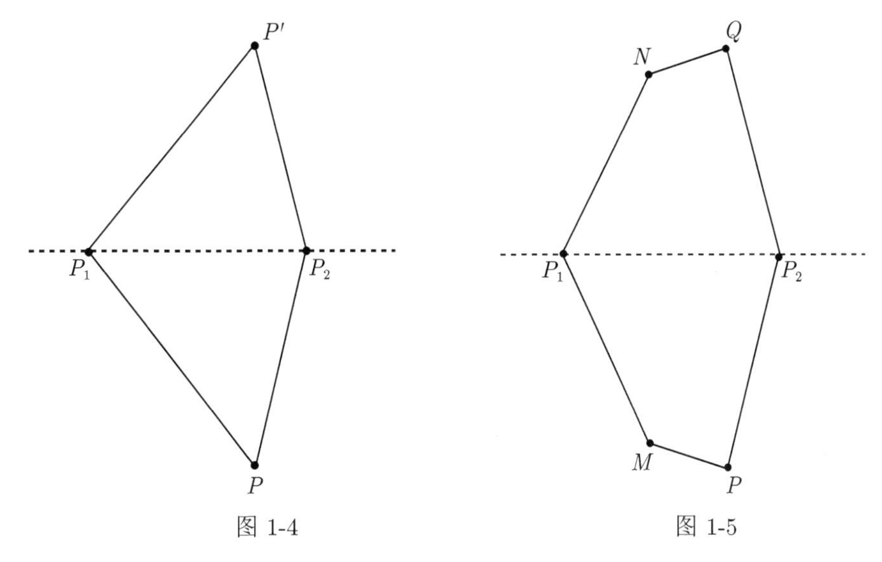

图 1-4　　图 1-5

操作 2 设 E, F 分别是长方形 $ABCD$ 的边 AD 和 BC 上的中点, 利用公理 1, 分别过 E, F 两点, A, F 两点和 D, F 两点折叠, 可将长方形 $ABCD$ 分成四个全等的直角三角形, 如图 1-6 所示.

2) 如何在面积为 1 的正方形 $ABCD$ 中折面积为 $\dfrac{1}{5}$ 的正方形.

操作 3 如图 1-7 所示, 设 E, F, G, H 分别是正方形 $ABCD$ 各边上的中点, 分别过 A, G 两点, B, H 两点, C, E 两点, D, F 两点折叠 (公理 1), 则折痕所围成的四边形 $MNPQ$ 为面积为 $\dfrac{1}{5}$ 的正方形.

由 $\triangle ABH \cong \triangle ADG$(两边及夹角对应相等), 有 $\angle ABH = \angle DAG$, 而 $\angle BAM + \angle DAG = 90°$, 所以 $\angle BAM + \angle ABM = 90°$, 即 $AG \perp BH$. 同理可以证明每两条折痕相互垂直, 由此可得 $\triangle ADQ \cong \triangle ABM \cong \triangle CBN \cong \triangle CDP$, 因此, $AQ = BM = CN = DP$. 又因为 E, F, G, H 分别是正方形 $ABCD$ 各边上的中点, 所以 M, N, P, Q 分别是 AQ, BM, CN, DP 的中点, 因此四边形 $MNPQ$ 是正方形. 容易

发现正方形 $MNPQ$ 的面积与 $\triangle ADQ, \triangle ABM, \triangle CBN, \triangle CDP$ 的面积相等, 故正方形 $MNPQ$ 的面积为大正方形面积的 $\frac{1}{5}$, 如图 1-8 所示.

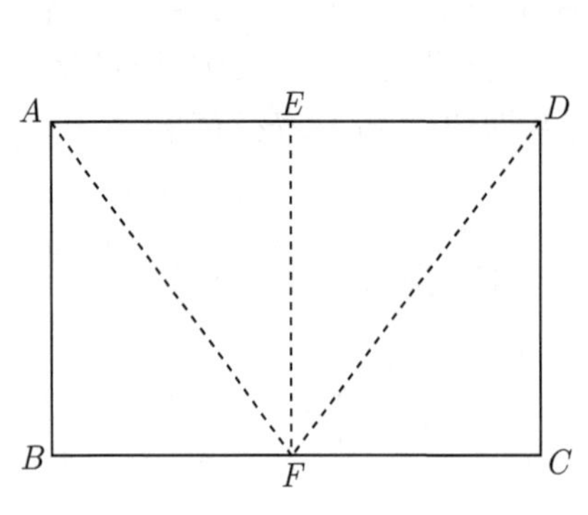

图 1-6　$E \leftrightarrow F, A \leftrightarrow F, D \leftrightarrow F$

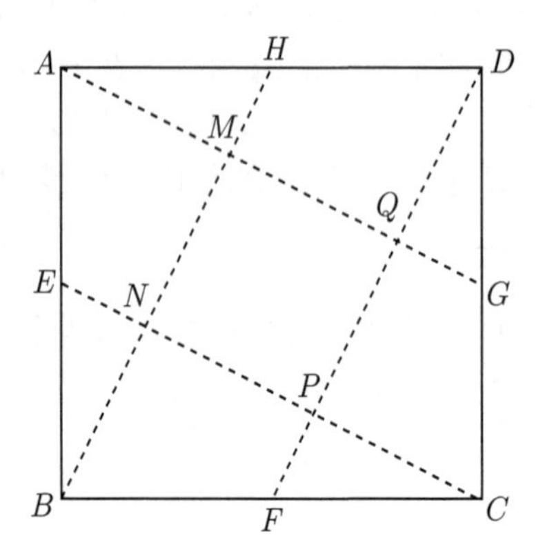

图 1-7　$A \leftrightarrow G, B \leftrightarrow H, C \leftrightarrow E, D \leftrightarrow F$

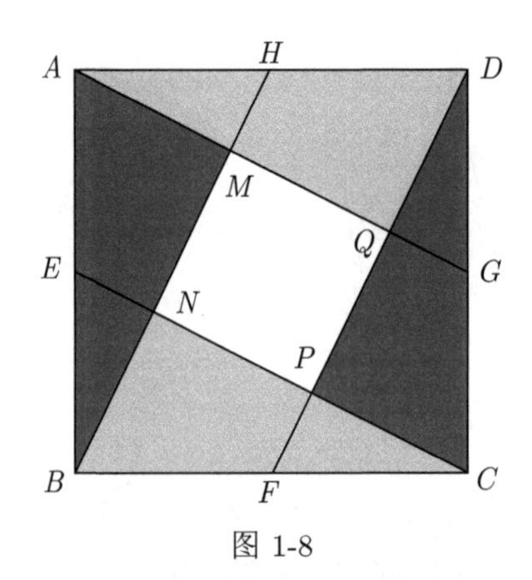

图 1-8

1.2　两点对折

在欧氏几何中, 用尺规作图作线段的中点或垂直平分线至少需要 3 步操作, 用折纸只需 1 步就可以完成.

折一折

操作 1　将长方形 $ABCD$ 的顶点 A 与 D 重合对折, 折痕为 EF, 如图 2-1 所示.

操作 2　将长方形 $ABCD$ 的顶点 A 与 B 重合对折, 折痕为 GH, 如图 2-2 所示.

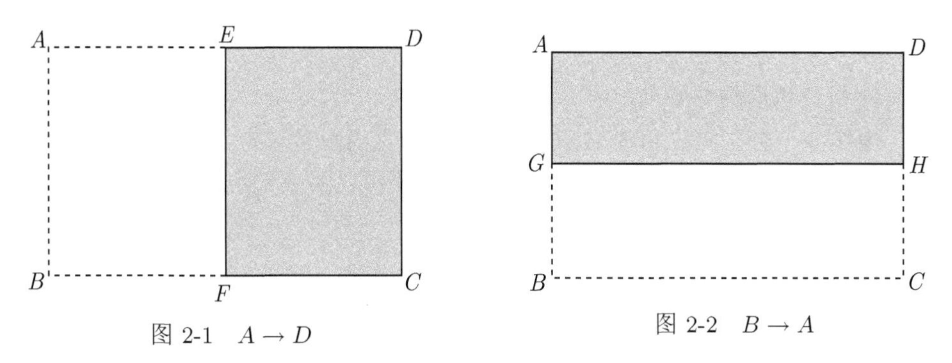

图 2-1 $A \to D$ 图 2-2 $B \to A$

公理 2(两点对折) 两点可以重合对折且只有一条折痕.

设 P_1, P_2 为两个已知点, 可以将 P_1 与 P_2 重合对折, 且只有一条折痕, 如图 2-3 中虚线所示. 将 P_1, P_2 两点重合对折的操作用 $P_1 \to P_2$ 或 $P_2 \to P_1$ 表示.

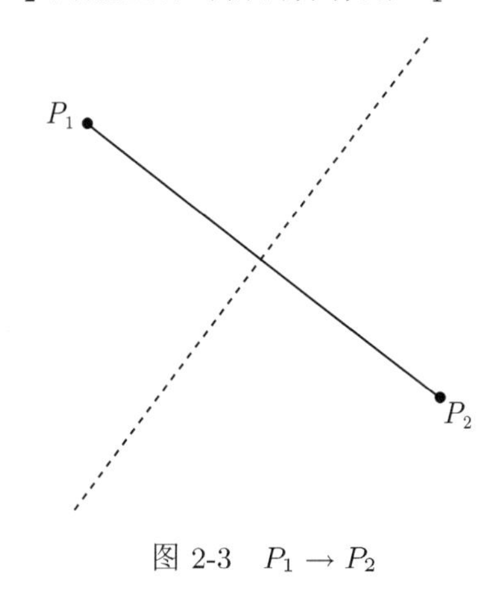

图 2-3 $P_1 \to P_2$

想一想

在图 2-1 中, 折痕 EF 与 AD 具有怎样的位置关系, 在图 2-2 中折痕 GH 与 AB 有怎样的位置关系.

事实上, 如图 2-1 所示, 将 A, D 重合对折, 可知 $AE = DE$, $\angle AEF = \angle DEF$, 且 $\angle AEF + \angle DEF = 180°$, 所以 $\angle AEF = \angle DEF = 90°$, 即 $EF \perp AD$, 即折痕 EF 垂直平分 AD.

性质 2 将已知两点重合对折, 折痕垂直平分两点的连线.

由性质 2 可知, 折线段的中点及垂直平分线只需将该线段的两端点重合对折即可. 在第 1 节中我们将折叠后重合的两个点称为关于折痕的对应点, 由此还可以得到性质 2 的一个推论.

推论 折痕垂直平分两对应点的连线.

做一做

1) 折三角形的外心.

操作 3　分别将三角形 ABC 的相邻两个顶点重合对折 (公理 2), 折痕即为三角形 ABC 的三条中垂线, 在折叠过程中我们还可以发现三角形的三条中垂线交于一点, 即为三角形的外心, 如图 2-4.

2) 折正方形的对角线.

正方形的对角线除了直接用公理 1, 即过两点折叠, 还可以用以下操作方法.

操作 4　将正方形 $ABCD$ 的不相邻两个顶点 A 与 C 重合对折 (公理 2), 折痕即为正方形的对角线 BD, 如图 2-5 所示.

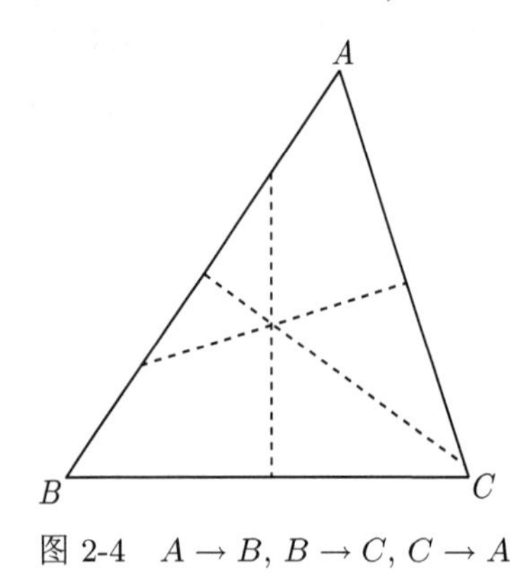

图 2-4　$A \to B, B \to C, C \to A$

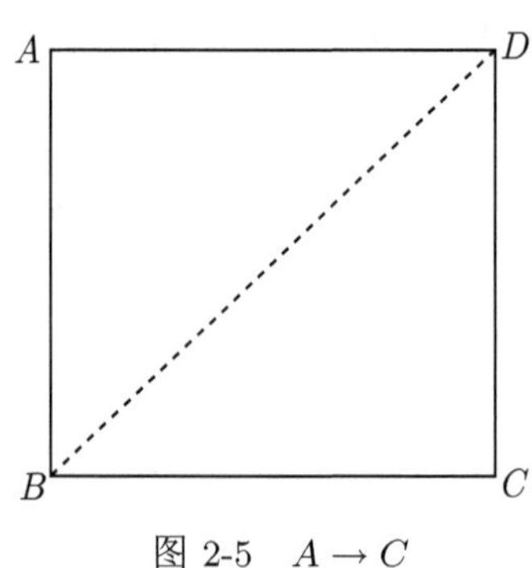

图 2-5　$A \to C$

事实上, 由于正方形的两对角线互相垂直平分, 将正方形 $ABCD$ 的不相邻两个顶点 A, C 重合对折, 由性质 2 可知, 折痕垂直平分 AC, 又因为线段的垂直平分线是唯一的, 所以折痕正好为对角线 BD.

3) 用长方形纸折菱形.

操作 5　如图 2-6, 过长方形 $ABCD$ 的顶点 A, C 折叠 (公理 1), 折痕为对角线 AC, 再将 A 与 C 重合对折 (公理 2), 折痕为 EF, EF 与对角线 AC 的交点记为 O, 则四边形 $AFCE$ 是菱形.

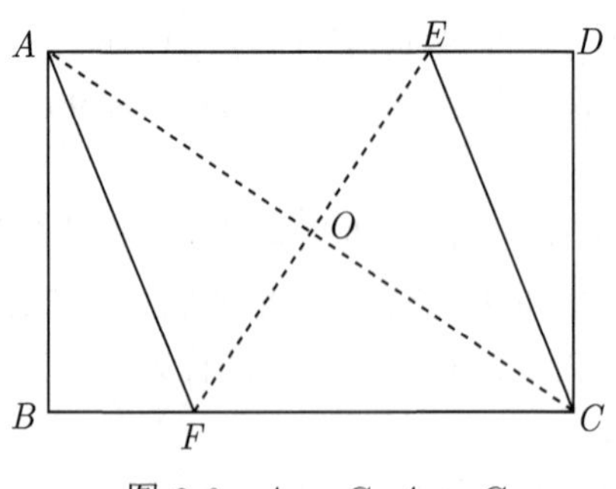

图 2-6　$A \leftrightarrow C, A \to C$

因为将 A,C 两点重合对折, 由性质 2 可知, 折痕 EF 垂直平分 AC, 在直角三角形 AOE 和直角三角形 COF 中, 由于 $AO=CO$, $\angle EAO=\angle FCO$, 因此有 $\triangle AOE\cong\triangle COF$, 所以 $OE=OF$, 即 EF 也被 AC 垂直平分, 即四边形 $AFCE$ 为菱形.

4) 在正方形 $ABCD$ 的边 AD 上取一点 H, 分别将 B,H 两点和 C,H 两点重合对折, 两折痕的交点记为 O, 如图 2-7, 证明点 O 是 $\triangle BCH$ 的外心.

将 B,H 重合对折, 折痕 MN 垂直平分线段 BH, 即 MN 是线段 BH 的垂直平分线, 同样可知将 C,H 两点重合对折, 折痕 KL 是线段 CH 的垂直平分线, 所以, 两折痕的交点 O 是三角形 BCH 的外心, 如图 2-8 所示.

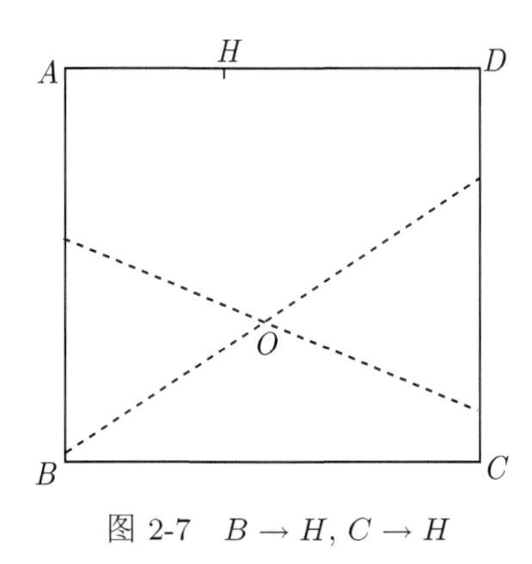

图 2-7 $B\to H, C\to H$

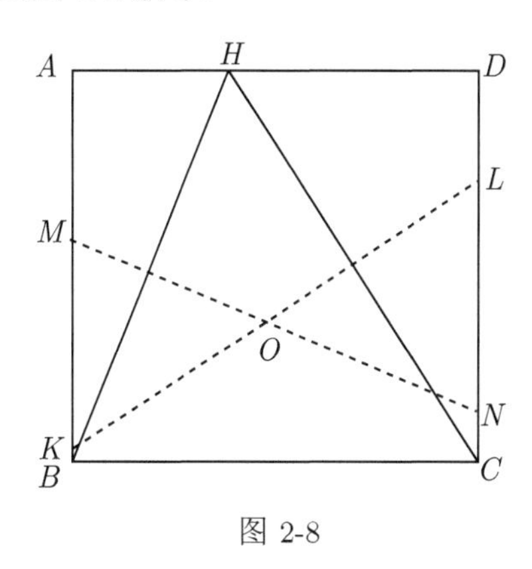

图 2-8

1.3 两线对折

在欧氏几何中, 用尺规作图作角的平分线, 需要 5 步操作, 用折纸只需 1 步就可以完成.

折一折

操作 1 将长方形 $ABCD$ 的两邻边 AB 与 AD 重合对折, 折痕为 AF, 如图 3-1 所示.

操作 2 将长方形 $ABCD$ 的边 AD 与 BC 重合对折, 折痕为 GH, 如图 3-2 所示.

公理 3(两线对折) 两条线可以重合对折且只有一条折痕.

设 l_1, l_2 为已知两条直线, 可以将 l_1 与 l_2 重合对折, 折痕记为 l, 我们将这个操作用记号 $l_1\to l_2$ 表示, 如图 3-3 和图 3-4 所示.

想一想

将两线重合对折所得折痕与已知两线的位置关系.

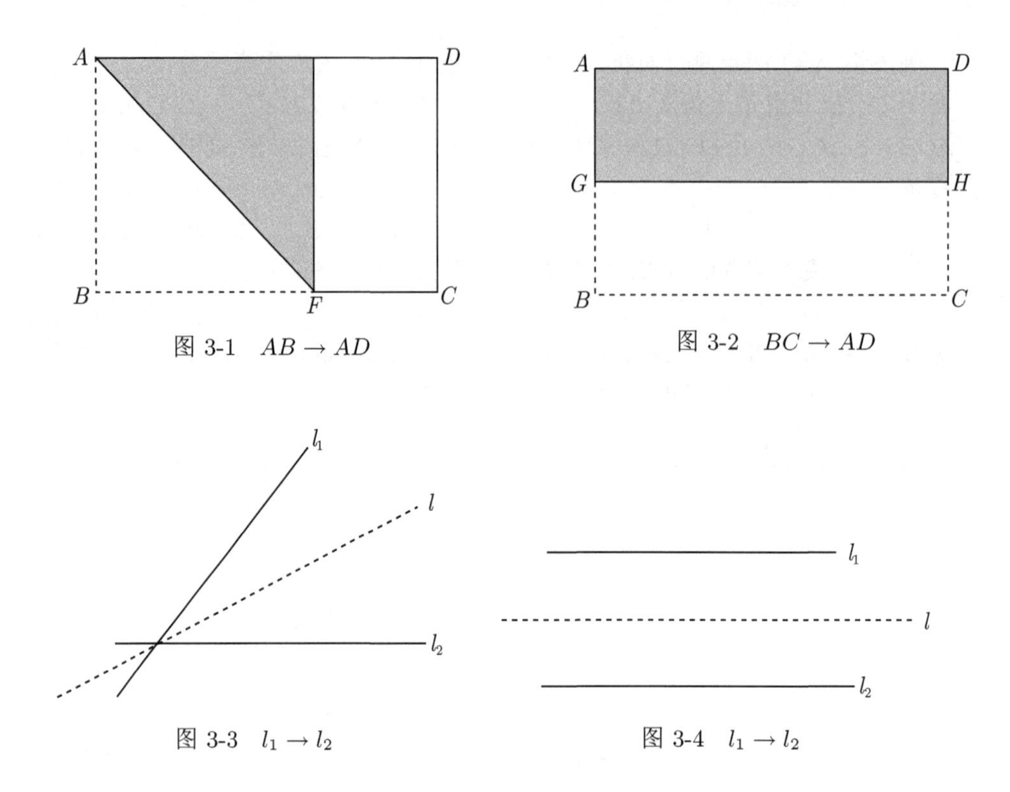

图 3-1　$AB \to AD$　　图 3-2　$BC \to AD$

图 3-3　$l_1 \to l_2$　　图 3-4　$l_1 \to l_2$

在图 3-1 中, 由于 $\angle BAF$ 与 $\angle DAF$ 的两边折叠后分别重合, 即 AB 与 AD 重合, AF 与 AF 自身重合, 所以 $\angle BAF = \angle DAF$.

同理, 在图 3-2 中有 $\angle AGH$ 与 $\angle BGH$, 因为 A、G、B 三点在同一直线上, 所以 $\angle AGH = \angle BGH = 90°$, 即 $GH \perp AB$, 也即有 $GH // AD // BC$.

由此可以得到如下性质:

性质 3　将两线重合对折, 当两线相交时, 折痕是两线交角的平分线; 当两线平行时, 折痕与之平行, 且三条平行线之间距离相等.

由性质 3 可知, 折已知角的平分线只需将角的两边重合对折即可.

做一做

1) 折三角形的内心.

操作 3　将三角形 ABC 的每两边重合对折, 所得折痕即为三角形 ABC 的三条内角平分线, 通过折叠可以发现, 三角形的三内角平分线交于一点, 即为三角形的内心, 如图 3-5.

2) 验证 A4 打印纸的长宽之比.

操作 4　如图 3-6, $ABCD$ 为 A4 长方形纸, 将 $ABCD$ 的边 AB 与 AD 重合对折, 折痕为 AH.

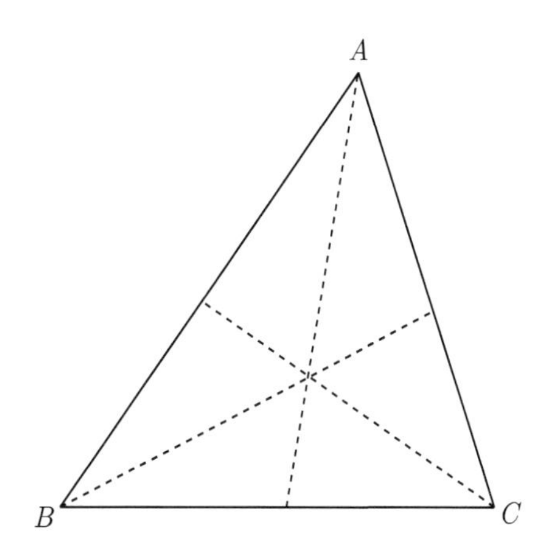

图 3-5 $AB \to AC, BC \to AB, BC \to AC$

操作 5 将 AD 与 AH 重合对折, 发现 D 的对应点正好与点 H 重合. 能否由此判断 A4 长方形 $ABCD$ 的长与宽之比为 $\sqrt{2}:1$.

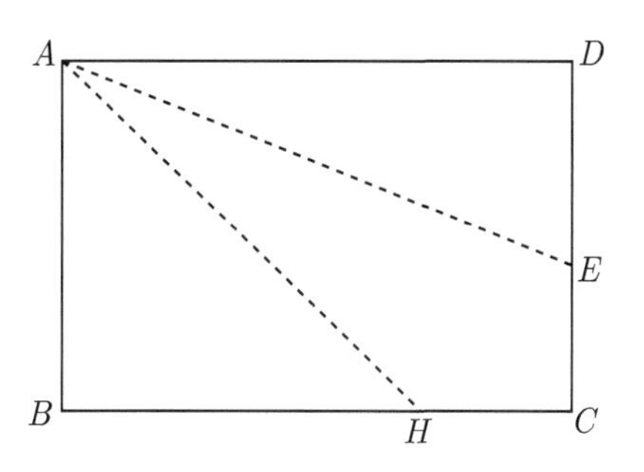

图 3-6 $AB \to AD, AD \to AH$

将 AB 与 AD 重合对折, 由性质 3 知, $\angle BAH = \angle DAH$, 因为 $\angle BAH + \angle DAH = \angle BAD = 90°$, 所以 $\angle BAH = 45°$, $\triangle ABH$ 为等腰直角三角形, 因此有 $AH = \sqrt{2}AB$. 又因为将 AD 与 AH 重合对折时, 点 D 的对应点与点 H 重合, 所以 $AD = AH$, 即 $AD = \sqrt{2}AB$, 由此可知, A4 长方形纸的长与宽之比等于 $\sqrt{2}:1$.

事实上, A3, B5 等打印纸的长与宽之比都等于 $\sqrt{2}:1$.

1.4 过点对折

在欧氏几何中, 用尺规作图过一点作已知直线的垂线至少需要 4 个步骤, 用折纸只需 1 步就可以完成.

折一折

操作 1　在长方形 $ABCD$ 的边 AB 上取一点 G, 过点 G 将 AB 自身重合对折, 折痕为 GH, 如图 4-1 所示.

操作 2　在长方形 $ABCD$ 的边 BC 上取一点 F, 将 AD 自身重合对折, 且让折痕通过点 F 如图 4-2 所示.

公理 4(过点对折)　过直线上 (或外) 一点可以将该直线自身重合对折且只有一条折痕.

设 P 为直线 l 上 (或外) 一点, 过 P 点可以将直线 l 自身重合对折, 我们将此操作用 $l \to l(P)$ 表示, 如图 4-3 所示.

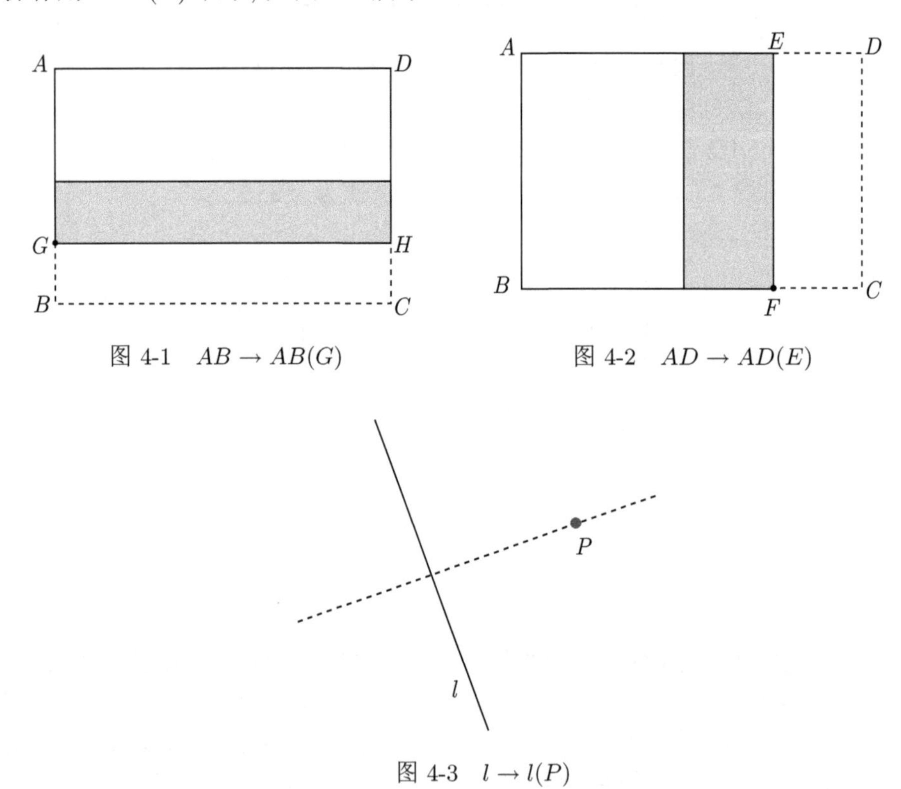

图 4-1　$AB \to AB(G)$

图 4-2　$AD \to AD(E)$

图 4-3　$l \to l(P)$

想一想

图 4-1 的折痕 GH 与 AB 有怎样的位置关系?

图 4-2 的折痕 EF 与 AD 有怎样的位置关系?

在图 4-1 中, 因为是将 AB 自身重合对折, 所以点 B 落在 AB 上, 即折叠以后 $\angle AGH = \angle BGH$, 也即 $GH \perp AB$, 同样在图 4-2 中, $EF \perp AD$.

性质 4　过直线上 (或外) 一点将该直线自身重合对折, 所得折痕与该直线垂直.

由性质 4 可知, 过直线上或外一点折该直线的垂线, 只需过该已知点将已知直线自身重合对折即可.

做一做

1) 折三角形的垂心.

操作 3　分别过三角形 EBC 的三个顶点, 将其对边自身重合对折 (公理 4), 即可得到三角形的三条高线, 折叠后可以发现三条高线交于一点, 即为三角形 EBC 的垂心, 如图 4-4 所示.

2) 折 A4 长方形边的中点和对角线的三等分点.

我们知道应用公理 2 可以折已知线段的中点, 即将线段的两端点重合对折, 对于 A4 长方形纸, 还可以有其他方法得到边的中点和对角线的三等分点.

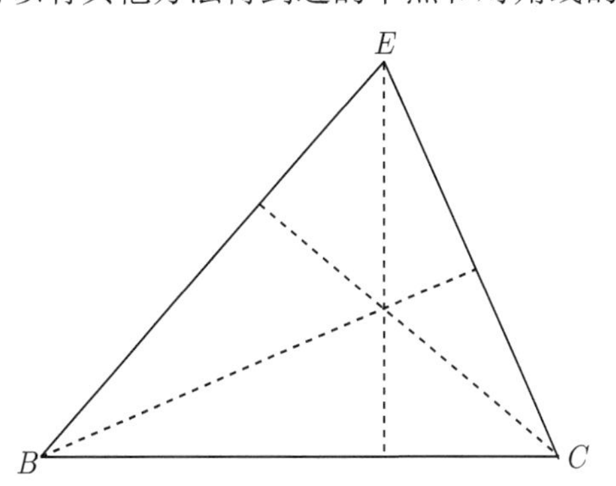

图 4-4　$BC \to BC(E)$, $CE \to CE(B)$, $BE \to BE(C)$

操作 4　如图 4-5, $ABCD$ 为 A4 长方形纸, 过 A、C 两点折叠得对角线 AC(公理 1), 过点 B 再将 AC 自身重合对折 (公理 4), 折痕为 BE, 并与 AC 交于点 G, 则 (1) E 是 AD 的中点; (2) G 是 AC 的三等分点.

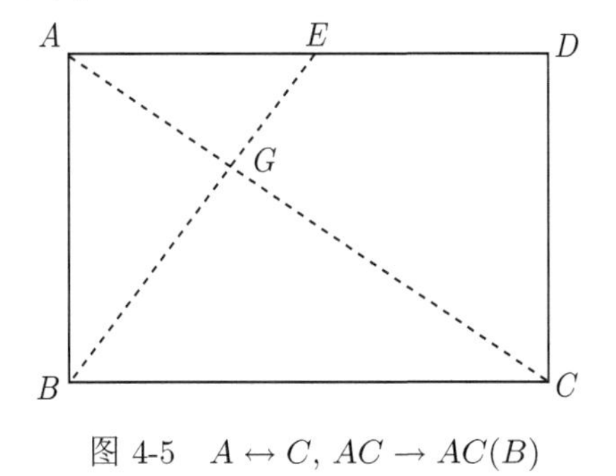

图 4-5　$A \leftrightarrow C$, $AC \to AC(B)$

(1) 过点 B 将 AC 自身重合对折, 由性质 4 知 $BE \perp AC$, 所以 $\triangle ABE \backsim \triangle ABC$, 有 $\dfrac{AE}{AB} = \dfrac{AB}{BC}$, 又因为 $ABCD$ 为 A4 长方形纸, 所以 $BC = \sqrt{2}AB$, 将其代入 $\dfrac{AE}{AB} = \dfrac{AB}{BC}$ 中可以得到 $AE = \dfrac{1}{2}BC$, 而 $AD = BC$, 因此 E 是 AD 的中点.

(2) 由 $\triangle AEG \backsim \triangle BCG$, $AE = \dfrac{1}{2}BC$, 容易得到点 G 是 AC 的三等分点.

1.5　点折到线

本节所要讨论的第 5 公理是欧氏几何中没有的, 但在折纸操作中是非常重要的一个公理, 是折叠 30° 角、等边三角形、正六边形等几何图形的基础.

折一折

操作 1　将长方形纸 $ABCD$ 的两对边 AD 与 BC 重合对折, 折痕为 EF, 如图 5-1 所示.

操作 2　将点 B 折到 EF 上, 但要让折痕通过点 A, 折痕为 AM, 点 B 的落点为 N, 如图 5-2 所示.

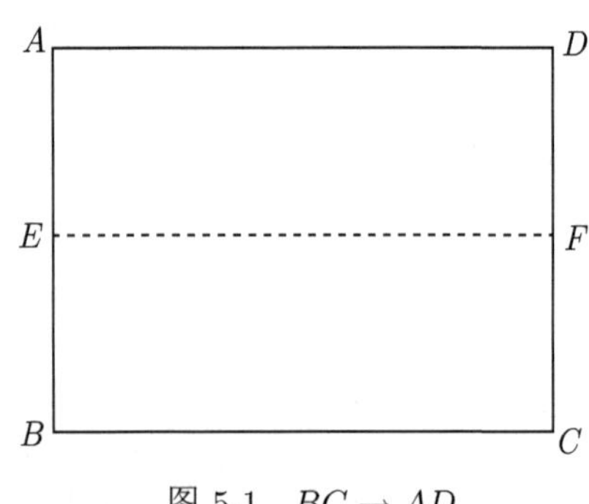

图 5-1　$BC \to AD$

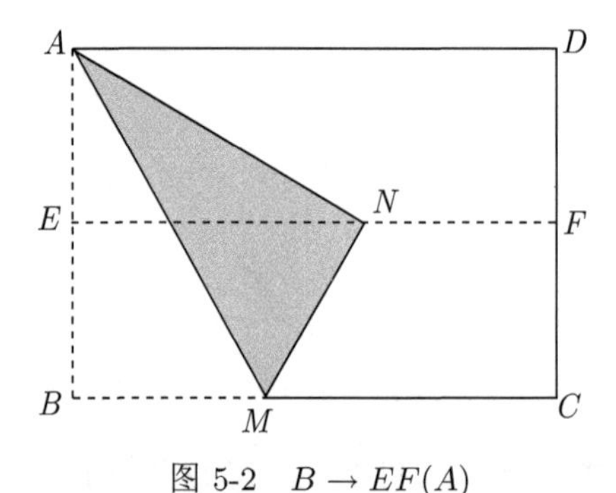

图 5-2　$B \to EF(A)$

公理 5 (点折到线)　已知两点和一条直线, 可以将其中一个点折到已知直线上, 同时让折痕通过另一个已知点.

设 P_1、P_2 为两个已知点, l 为已知直线, 将 P_2 折到直线 l 上, 同时让折痕经过点 P_1, 折痕记为 m, 此操作过程用记号 $P_2 \to l(P_1)$ 表示, 这里 P_2 的落点记为 Q_2, 如图 5-3 所示.

想一想

在图 5-3 中, $m \perp P_2Q_2$, $P_1P_2 = P_1Q_2$.

因为将 P_2 折到直线 l 上时, P_2 的对应点为 Q_2, 由性质 2 的推论可知, 直线 m 垂直平分线段 P_2Q_2, 由于 P_1 在折痕 m 上, 即 P_1 在线段 P_2Q_2 的垂直平分线上,

因此 $P_1P_2 = P_1Q_2$. 由此, 可以得到以下性质.

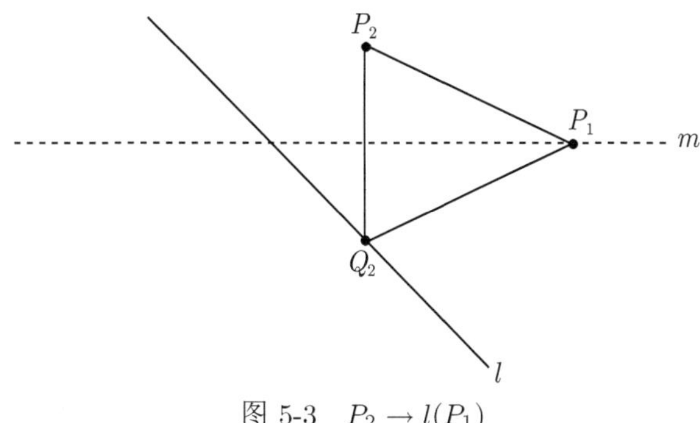

图 5-3 $P_2 \to l(P_1)$

性质 5 折痕上的点到两对应点的距离相等.

由性质 5 容易证明在图 5-2 中的直角三角形为含 30° 角的直角三角形.

事实上, 因为 B 的对应点为 N, A 在折痕 AM 上, 所以 $AB = AN$, 又因为 E 为 AB 的中点, 所以 $AE = \frac{1}{2}AN$, 在直角三角形 AEN 中, 直角边 AE 是斜边 AN 的一半, 所以 $\angle ANE = 30°$, 即 $\angle BAN = 60°$, 从而可知 $\angle BAM = 30°$.

做一做

折等边三角形.

在图 5-2 中, 过 M、N 两点折叠 (公理 1), 折痕为 MP, P 在 AD 上, 则三角形 AMP 为等边三角形, 如图 5-4 所示.

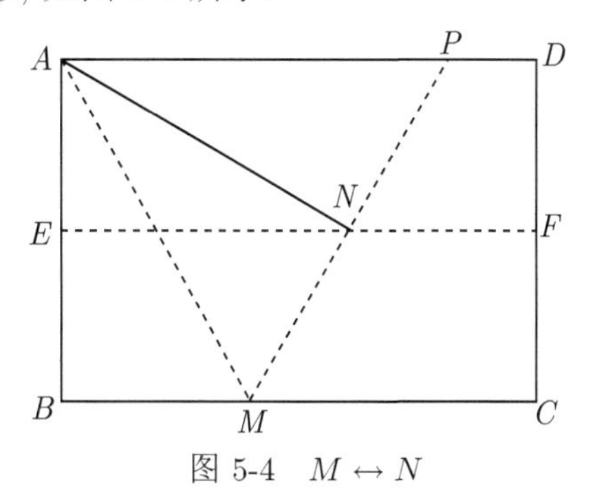

图 5-4 $M \leftrightarrow N$

事实上, 由 $\angle BAM = 30°$ 可知 $\angle MAP = 60°$, 由性质 1-1, $\triangle ABM \cong \triangle AMN$, 所以 $\angle AMN = \angle AMB = 60°$, 即 $\triangle ABM$ 为等边三角形.

1.6 双点到线

本节讨论的公理 6 也是欧氏几何所没有的, 结合公理 5 和下面的公理 6 可以发现，折纸操作与欧氏几何相比其最大的魅力就在于折叠过程借用了三维空间. 也就是说，欧氏几何作图是在刚性的平面上用直尺和圆规来完成的，而在折纸操作中虽然不用任何作图工具，但折叠过程移动了“平面”.

折一折

公理 6 (双点到线)　已知两点和两条相交线，可以将其中一点折到一条直线上且同时让另一点落在另一条直线上.

设 l_1 与 l_2 为两条相交直线，P_1、P_2 为两个已知点，将 P_1 折到直线 l_1 上同时让 P_2 落到 l_2 上，记为 $P_1 \to l_1 \wedge P_2 \to l_2$，记 P_1 的落点为 Q_1，P_2 的落点为 Q_2，折痕为 m，如图 6-1 所示.

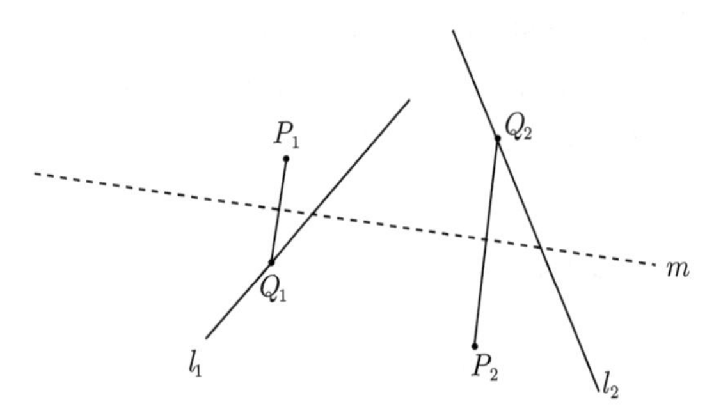

图 6-1　$P_1 \to l_1 \wedge P_2 \to l_2$

想一想

$P_1Q_2 = Q_1P_2$.

事实上，因为 P_1 的落点为 Q_1，P_2 的落点为 Q_2，由性质 2 可知 m 垂直平分线段 P_1Q_1 和 P_2Q_2，因此沿折痕 m 折叠，可知 $P_1Q_2 = Q_1P_2$.

由 $P_1Q_2 = Q_1P_2$，说明四边形 $P_1Q_1P_2Q_2$ 为等腰梯形. 由此可得如下性质.

性质 6　关于同一折痕的两对对应点的连线是等腰梯形.

公理 6 的两个最直接的应用就是日本的阿部恒于 1980 年发表的三等分任意锐角和求倍立方问题的解.

做一做

1) 三等分任意锐角

操作 1　在长方形纸 $ABCD$ 的边 AD 上取一点 E，过 B、E 两点折叠，折痕为 BE，得 $\angle EBC$，如图 6-2.

操作 2　在 AB 上取一点 G，过点 G 将 AB 自身重合对折 (公理 4)，折痕为 GH，B 的对应点为 P，且 $GH \perp AB$ 如图 6-3.

操作 3　过 P 点将 AB 自身重合对折 (公理 4), 折痕为 PK, 且 $PK \perp AB$, 如图 6-4.

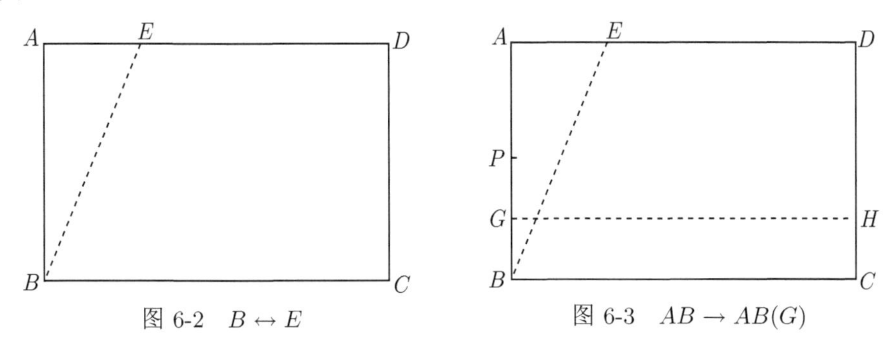

图 6-2　$B \leftrightarrow E$　　　　图 6-3　$AB \to AB(G)$

操作 4　将点 P 折到 BE 上, 同时让点 B 落到 GH 上 (公理 6), 折痕为 MN, P 的对应点为 Q, B 的对应点为 L, 如图 6-5, 则 $\angle LBN = \frac{1}{2}\angle LBQ$.

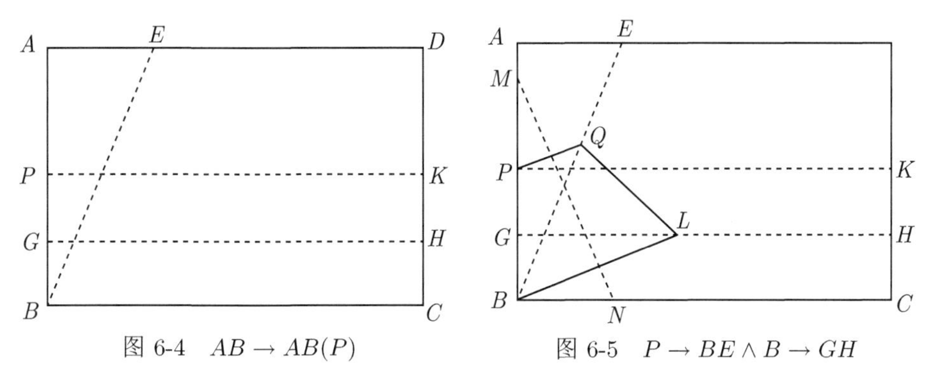

图 6-4　$AB \to AB(P)$　　　　图 6-5　$P \to BE \wedge B \to GH$

过 P、L 折叠, 折痕为 PL, 如图 6-6, 由操作 4, P 关于折痕 MN 的对应点为 Q, B 关于折痕 MN 的对应点为 L, 由性质 6 知四边形 $BLQP$ 是等腰梯形, $\angle BLP = \angle QBL$. 又因为 GL 垂直平分 BP, 所以 $\angle BLG = \angle PLG$, 又由 $GH // BC$, 可知 $\angle BLG = \angle LBN$, 所以 $\angle LBN = \frac{1}{2}\angle LBQ$.

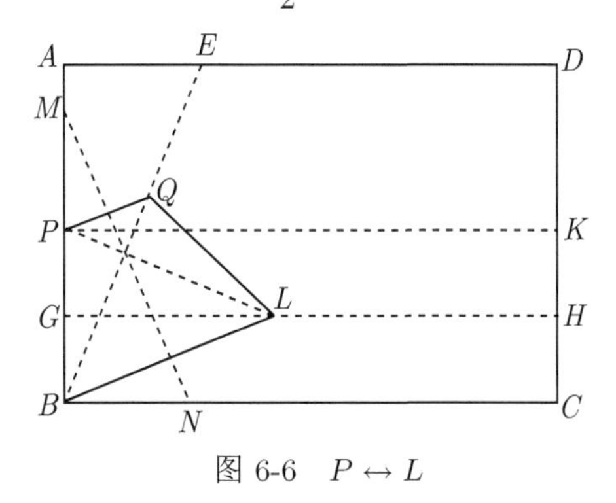

图 6-6　$P \leftrightarrow L$

由 $\angle LBN = \dfrac{1}{2}\angle LBQ$, 只需将 BL 与 BQ 重合对折, 即可三等分 $\angle EBC$.

2) 求倍立方问题的解.

操作 5　在长方形纸 $ABCD$ 的 AB 边上取一点 G, 过点 G 将 AB 自身重合对折 (公理 4), 折痕为 GH, B 的对应点为 K, 且 $GH\perp AB$, 如图 6-7.

操作 6　过点 K 将 AB 自身重合对折 (公理 4), 折痕为 KL, 且 $KL\perp AB$, 如图 6-8.

操作 7　将 AB 与 BC 重合对折 (公理 3), 点 G 的对应点为 Q, 如图 6-9.

操作 8　过点 Q 将 BC 自身重合对折 (公理 4), 折痕为 PQ, 且 $PQ\perp BC$, 如图 6-10.

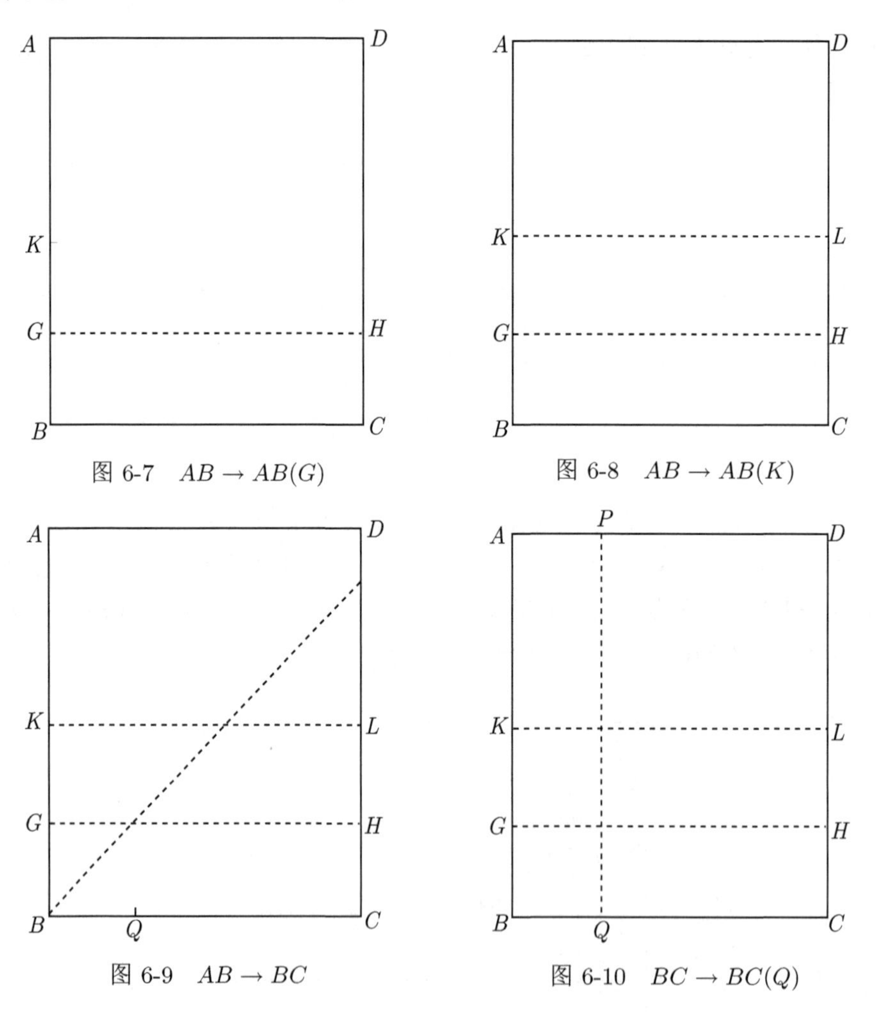

图 6-7　$AB \to AB(G)$　　图 6-8　$AB \to AB(K)$

图 6-9　$AB \to BC$　　图 6-10　$BC \to BC(Q)$

操作 9　将 AB 与 PQ 重合对折 (公理 3), 折痕为 MN, 且 $MN\perp BC$, 如图 6-11.

操作 10　将 G 折到 PQ 上, 同时让 N 落在 KL 上 (公理 6), 折痕为 EF, G 的对应点为 R, N 的对应点为 W, 折痕与 MN 的交点为 S, 如图 6-12. 如果设 $BN=1$, 则 $SU=\sqrt[3]{2}$.

设 $N(a,0)$, $G(0,b)$, 则 $U(a,b)$, 设直线 GR 的斜率为 m, 则 GR 的方程为: $y=mx+b$, 因为 S 在 MN 上, 所以点 S 的坐标为 $S(a,\ am+b)$.

因为 $GR//NW$, 所以 NW 的方程为: $y=m(x-a)$, T 在 GH 上, 所以点 T 的坐标为 $T\left(\dfrac{a+b}{m},\ b\right)$.

由 S、T 两点的坐标得 EF 的斜率为 $\dfrac{(am+b)-b}{a-\left(a+\dfrac{b}{m}\right)}=-\dfrac{a}{b}m^2$, 又因为 $EF\perp GR$, 所以 EF 的斜率等于 $-\dfrac{1}{m}$, 由 $-\dfrac{a}{b}m^2=-\dfrac{1}{m}$, 得 $m^3=\dfrac{b}{a}$. 当 $a=1$, $b=2$ 时, $SU=am=\sqrt[3]{2}$.

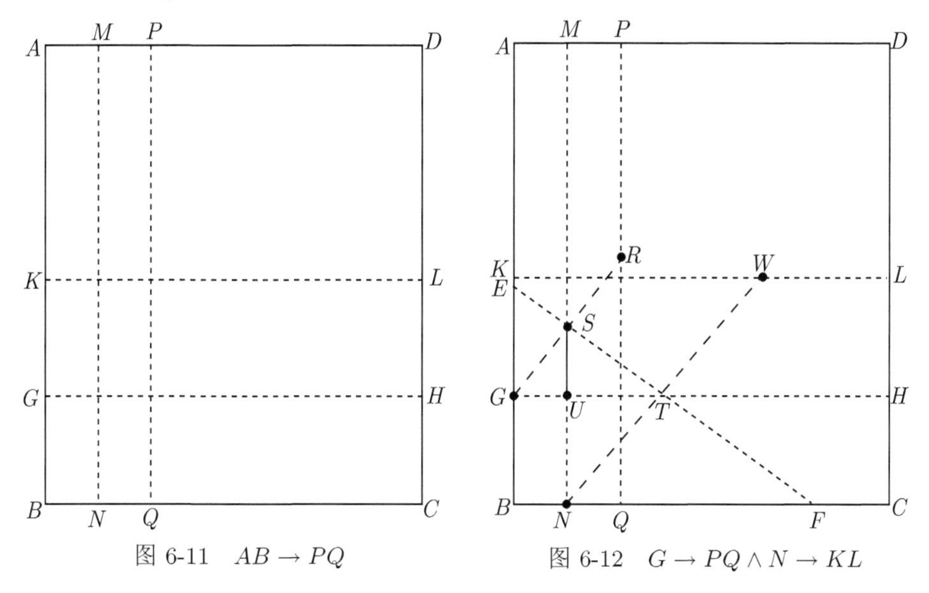

图 6-11　$AB\to PQ$　　图 6-12　$G\to PQ\wedge N\to KL$

1.7　点 线 线 点

折一折

公理 7 (点线线点)　已知两点和两条线, 可以将其中一点折到一条直线上, 同时让另一条直线通过另一已知点.

设 l_1 与 l_2 为两条已知直线, P_1、P_2 为两个已知点, 可以将 P_1 折到直线 l_1 上同时让 l_2 经过点 P_2, 折痕为 m, 将这个操作用 $P_1\to l_1\wedge l_2\to P_2$ 表示. 记 P_1 的对

应点为 Q_1, 如图 7-1.

想一想

记折痕 m 与已知直线 l_2 的交点为 M, 则 m 是 l_2 与 MP_2 所成夹角的平分线.

事实上, 记点 P_2 的对应点为 P, 因为将 P_1 折到 l_1 上的时候, l_2 过 P_2 点, 所以折叠以后 MP_2 与 MP 重合, 由性质 2 知 m 垂直平分 P_2P, 所以 m 是 l_2 与 MP_2 所成夹角的平分线, 如图 7-2.

做一做

折三等分点.

操作 1 在正方形 $ABCD$ 中, 将 AB 与 CD 重合对折 (公理 3), 折痕为 EF, 再将点 B 折到 CD 上, 且让 AB 过 E 点, 折痕为 GH, 点 B 的对应点为 M, 则点 M 是 CD 的三等分点, 如图 7-3.

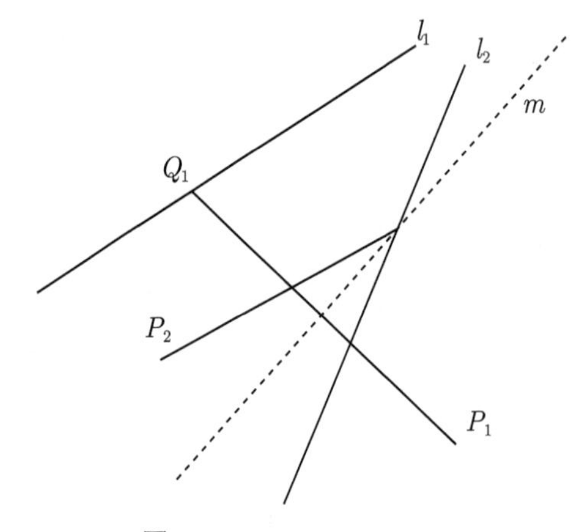

图 7-1 $P_1 \to l_1 \wedge l_2 \to P_2$

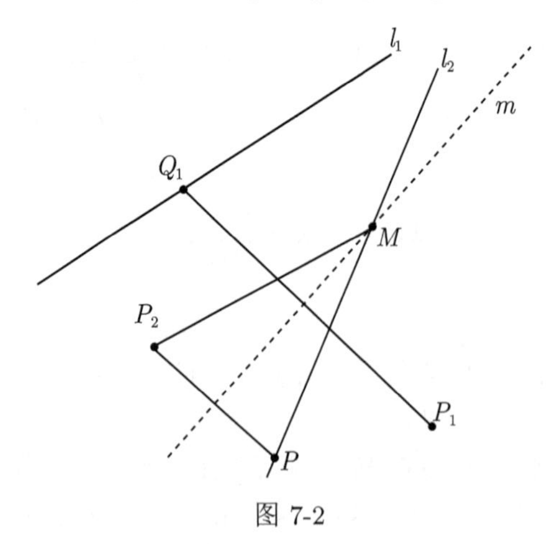

图 7-2

上述结果被称为方贺第三定理, 是由日本的芳贺和夫发现并提出的. 事实上, 设正方形 $ABCD$ 的边长为 1, $CM = x$, $CG = y$, 由 $\triangle EDM \backsim \triangle CMG$, 可得 $\dfrac{DE}{DM} = \dfrac{CM}{CG}$, 即

$$\frac{\frac{1}{2}}{1-x} = \frac{x}{y} \tag{1}$$

在三角形 CMG 中, $GM = 1 - CG = 1 - y$, 有 $x^2 + y^2 = (1-y)^2$, 解之得

$$y = \frac{1-x^2}{2} \tag{2}$$

将 (2) 式代入 (1) 式计算可得 $x = \dfrac{1}{3}$, 即点 M 是 CD 的三等分点.

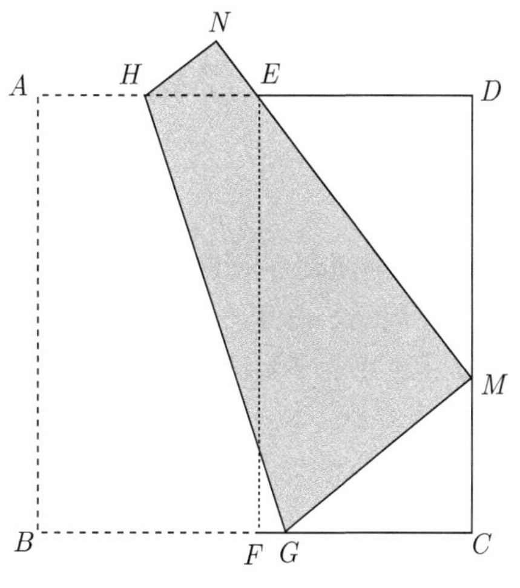

图 7-3　$B \to CD \wedge AB \to E$

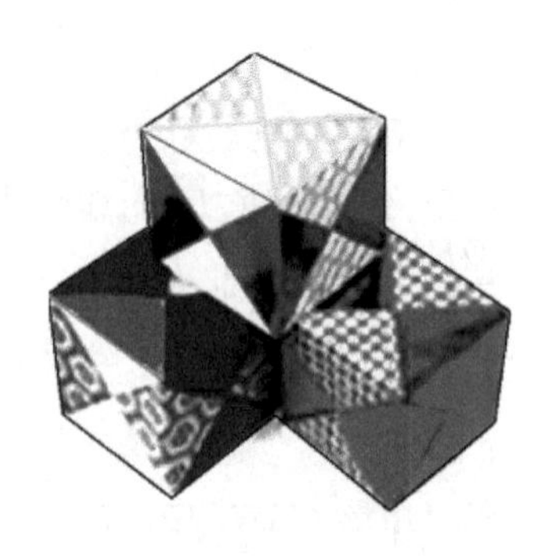

第2章

平面基本图形折纸

我们将正方形、长方形、三角形、平行四边形、菱形、梯形和风筝等平面图形统称为平面基本图形. 本章使用 A4 长方形打印纸和市贩的正方形彩色纸, 应用第 1 章的折纸公理及其性质描述了平面基本图形的折叠方法, 为制作第 3 章和第 4 章所需要的平面基本图形奠定了基础. 本章还重点讨论了 $\sqrt{2}$ 长方形、$\sqrt{3}$ 长方形和黄金长方形等特殊长方形的折叠方法以及等边三角形等特殊三角形的折叠过程, 并在黄金长方形折叠方法的基础上给出了正五边形的折叠步骤.

2.1 $\sqrt{2}$ 长 方 形

在第 1 章中我们知道, A4 或 B5 长方形纸的长与宽之比为 $\sqrt{2}$: 1, 一般地, 将长与宽之比为 $\sqrt{2}$: 1 的长方形称为 $\sqrt{2}$**长方形**.

折一折

操作 1 将 A4 长方形纸 $ABCD$ 的两个短边 AB 与 CD 重合对折 (公理 3), 折痕为 EF, 由第 1 章的性质 3 可知, 折痕 EF 将长方形 $ABCD$ 分解为两个形状大小都相同的长方形, 如图 1-1;

操作 2 再将长方形 $CFED$ 的两个短边 DE 与 CF 重合对折, 所得折痕又将其分解为两个形状大小都相同的长方形, 如此折叠得到的系列长方形均为 $\sqrt{2}$ 长方形, 如图 1-2.

因为 EF 是将 AB 与 CD 重合对折所得折痕，由第 1 章的性质 3 可知 $EF//AB//CD$，且 E、F 分别是 AD、BC 的中点. 因为 A4 长方形纸 $ABCD$ 是 $\sqrt{2}$ 长方形，如果设 $AB=1$，则 $ED=\dfrac{\sqrt{2}}{2}$，则 $ED\colon CD=\dfrac{\sqrt{2}}{2}\colon 1=1\colon \sqrt{2}$，所以，长方形 $CFED$ 也是 $\sqrt{2}$ 长方形. 也就是说，将 $\sqrt{2}$ 长方形两短边重合对折所得的小长方形与原长方形相似，均为 $\sqrt{2}$ 长方形.

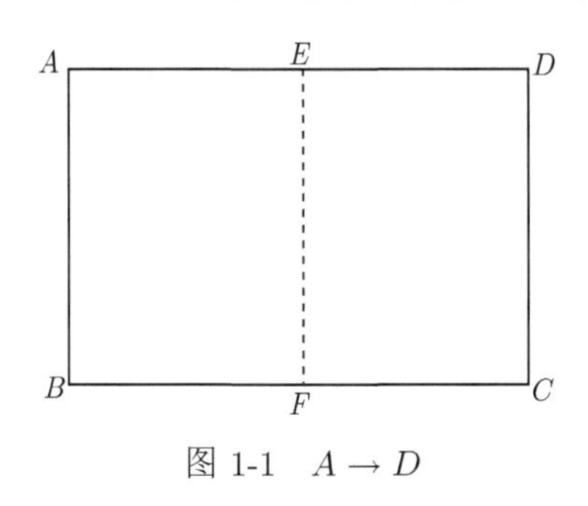

图 1-1　$A\to D$

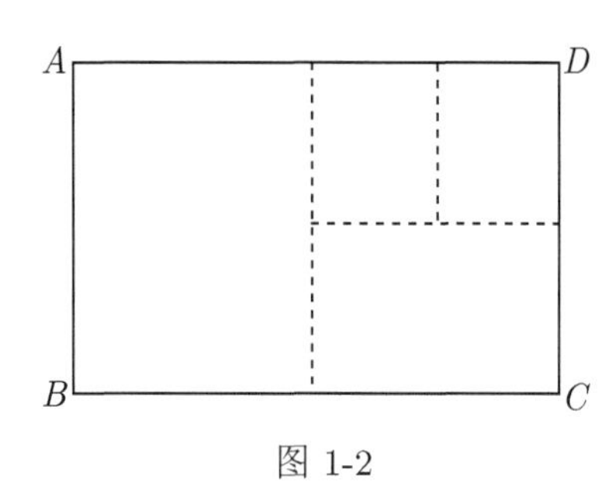

图 1-2

想一想

怎样由正方形纸折 $\sqrt{2}$ 长方形[5].

操作 3　将正方形 $ABCD$ 的 A、C 两点重合对折 (公理 2)，折痕正好为对角线 BD，如图 1-3；

操作 4　将 BC 与 BD 重合对折 (公理 3)，折痕为 BH，点 C 的对应点为 G，如图 1-4；

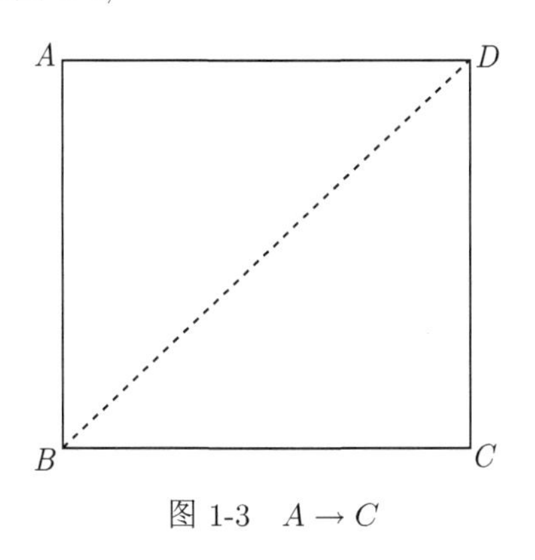

图 1-3　$A\to C$

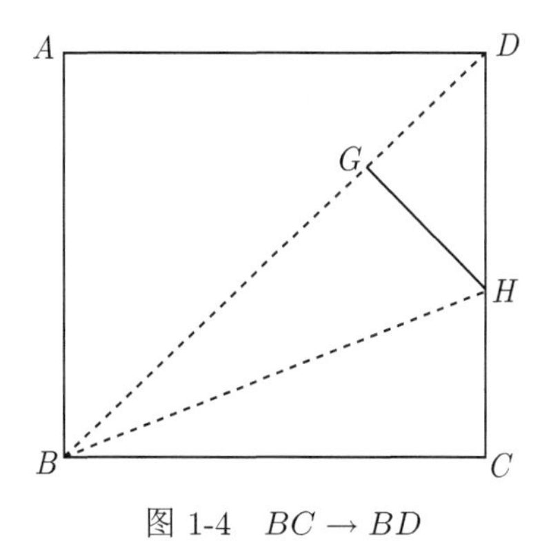

图 1-4　$BC\to BD$

操作 5　过点 G 将 AB 自身重合对折 (公理 4)，折痕为 EF，如图 1-5，则长方形 $BCFE$ 为 $\sqrt{2}$ 长方形.

因为 BD 是正方形 $ABCD$ 的对角线，所以 $\angle EBG=45^\circ$，由操作 5，根据第 1 章性质 4 可知 $EF\perp AB$，所以三角形 BEG 为等腰直角三角形，即 $BE\colon BG=1\colon \sqrt{2}$.

又因为 C 的对应点是 G, B 点在折痕上, 由第 1 章性质 5 可知 $BC=BG$, 因此 BE: $BC=1$: $\sqrt{2}$, 即长方形 $BCFE$ 是 $\sqrt{2}$ 长方形.

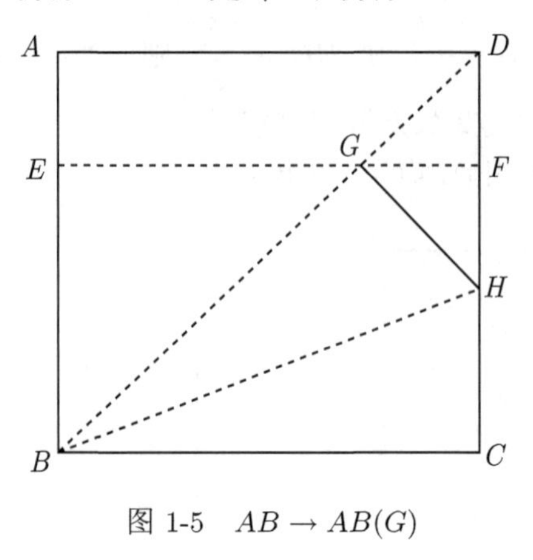

图 1-5　$AB\to AB(G)$

做一做

由正方形纸折 $\sqrt{2}$ 长方形 “信封”.

操作 6　在图 1-4 中过点 G 将 BD 自身重合对折 (公理 4), 折痕为 EK, D 的对应点为 Q, 由第 1 章性质 2 的推论知, EK 垂直平分 DQ, 如图 1-6;

操作 7　依次将 AE 与 EQ, CK 与 KQ 重合对折 (公理 3), 折痕分别为 EF 和 KH, 然后过 F、H 两点折叠 (公理 1), 如图 1-7, 则四边形 $EFHK$ 为 $\sqrt{2}$ 长方形.

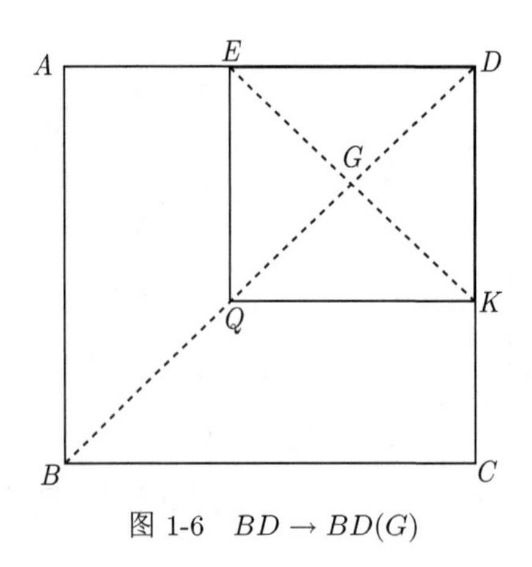

图 1-6　$BD\to BD(G)$

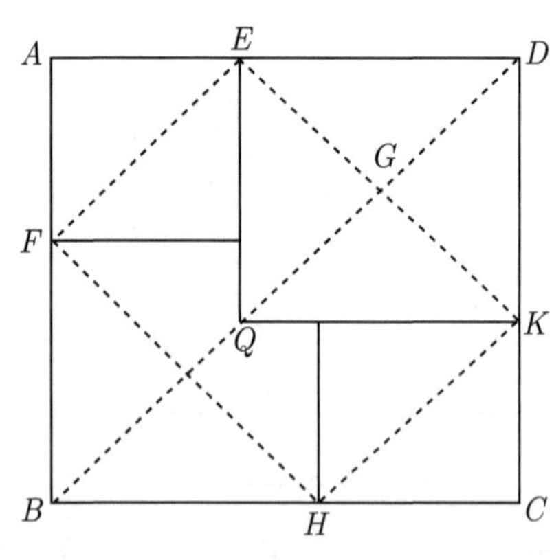

图 1-7　$AE\to EQ, CK\to KQ, F\leftrightarrow H$

设 $BC=BG=1$, 则 $BD=\sqrt{2}$, $DG=\sqrt{2}-1$, 因为三角形 DGK 为等腰直角三角形, 所以, $DK=\sqrt{2}(\sqrt{2}-1)=2-\sqrt{2}$, $CK=1-(2-\sqrt{2})=\sqrt{2}-1$,

$\dfrac{CK}{DK}=\dfrac{\sqrt{2}-1}{2-\sqrt{2}}=\dfrac{1}{\sqrt{2}}$, 由 $\triangle DEK \backsim \triangle CHK$, 知 HK: $EK=1$: $\sqrt{2}$, 即长方形 $EFHK$ 为 $\sqrt{2}$ 长方形.

2.2　$\sqrt{3}$ 长方形

与 $\sqrt{2}$ 长方形类似, 我们将长与宽之比等于 $\sqrt{3}$: 1 的长方形称为 $\sqrt{3}$ 长方形.

折一折

用 $\sqrt{2}$ 长方形纸折 $\sqrt{3}$ 长方形.

操作 1　过 A4 长方形纸 $ABCD$ 的两点 B、D 折叠得对角线 BD(公理 1), 如图 2-1;

操作 2　将 BC 与 BD 重合对折 (公理 3), 折痕为 BE, C 的对应点为 F, 如图 2-2;

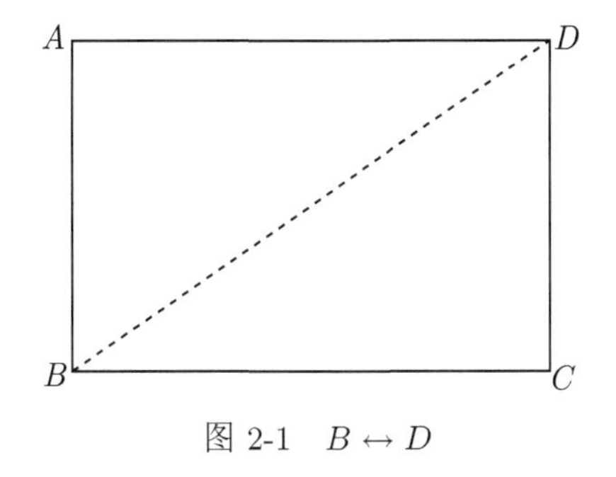

图 2-1　$B \leftrightarrow D$

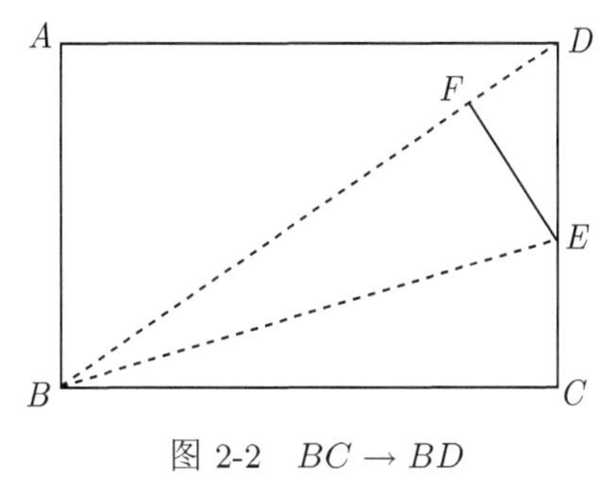

图 2-2　$BC \rightarrow BD$

操作 3　过点 F 将 AB 自身重合对折 (公理 4), 折痕为 GH, 如图 2-3, 则长方形 $BCHG$ 为 $\sqrt{3}$ 长方形.

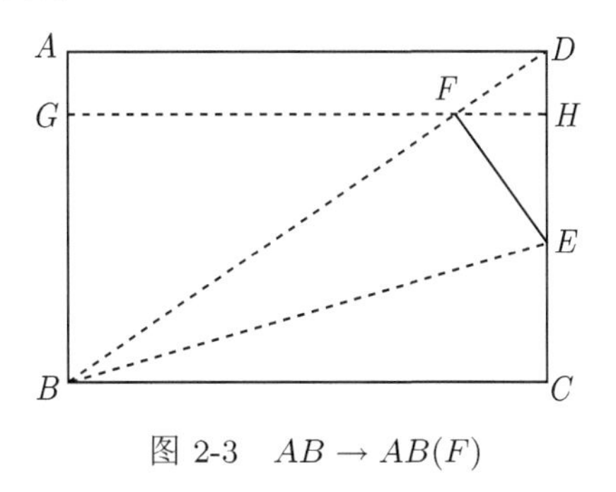

图 2-3　$AB \rightarrow AB(F)$

事实上, 因为长方形 $ABCD$ 为 $\sqrt{2}$ 长方形, 如果设 $AB=1$, 则 $BC=\sqrt{2}$, 由此可得 $BD=\sqrt{3}$. 由操作 3 及第 1 章性质 4 可知 $GH \perp AB$, 所以 $\triangle GBF \backsim \triangle ABD$

相似, $\frac{BF}{BD}=\frac{BG}{AB}$, 又 C 的对应点为 F, 点 B 在折痕上, 由第 1 章性质 5 可知 $BF=BC=\sqrt{2}$, 所以 $BG=\frac{\sqrt{2}\times 1}{\sqrt{3}}$, 因此, BC：$BG=\sqrt{3}$：1.

想一想

用正方形纸 $ABCD$ 怎样折 $\sqrt{3}$ 长方形.

操作 4　将正方形 $ABCD$ 的两对边 AB 与 CD 重合对折 (公理 3), 折痕为 EF, 如图 2-4;

操作 5　过点 B 将 C 折到 EF 上 (公理 5), 折痕为 BG, C 的对应点为 H, 如图 2-5;

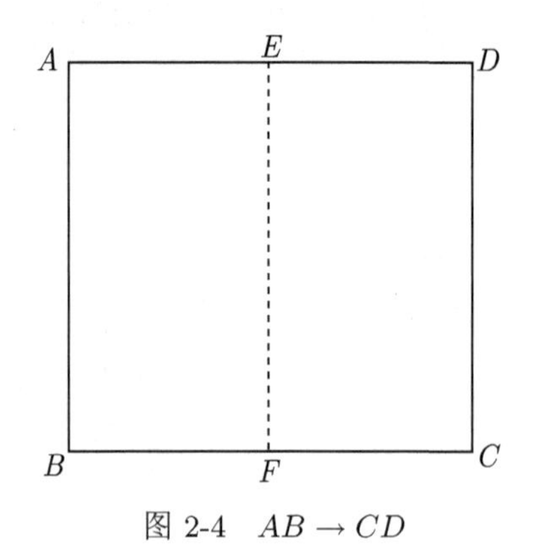

图 2-4　$AB\to CD$

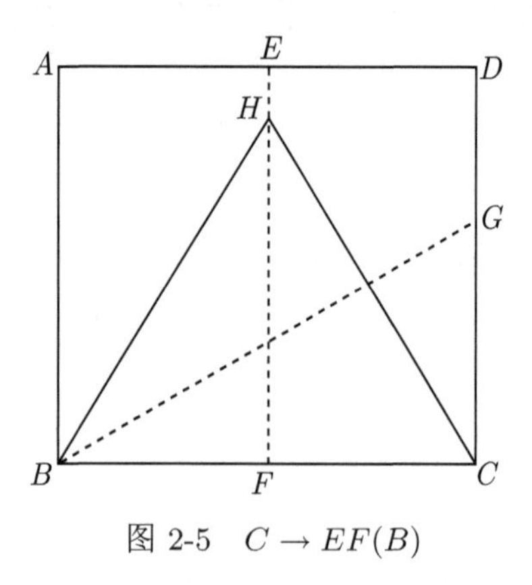

图 2-5　$C\to EF(B)$

操作 6　过 H 将 AB 自身重合对折 (公理 4), 折痕为 MN, 如图 2-6, 则四边形 $MBFH$ 与四边形 $FCNH$ 为 $\sqrt{3}$ 长方形.

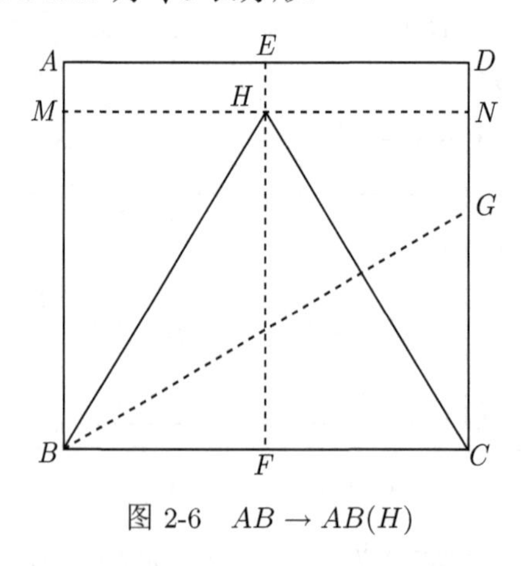

图 2-6　$AB\to AB(H)$

因为由操作 5 及第 1 章性质 5 知 $BC=BH$, 再由操作 4 及第 1 章性质 3

知点 F 是 BC 的中点, 在直角三角形 BFH 中, $BF=\frac{1}{2}BH$, 由勾股定理可得 $FH=\sqrt{3}BF$, 即在长方形 $BFHN$ 中, 短边与长边的比等于 1：$\sqrt{3}$.

做一做

用 $\sqrt{3}$ 长方形折等边三角形和菱形.

操作 7　设 $ABCD$ 为 $\sqrt{3}$ 长方形, 将 C 点与 A 点重合对折, 折痕为 EF, 如图 2-7, 则三角形 AEF 为等边三角形.

事实上, 因为 $ABCD$ 为 $\sqrt{3}$ 长方形, 如果设 $AB=1$, 则 $BC=\sqrt{3}$. 由操作 7 知 $AF=CF$, 在三角形 ABF 中, 令 $BF=x$, 则 $AF=\sqrt{3}-x$, 因此有 $x^2+1=(\sqrt{3}-x)^2$, 解之得, $x=\frac{\sqrt{3}}{3}$, 即 $BF=\frac{1}{2}AF$, 所以 $\angle AFB=60°$. 又因为 $\angle AFE=\angle CFE$, 所以 $\angle AFE=\angle CFE=60°$, 又由 $AD//BC$, 知 $\angle EAF=60°$, 因此三角形 AEF 为等边三角形.

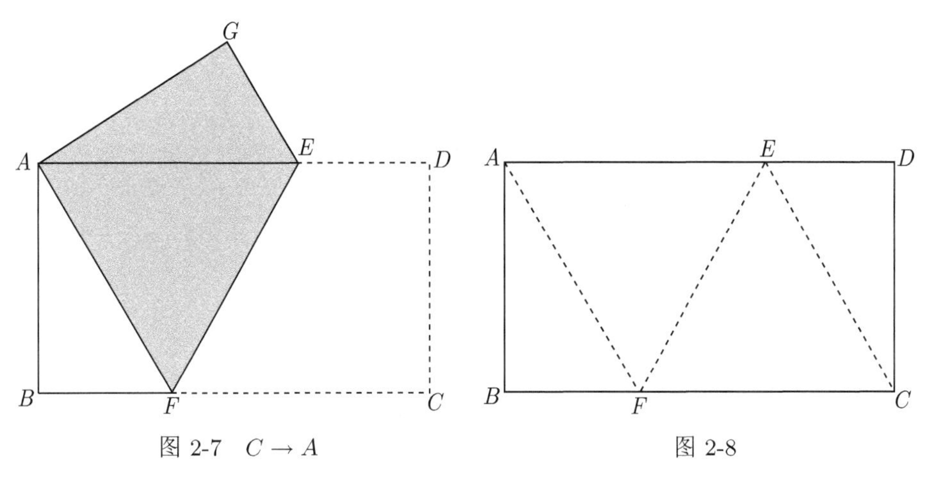

图 2-7　$C\to A$　　　　图 2-8

操作 8　在图 2-7 中分别过 A、F 两点和 C、F 两点折叠, 展开后的折痕如图 2-8 所示, 则四边形 $AFCE$ 是有一个角为 60° 的菱形.

由图 2-6 可知, $\sqrt{3}$ 长方形的对角线将其分解为两个特殊的直角三角形, 即含 30° 的直角三角形, 而柏拉图的正多面体中, 正四面体、正八面体和正二十面体的每个面都是正三角形, 所以 $\sqrt{3}$ 长方形还是折叠上述多面体的基础折纸, 折叠方法可以参考文献 [1]、[2].

2.3　黄金长方形

将长与宽之比等于 $\frac{1+\sqrt{5}}{2}$ 的长方形称为**黄金长方形**.

折一折

长方形 $ABCD$ 为黄金长方形, $\dfrac{AD}{AB}=\dfrac{1+\sqrt{5}}{2}$.

操作 1 将 CD 与 AD 重合对折 (公理 3), 折痕为 DE, 由第 1 章性质 3 知, DE 是 $\angle ADC$ 的平分线, 即 $\angle CDE=\angle ADE=45^\circ$, 如图 3-1;

操作 2 过点 E 将 AD 自身重合对折 (公理 4), 折痕为 EF, 由第 1 章性质 4 知, $EF\perp AD$, 如图 3-2, 则长方形 $ABEF$ 也是黄金长方形.

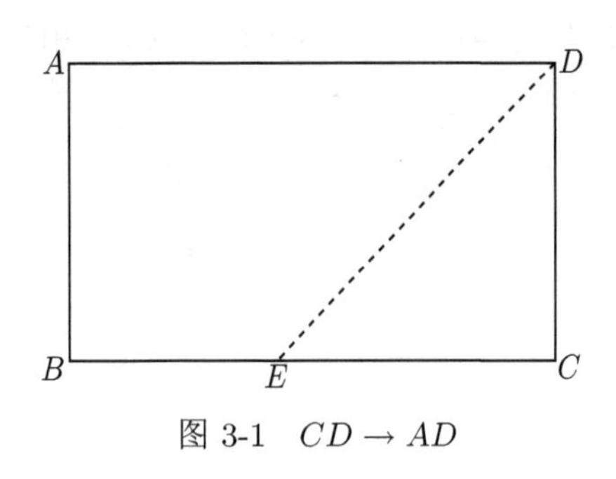

图 3-1 $CD\to AD$

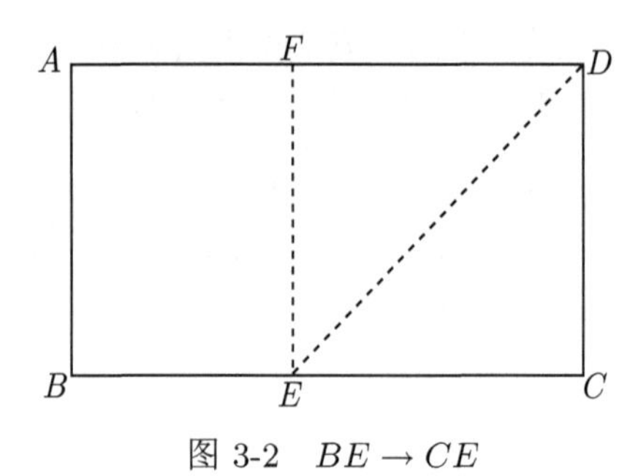

图 3-2 $BE\to CE$

事实上, 因为 $CE=CD=EF=AB$, 所以

$$\frac{BE}{AB}=\frac{BC-AB}{AB}=\frac{BC}{AB}-1=\frac{1+\sqrt{5}}{2}-1=\frac{2}{1+\sqrt{5}}$$

即长方形 $ABEF$ 也是黄金长方形.

在黄金长方形 $ABEF$ 中, 继续上述过程得到相似的黄金长方形, 进而可以得到系列相似的黄金长方形, 如图 3-3.

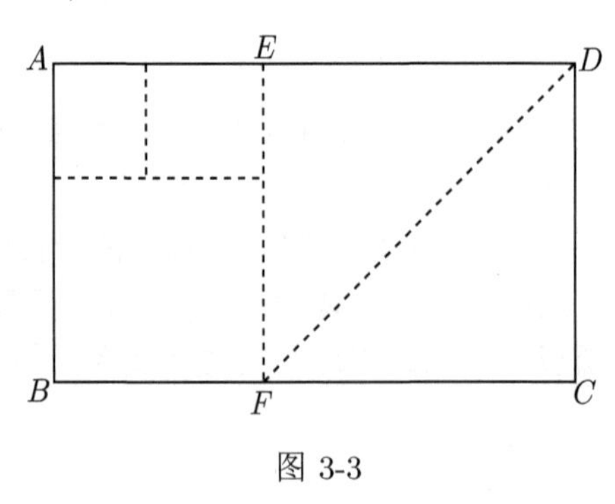

图 3-3

与第 1 节相比, 我们知道将 $\sqrt{2}$ 长方形的两短边重合对折分解而成的两个长方形与原长方形相似, 而黄金长方形是折叠一个正方形以后所剩下的小长方形与原长方形相似且是黄金长方形.

想一想

如何用正方形纸折黄金长方形.

操作 3 将正方形纸 $ABCD$ 的边 AB 与 CD 重合对折 (公理 3), 折痕为 EF, 由第 1 章性质 3 知, $EF//AB$, 且 E 为 AD 的中点, 如图 3-4;

操作 4 过 C、E 两点折叠 (公理 1), 如图 3-4;

操作 5 将 BC 与 CE 重合对折 (公理 3), 折痕为 CH, 折痕与 EF 交于 K, 如图 3-5;

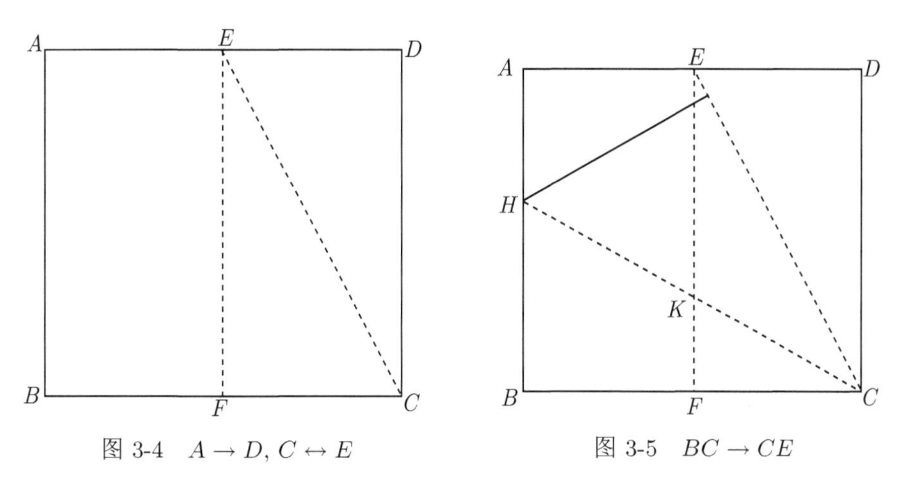

图 3-4 $A \to D, C \leftrightarrow E$　　图 3-5 $BC \to CE$

操作 6 过点 H 将 AB 自身重合对折 (公理 4), 折痕为 HG, 如图 3-6, 则长方形 $BCGH$ 为黄金长方形.

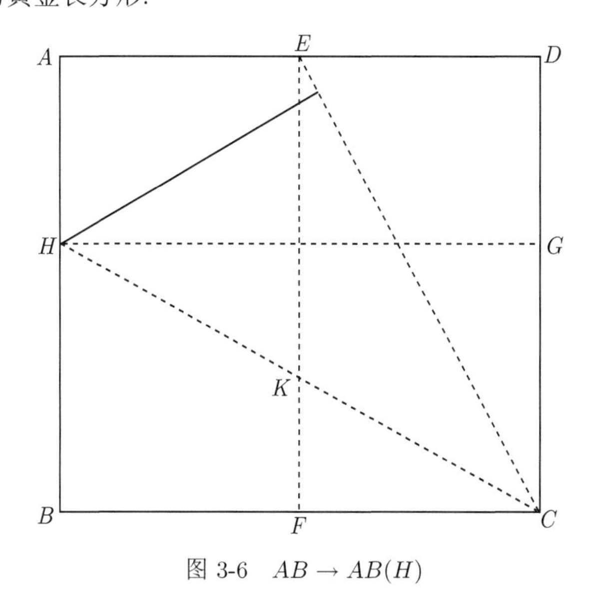

图 3-6 $AB \to AB(H)$

设正方形 $ABCD$ 的边长 $CD=2$, 则 $CF=1$, $CE=\sqrt{5}$. 在三角形 CEF 中, CK 是 $\angle ECF$ 的平分线, 由角平分线定理得 $\dfrac{FK}{EK}=\dfrac{CF}{CE}$, $FK=\dfrac{1\times(2-FK)}{\sqrt{5}}$, 解之得 $FK=\dfrac{2}{1+\sqrt{5}}$. 因为 F 是 BC 的中点, $EF\perp BC$, 即 $EF/\!/CD$, 所以 $BH=2FK=\dfrac{4}{1+\sqrt{5}}$, 即 $\dfrac{BC}{BH}=\dfrac{1+\sqrt{5}}{2}$, 所以长方形 $BCGH$ 为黄金长方形.

做一做

折正五边形.

如图 3-7, 设正五边形 $ABCDE$ 的边长为 1, 对角线 BE 与对角线 AC、AD 分别交于 H 和 G. 设 $AH=x$, 则 $BH=x$, $BE=BH+EH$, 因为 $EH=AE=1$, 所以 $BE=x+1$.

因为 $\triangle AEH\backsim\triangle ACD$, 则 $\dfrac{1}{x}=\dfrac{x+1}{1}$, 即 $x^2+x-1=0$, 解之得 $x=\dfrac{\sqrt{5}-1}{2}$, 所以 $BE=\dfrac{\sqrt{5}+1}{2}$, 也即边长与对角线之比等于 $\dfrac{1}{\dfrac{\sqrt{5}+1}{2}}=\dfrac{\sqrt{5}-1}{2}$.

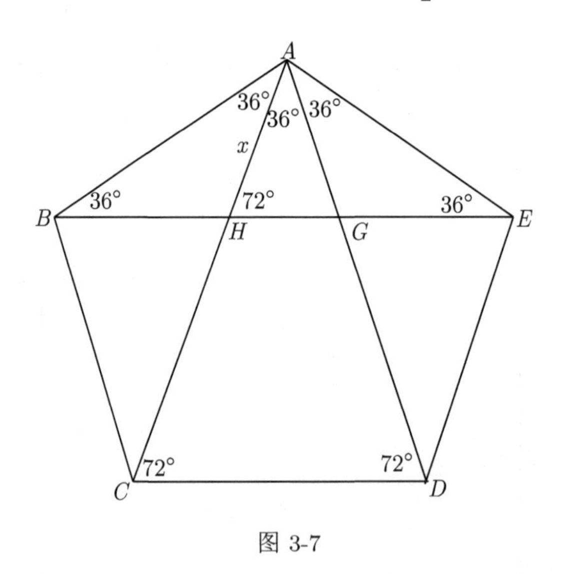

图 3-7

操作 7　将正方形纸 $ABCD$ 的两条对边 AB 与 CD 重合对折 (公理 3), 折痕为 EF, 如图 3-8;

操作 8　过 C、E 两点折叠 (公理 1), 如图 3-9;

操作 9　将 BC 与 CE 重合对折 (公理 3), 折痕为 CH, 点 F 的对应点为 G, 如图 3-8;

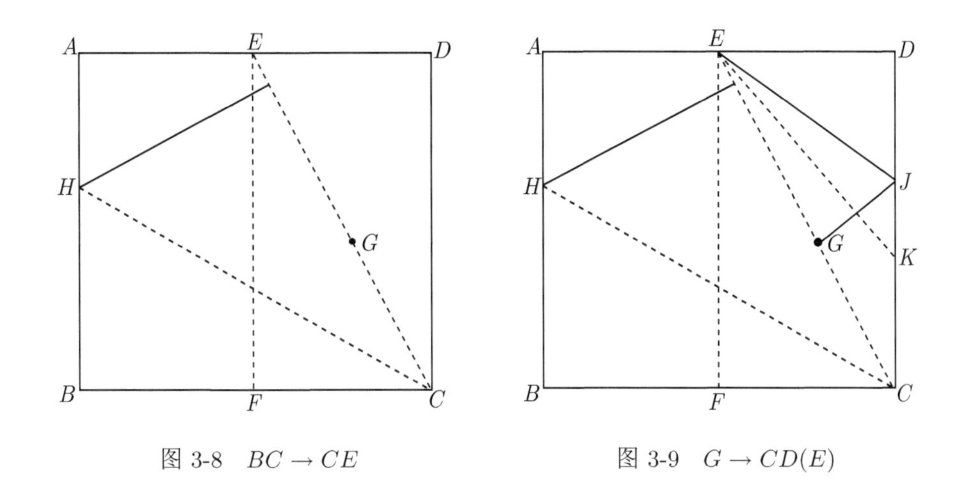

图 3-8　$BC \to CE$　　　图 3-9　$G \to CD(E)$

操作 10　将 G 折到 CD 上且让折痕过点 E(公理 5), 折痕为 EK, G 的对应点为 J, 过 E、J 两点折叠, 如图 3-9;

为简单起见, 在下列操作中, 从图 3-9 出发, 仅在正方形 $ABCD$ 中保留 EJ 和 EF, 如图 3-10.

操作 11　沿折痕 EF 折叠, 点 J 的对应点为 M, 过 E、M 折叠, 如图 3-11;

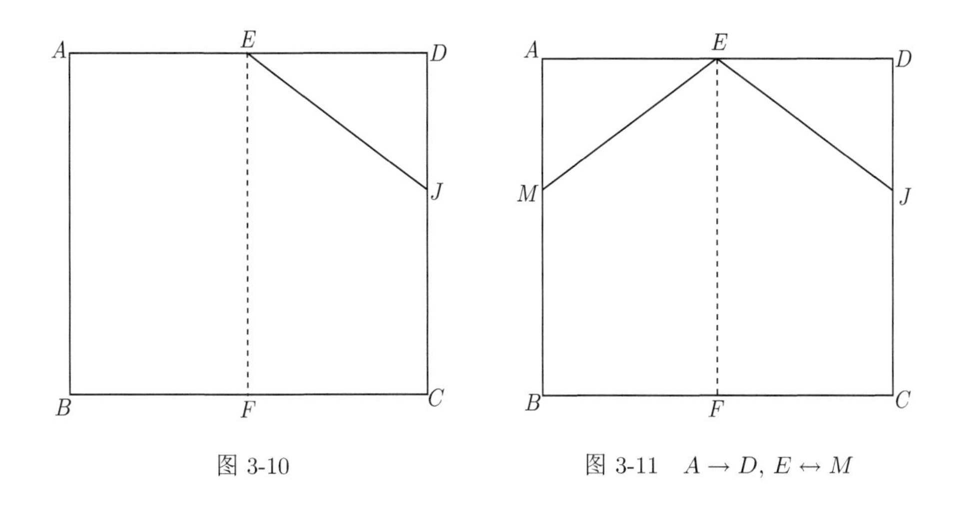

图 3-10　　　图 3-11　$A \to D, E \leftrightarrow M$

操作 12　将 E 与 M 重合对折 (公理 2), 点 J 的对应点为 N, 过 M、N 折叠, 如图 3-12;

操作 13　折 E、F 两点折叠 (公理 1), 点 N 的对应点为 P, 过 J、P 两点折叠 (公理 1), 所得五边形 $EMNPJ$ 为正五边形, 如图 3-13.

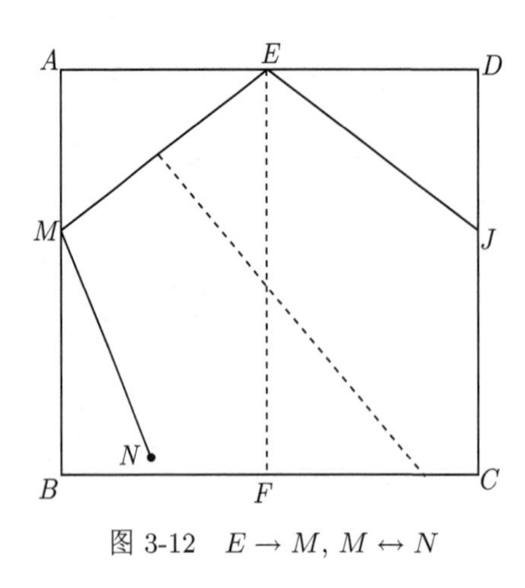

图 3-12　$E \to M, M \leftrightarrow N$

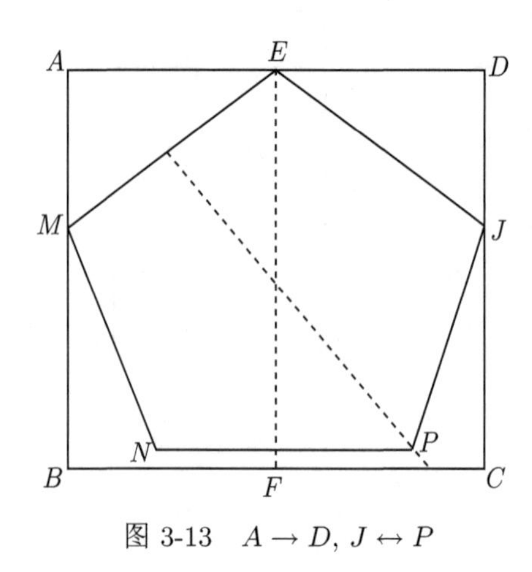

图 3-13　$A \to D, J \leftrightarrow P$

2.4　等腰三角形

折等腰三角形的方法很多, 用正方形、长方形都可以比较简单地折出等腰三角形, 本节用 A4 纸的一半进行折叠.

折一折

操作 1　将长方形 $ABCD$ 的顶点 D 与 BC 边上的任意一点 G 重合对折 (公理 2), 折痕为 EF, 如图 4-1, 则 $EG = FG$, 即 $\triangle EFG$ 是等腰三角形.

因为 G、D 是关于折痕 EF 的对应点, 由第 1 章性质 2 知, DG 垂直平分 EF, 由此可得 $\triangle EGH \cong \triangle GHF$, 所以 $EG = FG$, 即三角形 EGF 为等腰三角形.

操作 2　在图 4-2 中, 将 E、F 两点重合对折 (公理 2), 折痕正好为 DG, 将 FG 与 EG 两边重合对折 (公理 3), 折痕也正好是 DG, 为什么?

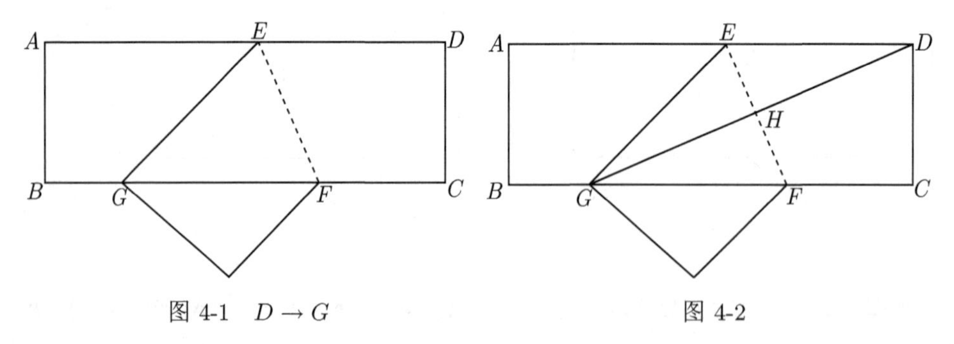

图 4-1　$D \to G$　　　　图 4-2

因为三角形 EFG 为等腰三角形, 而 $GH \perp EF$, 所以 GH 为等腰三角形 EFG 底边 EF 的高线, 将 E、F 两点重合对折, 由第 1 章性质 2 可知, 折痕是 EF 的垂直平分线; 将 EG 与 FG 重合对折, 由第 1 章性质 3 知折痕是顶角 $\angle EGF$ 的角平分线, 根据等腰三角形三线合一定理可知上述两条折痕都与 DG 重合.

想一想

用 A4 纸的一半折顶角为 45° 的等腰三角形.

操作 3 将 A 与 D 重合对折 (公理 2), 折痕为 EH, 如图 4-3;

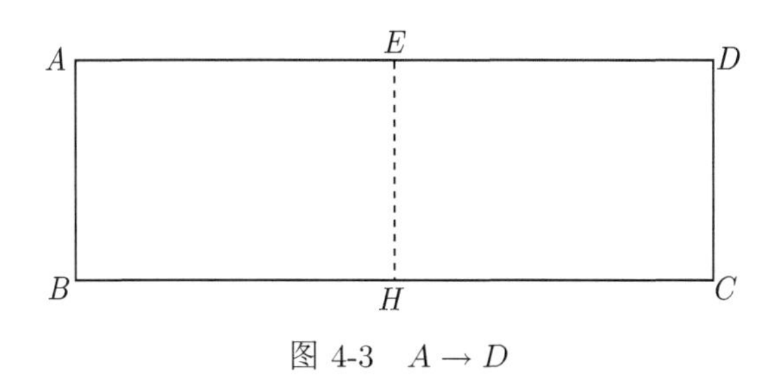

图 4-3 $A \to D$

操作 4 将 D 折到 BC 边上且让折痕过点 E(公理 5), 折痕为 EF, 则等腰三角形 EFG 的顶角等于 45°, 如图 4-4.

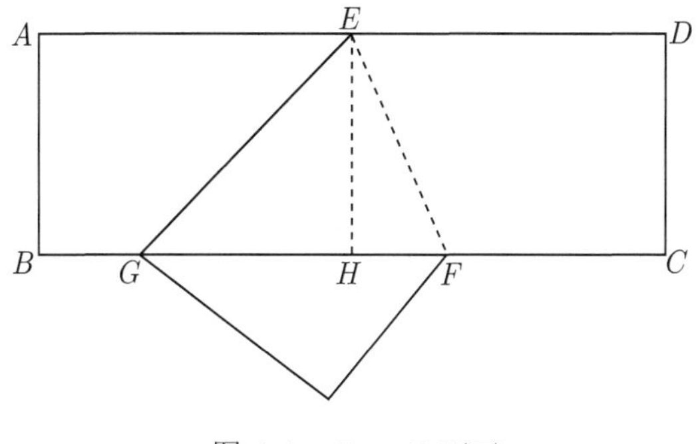

图 4-4 $D \to BC(E)$

因为四边形 $ABCD$ 为 A4 长方形纸的一半, 如果设 $CD = EH = 1$, 则 $ED = \sqrt{2}$, 又知 D 的对应点为 G, 由第 1 章性质 5 可知, $GE = ED = \sqrt{2}$, 在直角三角形 EHG 中, $EG = \sqrt{2}$, $EH = 1$, 所以 $\angle EGF = 45°$.

做一做

顶角为 45° 的等腰三角形的另一种折法.

操作 5 将 CD 与 BC 重合对折 (公理 3), 折痕为 HC, D 的对应点为 F, 如图 4-5, 则四边形 $CDHF$ 为正方形;

将 CD 与 BC 重合对折, 由第 1 章性质 3 可知, CH 平分 $\angle DCF$, 即 $\angle DCH = 45°$, 因而 $\angle DCH = 45°$, 即 $CD = DH$; 又因为 D 的对应点为 F, 即 $CD = CF$, 因

此 $DH = CF$. 在四边形 $CDHF$ 中, 有一组对边平行且相等, 因而 $CDHF$ 是平行四边形, 又因为 $CD = DH$, 所以四边形 $CDHF$ 是菱形, 再由 $\angle D = 90°$, 可知四边形 $CDHF$ 为正方形.

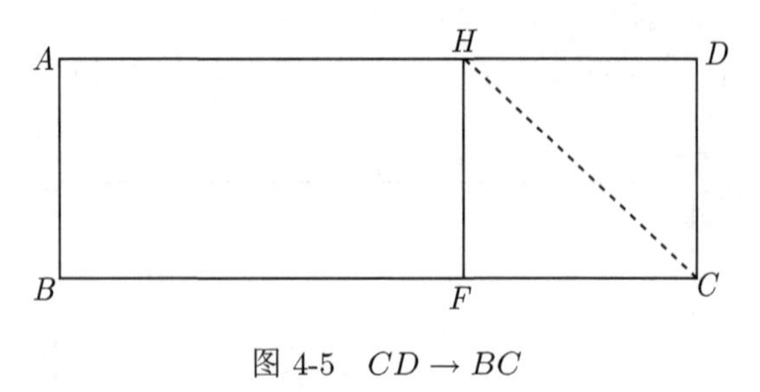

图 4-5　$CD \to BC$

操作 6　将 D 折到 BF 上并让折痕过点 F(公理 5), 折痕为 EF, D 的对应点为 G, 如图 4-6, 则等腰三角形的顶角 $\angle EGF = 45°$.

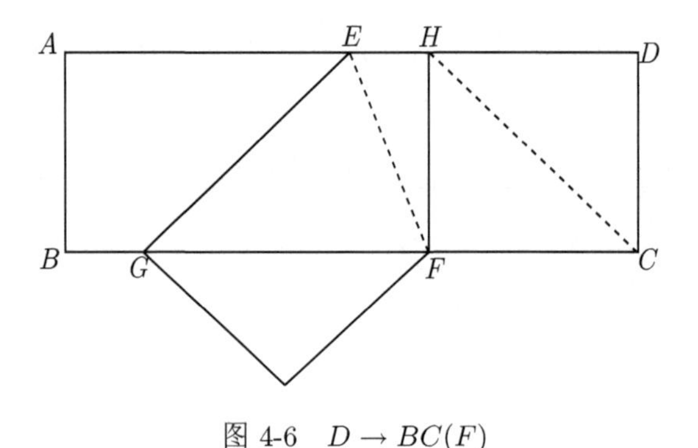

图 4-6　$D \to BC(F)$

因为 D、G 是关于折痕 EF 的对应点, 如图 4-7 由第 1 章性质 1 可知 $\triangle DEF \cong \triangle EFG$, 所以 $\angle EDF = \angle EGF$, 又因为四边形 $CDHF$ 为正方形, 所以 $\angle EDF = 45°$, 因此 $\angle EGF = 45°$.

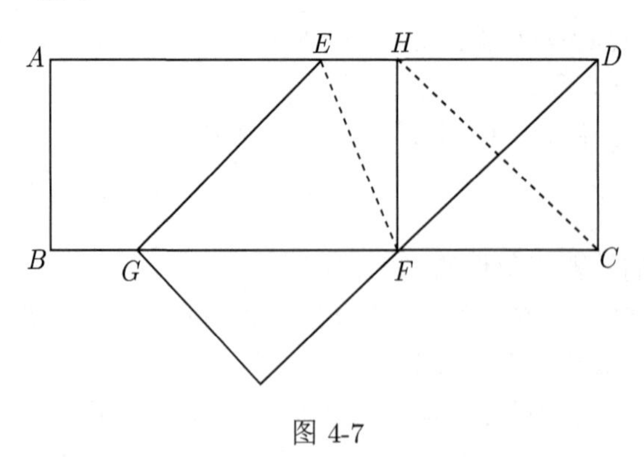

图 4-7

2.5 等边三角形

折等边三角形的关键是折 30° 或 60° 角, 本节用 A4 纸的一半和正方形纸进行折叠.

折一折

操作 1 将 AD 与 BC 重合对折 (公理 3), 折痕为 MN, 如图 5-1;

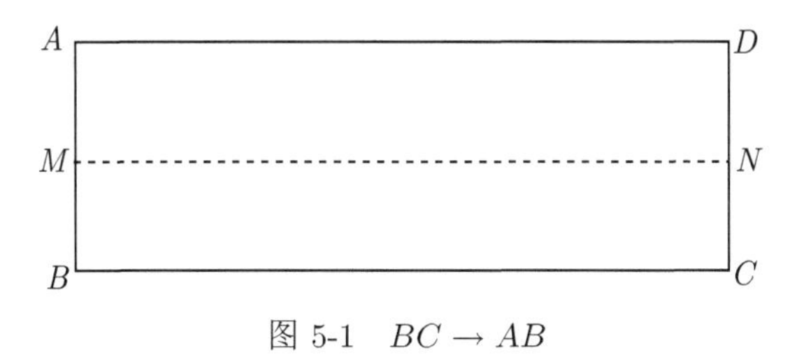

图 5-1 $BC \to AB$

操作 2 将点 C 折到 MN 上, 且让折痕过点 D(公理 5), 折痕为 DF, 点 C 的对应点为 K, 如图 5-2;

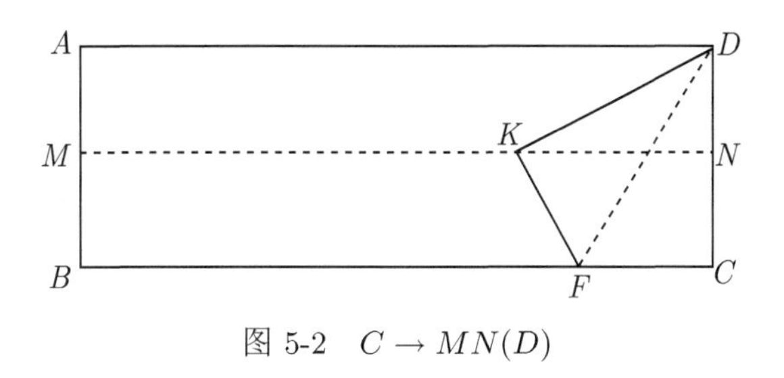

图 5-2 $C \to MN(D)$

操作 3 将点 D 折到 BC 上且让折痕过点 F(公理 5), 折痕为 EF, 点 D 的对应点为 G, 如图 5-3, 则三角形 EFG 为等边三角形.

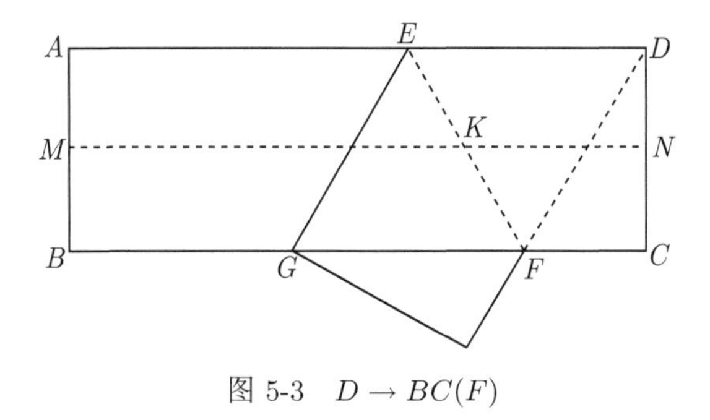

图 5-3 $D \to BC(F)$

由公理 5 可知, $\angle CDF = 30°$, 所以 $\angle EDF = 60°$, 由于 D 关于折痕 EF 的

对应点是 G, 由第 1 章性质 1 知 $\triangle DEF \cong \triangle EFG$, 所以 $\angle EDF = \angle EGF$, 即 $\angle EGF = 60°$. 又因为三角形 EFG 是等腰三角形, 所以三角形 EFG 为等边三角形.

想一想

用正方形纸怎样折等边三角形.

操作 4　将正方形 $ABCD$ 的边 AB 与 CD 重合对折 (公理 3), 折痕为 EF, 如图 5-4;

操作 5　将 C 点折到 EF 上且让折痕过 B 点 (公理 5), C 的对应点为 G, 折痕为 BH, 如图 5-5;

操作 6　过 C、G 两点折叠 (公理 1), 则三角形 BCG 为等边三角形.

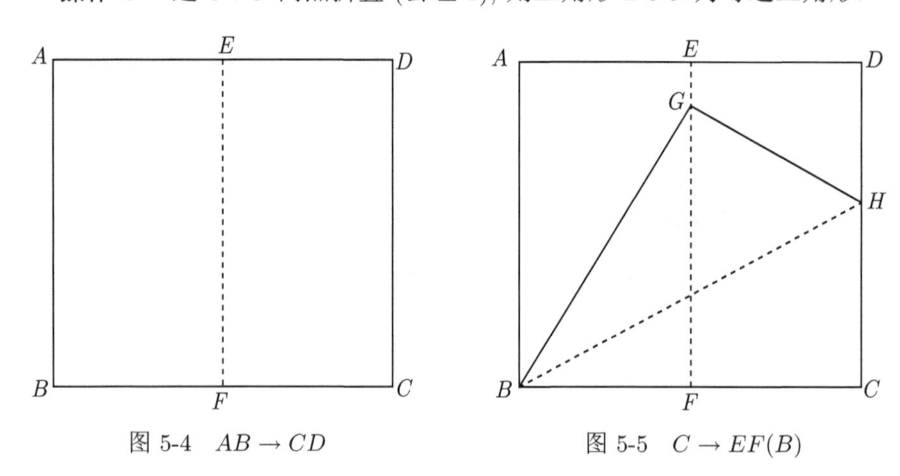

图 5-4　$AB \to CD$　　图 5-5　$C \to EF(B)$

由公理 5 可知, $\angle GBF = 60°$, 由操作 4 可知, EF 垂直平分 BC, 因此, $BG = CG$, 所以三角形 BCG 为等边三角形.

做一做

用正方形纸怎样折面积最大的等边三角形.

操作 7　将正方形 $ABCD$ 的两组对边分别重合对折 (公理 3), 折痕分别为 EF 和 GH, 如图 5-6;

操作 8　将 C 点折到 GH 上且让折痕过点 B(公理 5), 点 C 的对应点为 R, 折痕为 BM, 如图 5-7;

操作 9　将 A 点折到 EF 上且让折痕过点 B(公理 5), 点 A 的对应点为 S, 折痕为 BN, 如图 5-8;

操作 10　过 M、N 两点折叠 (公理 1), 折痕为 MN, 则三角形 BMN 为正方形 $ABCD$ 内面积最大的正三角形 (如图 5-9).

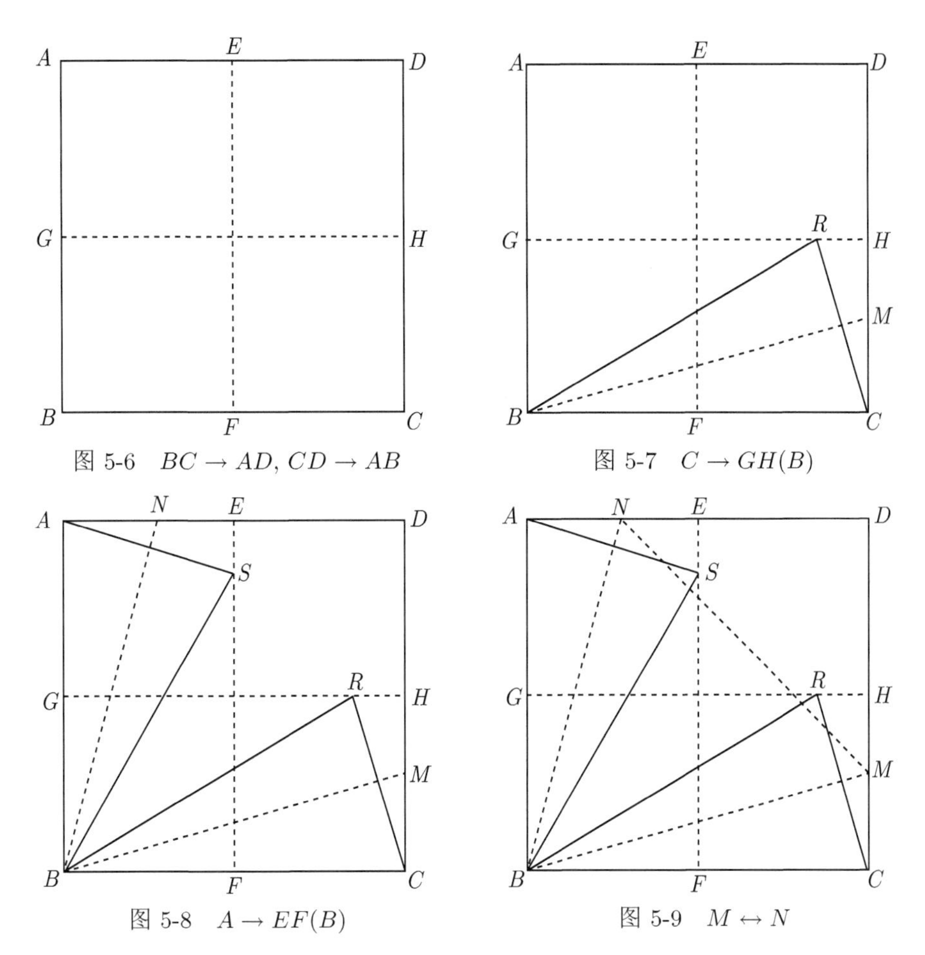

图 5-6　$BC \to AD, CD \to AB$

图 5-7　$C \to GH(B)$

图 5-8　$A \to EF(B)$

图 5-9　$M \leftrightarrow N$

由操作 7, G 是 AB 的中点, 由操作 8, $BR = BC = AB$, 在直角三角形 BGH 中, 直角边 BG 是斜边 BR 的一半, 所以 $\angle GBR = 60°$, 因为点 C 关于折痕 BM 的对应点是 R, 所以 BM 垂直平分 CR, 所以 $\angle CBM = 15°$; 同理可知, $\angle ABN = 15°$, 因此 $\angle MBN = 60°$, 再由 $\triangle BCM \cong \triangle ABN$, 知 $BN = BM$, 因此三角形 BMN 为等边三角形.

2.6　直角三角形

本节讨论用 A4 纸的一半长方形折叠特殊的直角三角形, 即所使用的长方形纸的长与宽之比为 $2\sqrt{2} : 1$.

折一折

操作 1　将 A 与 D 两点重合对折 (公理 2), 折痕为 EH, 过 E、C 两点折叠

(公理 1), 点 D 的对应点为 K, EK 与 BC 的交点为 G, 如图 6-1;

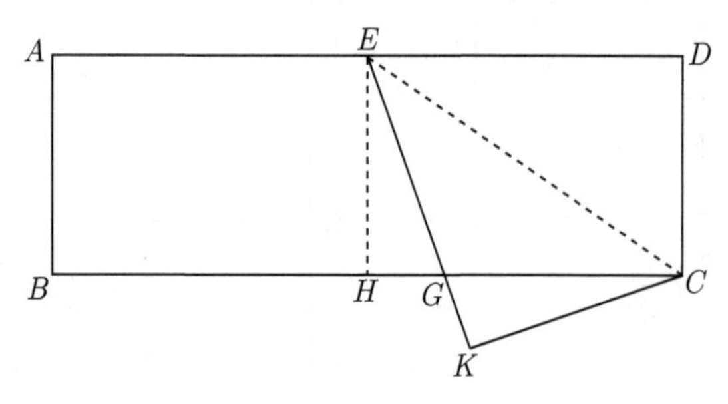

图 6-1　$A \to D, C \leftrightarrow E$

操作 2　将 AE 与 EK 重合对折 (公理 3), 折痕为 EF, B 的对应点为 Q, A 的对应点正好为 K, 如图 6-2, 则三角形 CEF 是直角三角形.

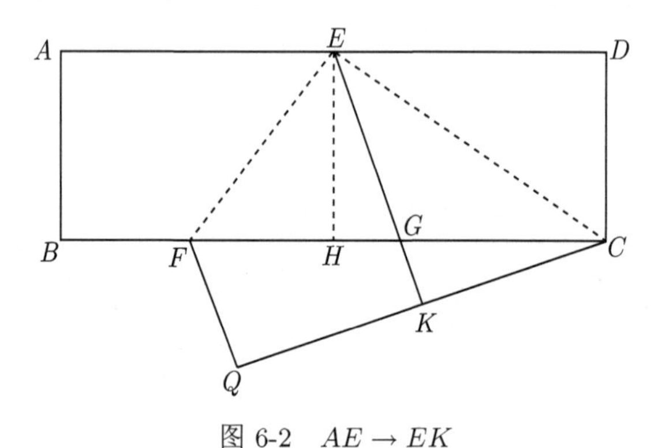

图 6-2　$AE \to EK$

由操作 1, 根据第 1 章性质 1 可知, $\triangle CDE \cong \triangle CKE$, 有 $DE = EK$ 且 CE 平分 $\angle DEK$, 再由操作 2, 根据第 1 章性质 3 可知, EF 平分 $\angle AEK$, 因此 $\angle CEF = 90°$, 即三角形 CEF 是直角三角形.

想一想

(1) 点 C、K、Q 三点在一直线上;

(2) F 是 BH 的中点;

(3) 点 G 是三角形 CEF 的外接圆的圆心.

证明: (1) 由第 1 章性质 1-1 可知四边形 $ABFE$ 与四边形 $KQFE$ 全等, 所以 $\angle BAE = \angle QKE = 90°$, 而 $\angle CKE = \angle CDE = 90°$, 所以点 C、K、Q 三点在一直线上.

(2) 因为三角形 CEF 是直角三角形, $EH \perp BC$, 所以 $EH^2 = FH \times CH$, 由于四边形 $ABCD$ 是 A4 纸的一半, 如果设 $CD = EH = 1$, 则 $CH = BE = \sqrt{2}$, 代入

$EH^2 = FH \times CH$ 中得, $FH = \dfrac{\sqrt{2}}{2}$, 即 F 是 BH 的中点.

(3) 因为点 D 关于折痕 CE 的对应点是 K, 由第 1 章性质 5 有 $CD = CK$, 又因为 A 关于折痕 EF 的对应点是 K, B 关于折痕 EF 的对应点是 Q, 由第 1 章性质 6 知四边形 $ABQK$ 是等腰梯形, 即 $QK = AB$, 而 $CD = AB$, 因此 $CK = KQ$, 即 K 是 CQ 的中点. 又因为 $\angle CKE = \angle CDE = 90°$, $\angle KQF = \angle ABF = 90°$, 所以, $GK//FQ$, 故 G 是 CF 的中点, 也就是说 G 是直角三角 CEF 斜边上的中点, 即为三角形 CEF 的外心.

做一做

用正方形纸折特殊的直角三角形.

操作 3　将正方形 $ABCD$ 不相邻的两个顶点 A 与 C 重合对折 (公理 2), 折痕 BD 将正方形 $ABCD$ 分解为两个全等的等腰直角三角形, 如图 6-3, $\triangle ABD$ 与 $\triangle CBD$ 均为等腰直角三角形.

操作 4　将正方形 $ABCD$ 的边 AB 与 CD 重合对折 (公理 3), 折痕为 EF, 如图 6-4;

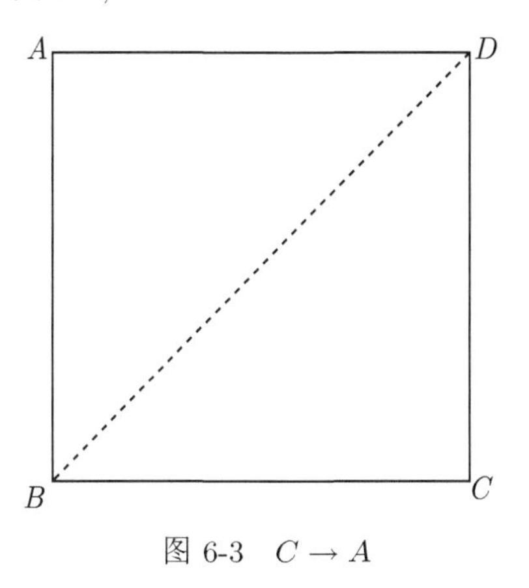

图 6-3　$C \to A$

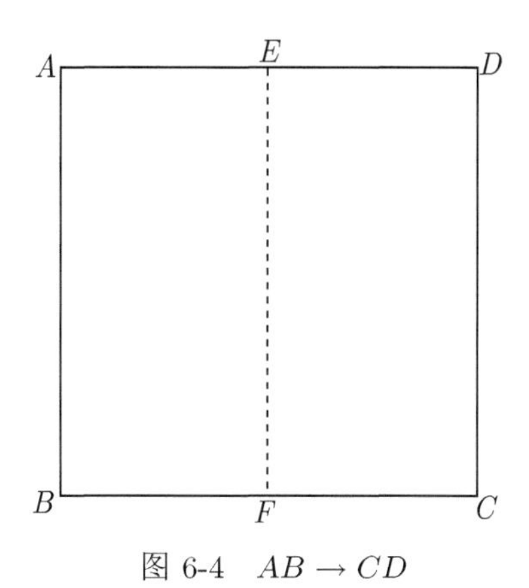

图 6-4　$AB \to CD$

操作 5　将点 C 与点 E 重合对折 (公理 2), 折痕为 GH, 点 B 的对应点为 M, EM 与 AB 的交点为 N, 如图 6-5, 则直角三角形 AEN 与直角三角形 EDH 的三边之比均为 3∶4∶5.

这里, 设正方形 $ABCD$ 的边长为 2, 则 $AE = DE = 1$, $CH = EH = 2 - x$, 在直角三角形 DEH 中, 由勾股定理得

$$(2 - x)^2 = x^2 + 1^2$$

解之得 $x = \dfrac{3}{4}$, 即 $DH = \dfrac{3}{4}$, 由此可得 $DH∶DE∶EH = 3∶4∶5$.

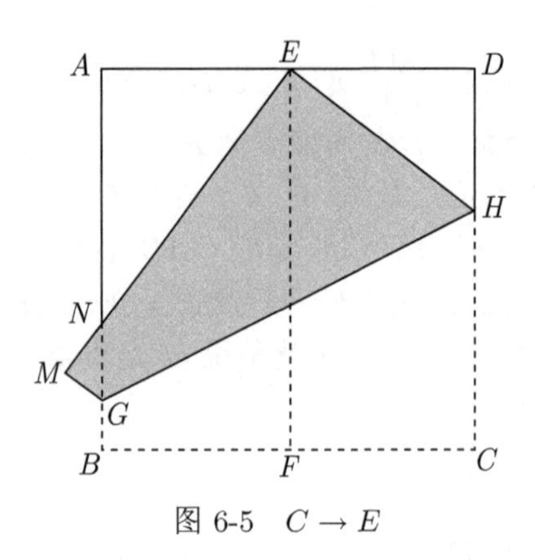

图 6-5　$C \to E$

又由 $\triangle AEN \backsim \triangle DEH$, 有 $\dfrac{DE}{AN}=\dfrac{DH}{AE}=\dfrac{EH}{EN}$, 由此可得 $AN=\dfrac{4}{3}$, $EN=\dfrac{5}{3}$, 因此有 $AE:AN:EN=3:4:5$.

这里, 由 $AN=\dfrac{4}{3}$ 可知, 点 N 是 AB 的三等分点, 这个结论是著名的方贺第一定理.

2.7　平行四边形

折一折

用正方形纸折平行四边形.

操作 1　如图 7-1 所示, 将正方形 $ABCD$ 的 A、C 两点重合对折 (公理 2), 折痕为对角线 BD, 再分别将 AD 与 BD, BC 与 BD 重合对折 (公理 3), 折痕分别为 DE 和 BF, 则四边形 $BFDE$ 为平行四边形.

在图 7-1 中, 因为 $ABCD$ 是正方形, 所以对角线 BD 将其分解为两个全等的等腰直角三角形 $\triangle ABD$ 和 $\triangle CBD$, 将 AD 与 BD 重合对折, 由第 1 章性质 3 可知, 折痕 DE 是 $\angle ADB$ 的平分线, 同样 BF 是 $\angle CBD$ 的平分线, 所以 $\angle BDE=\angle DBF=22.5°$, 即 $DE//BF$, 因此四边形 $BFDE$ 为平行四边形.

操作 2　如图 7-2 所示, 在正方形 $ABCD$ 中, 将 AB 与 CD 重合对折 (公理 2), 折痕为 EF, 再分别过 B、E 两点和 D、F 两点折叠 (公理 1), 折痕分别为 BE 和 DF, 则四边形 $BFDE$ 是平行四边形.

事实上, 在四边形 $BFDE$ 中, 由于 E、F 分别是 AD 和 BC 的中点, 所以 DE 与 BF 平行且相等, 由此可知四边形 $BFDE$ 是平行四边形.

操作 3　如图 7-3 所示, 将正方形 $ABCD$ 的边 AB 与 CD 重合对折 (公理 2), 折痕为 EF, 然后再过 B 点将 C 点折到 EF 上 (公理 5), 折痕为 BH, C 的对应点为 G;

操作 4　如图 7-4 所示, 过 D 点将 A 点折到 EF 上 (公理 5), 折痕为 DM, 点 A 的对应点为 N, 则四边形 $BHDM$ 为平行四边形.

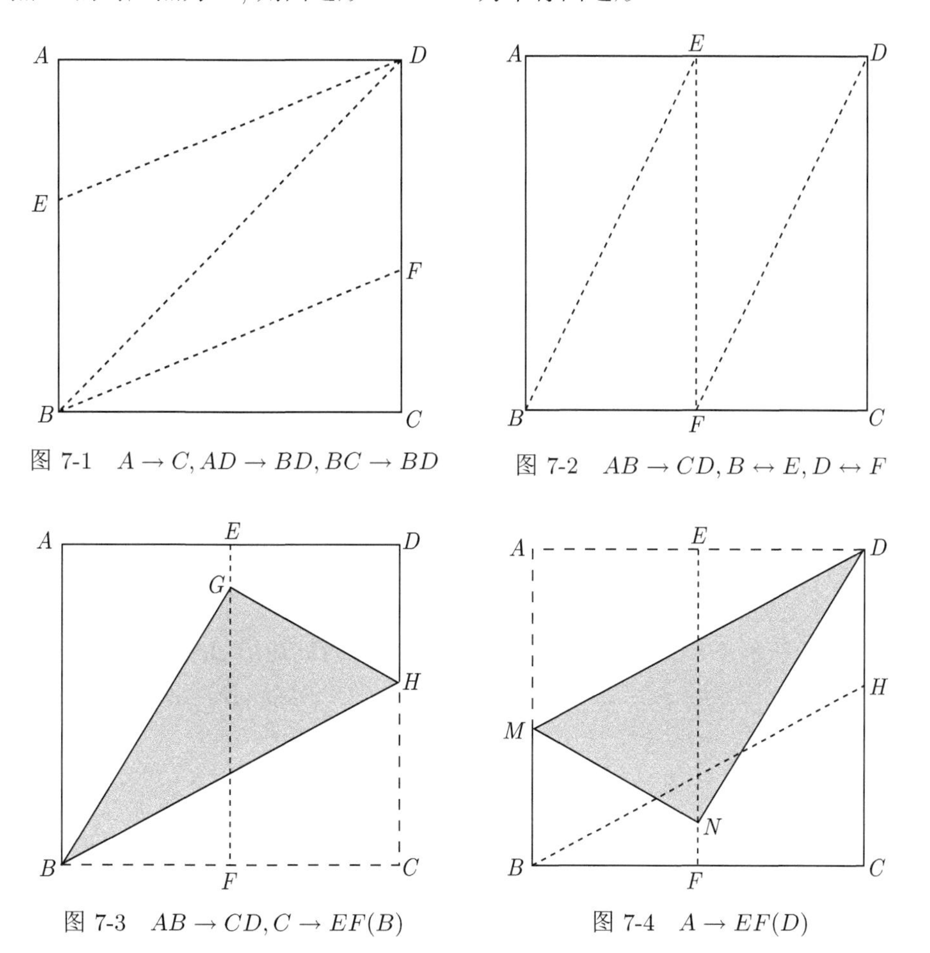

图 7-1　$A \to C, AD \to BD, BC \to BD$

图 7-2　$AB \to CD, B \leftrightarrow E, D \leftrightarrow F$

图 7-3　$AB \to CD, C \to EF(B)$

图 7-4　$A \to EF(D)$

事实上, 由本章第 5 节的讨论可知, $\angle CBH = \angle ADM = 30°$, 而 $AD = BC$, $\angle ABC = \angle C = 90°$, 所以 $\triangle ADM \cong \triangle CBH$, 即 $DM = BH$, 而由 $\angle ABH = \angle AMD = 60°$ 可知 $DM//BH$, 所以四边形 $BHDM$ 是平行四边形.

想一想

以上三种折叠平行四边形的方法能否适用于长方形? 用长方形折平行四边形还有没有其他方法?

操作 5　如图 7-5 所示, 在长方形 $ABCD$ 中分别将 CD 与 AD, AB 与 BC 重合对折 (公理 3), 折痕分别为 DF 和 BE, 则四边形 $BFDE$ 是平行四边形.

由第 1 章性质 3 可知, DF 和 BE 分别是 $\angle ADC$ 和 $\angle ADC$ 的角平分线,

所以 $\angle CDF = 45°$, $\angle EBF = 45°$, 又因为 $\angle C = 90°$, 所以 $\angle DFC = 45°$, 即 $\angle EBF = \angle DFC$, 因此 $BE//DF$, 即四边形 $BFDE$ 是平行四边形.

操作 6　如图 7-6 所示, 将长方形 $ABCD$ 的边 AD 与 BC 重合对折 (公理 3), 折痕为 EF; 然后再分别过 A、F 两点和 C、E 两点折叠 (公理 1), 折痕分别为 AF 和 CE, 则四边形 $AECF$ 是平行四边形.

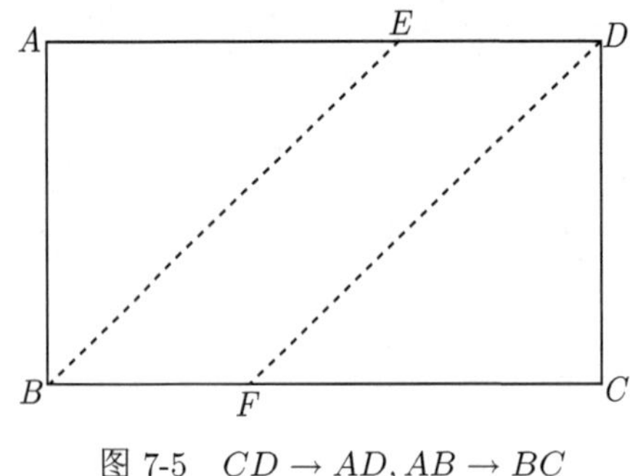

图 7-5　$CD \to AD, AB \to BC$

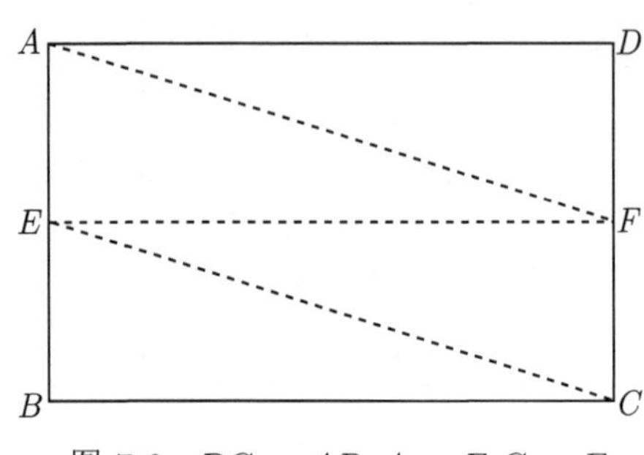

图 7-6　$BC \to AD, A \leftrightarrow F, C \leftrightarrow E$

由第 1 章性质 3 可知, EF 与 AD 和 BC 平行, 且 E、F 分别是 AB 和 CD 的中点, 所以在四边形 $AECF$ 中, AE 与 CF 平行且相等, 即四边形 $AECF$ 是平行四边形.

操作 7　在图 7-7 中, 用同样的方法可以得到平行四边形 $AFBE$.

操作 8　在长方形 $ABCD$ 中, 将 AD 与 BC 重合对折 (公理 3), 折痕为 EF, 然后再将点 C 与点 A 重合对折 (公理 2), 折痕为 GH, 如图 7-8;

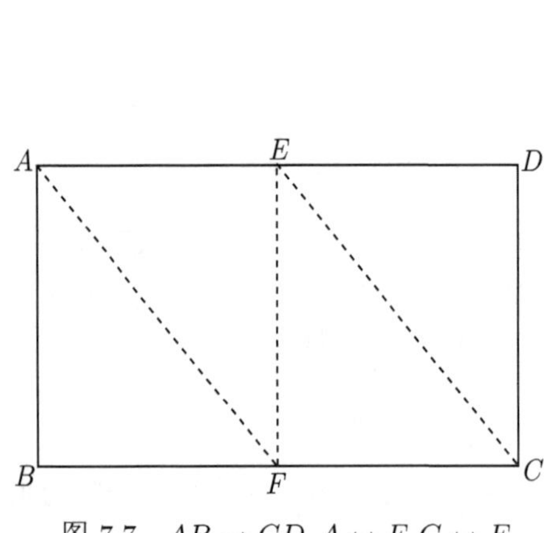

图 7-7　$AB \to CD, A \leftrightarrow F, C \leftrightarrow E$

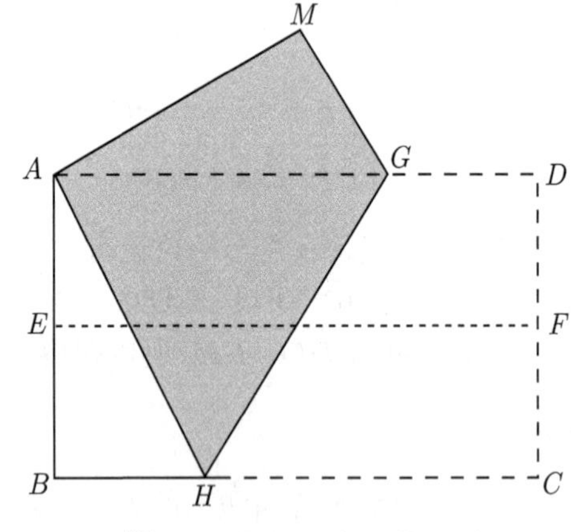

图 7-8　$BC \to AD, C \to A$

操作 9　将 EF 与 GH 的交点记为 P, 然后分别过 E、G 两点, G、F 两点, F、H 两点, H、E 两点折叠 (公理 1), 得平行四边形 $EHFG$, 如图 7-9.

操作 10　在长方形 $ABCD$ 中, 过 B、D 两点折叠 (公理 1) 得对角线 BD, 然

后再分别将 AB 与 BD, CD 与 BD 重合对折 (公理 3), 折痕分别为 BE 和 DF, 则四边形 $BFDE$ 是平行四边形, 如图 7-10.

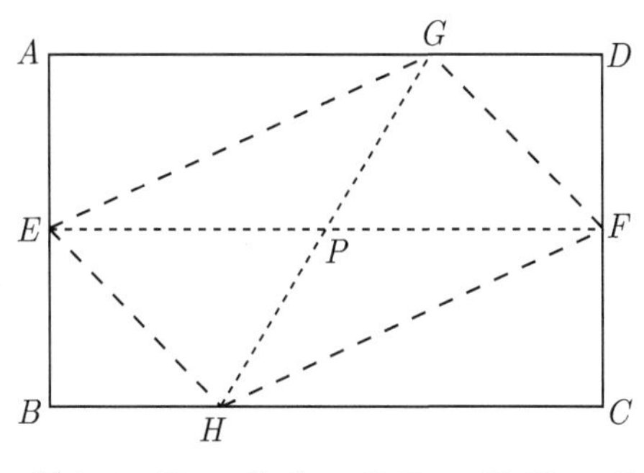

图 7-9　$E \leftrightarrow G, G \leftrightarrow F, F \leftrightarrow H, H \leftrightarrow E$

操作 11　将长方形 $ABCD$ 的边 AD 与 BC 重合对折 (公理 3), 折痕为 EF, 然后再分别过 B 点将 A 点折到 EF 上, 过 D 点将 C 点折到 EF 上 (公理 5), 折痕分别为 BG 和 DH, A 点和 C 点的对应点分别为 M 和 N, 则四边形 $BHDG$ 是平行四边形, 如图 7-11.

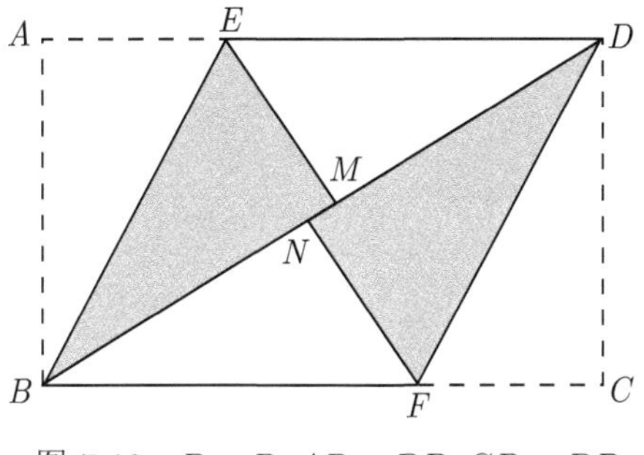

图 7-10　$B \leftrightarrow D, AB \rightarrow BD, CD \rightarrow BD$

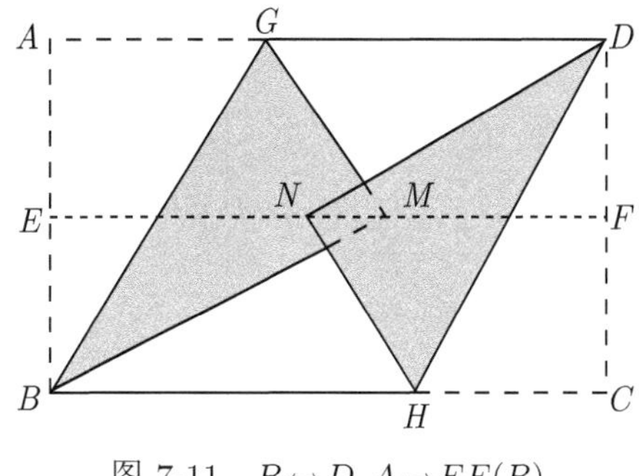

图 7-11　$B \leftrightarrow D, A \rightarrow EF(B)$, $C \rightarrow EF(D)$

做一做

用正方形折面积等于原正方形面积四分之一的平行四边形.

操作 12　在图 7-2 中将 AD 与 BC 重合对折 (公理 3), 折痕为 GH, 就可以得到面积为原正方形面积四分之一的平行四边形, 如图 7-12.

操作 13　如图 7-13, 在正方形 $ABCD$ 中, 将 AD 与 BC 重合对折 (公理 3), 折痕为 EF.

操作 14　分别将 AD 与 EF, BC 与 EF 重合对折 (公理 3), 折痕分别为 GH 和 MN, 如图 7-14.

操作 15　用二重长方形 $MNHG$ 进行折叠, 分别将 NH 和 GH, GM 和 MN 重合对折 (公理 3) 得平行四边形, 如图 7-15.

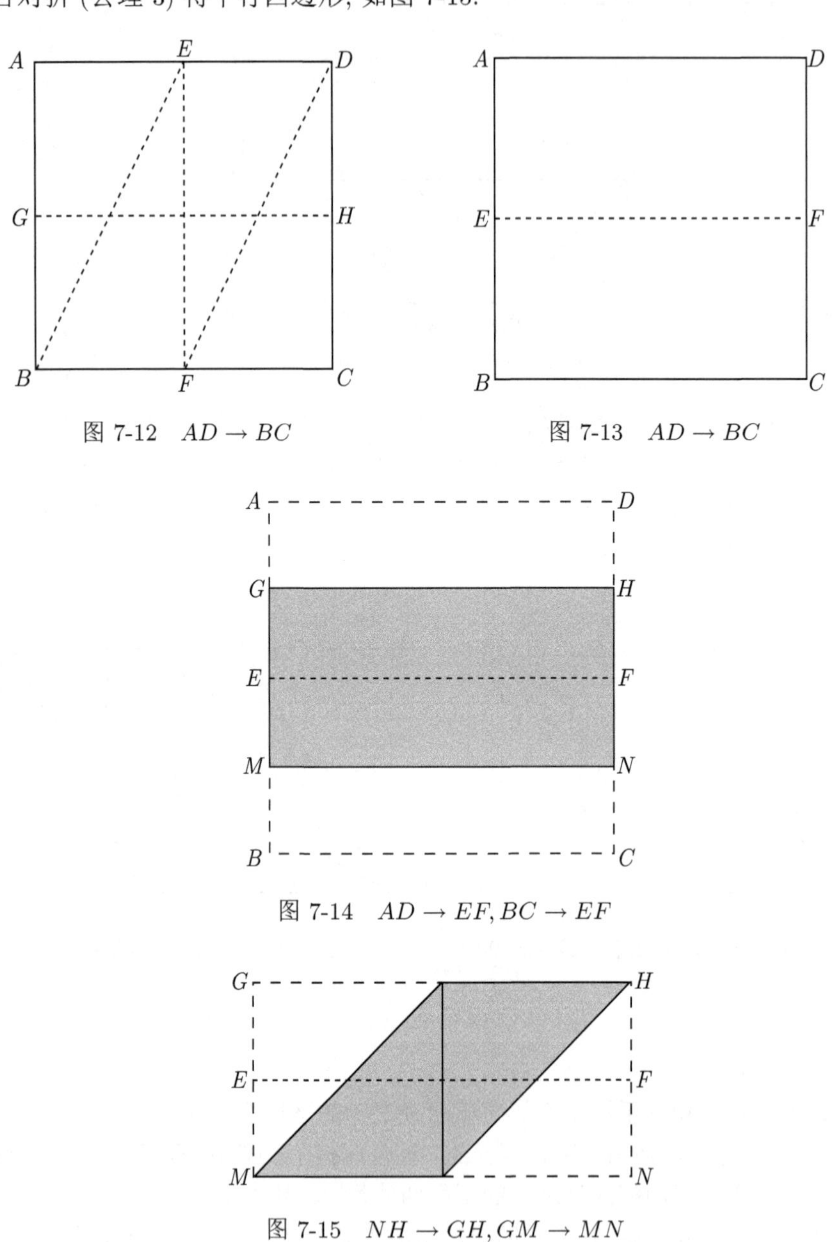

图 7-12　$AD \to BC$

图 7-13　$AD \to BC$

图 7-14　$AD \to EF, BC \to EF$

图 7-15　$NH \to GH, GM \to MN$

图 7-16 是图 7-15 的展开图, 在展开图中应用面积割补的方法容易发现, 中间平行四边形的面积为原正方形面积的四分之一.

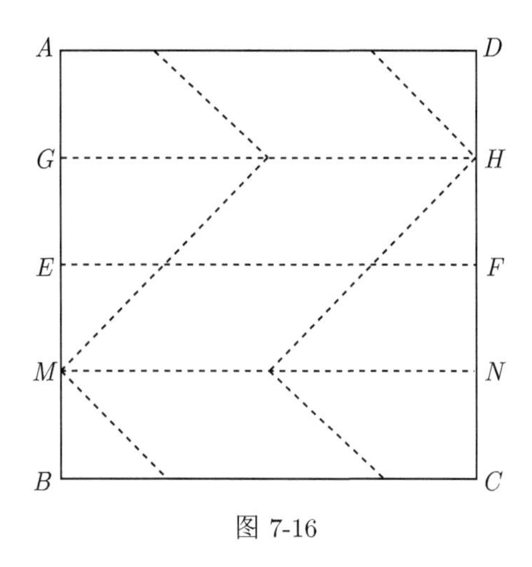

图 7-16

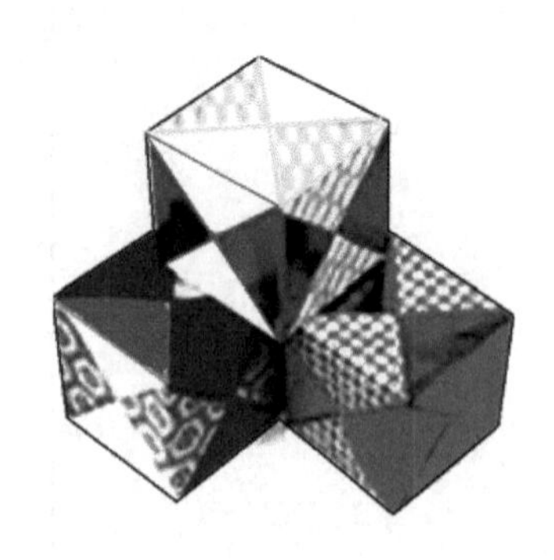

第3章

长方形与多边形面积

我们将折叠以后无缝且只有两层重叠的长方形称为二重长方形. 本章利用第 1 章的折纸公理及其性质, 探讨如何用平面基本图形折叠二重长方形的方法, 即如何用长方形、正方形、三角形、梯形、平行四边形和风筝等平面基本图形折叠面积为原图形面积二分之一的长方形, 并据此发现平面基本图形的面积是二重长方形面积的两倍, 由此推导出平面基本图形的面积公式. 本章还从 A4 长方形纸折叠平面基本图形的过程中, 将平面基本图形的面积转化为长方形的面积, 也得到了相应的平面基本图形的面积公式.

3.1 正方形折二重长方形

折一折

用正方形纸折二重长方形.

操作 1 在正方形 $ABCD$ 中, 将 BC 与 AD 重合对折 (公理 3), 折痕为 EF, 则可以得到二重长方形 $AEFD$, 如图 1-1, 其展开图如图 1-2 所示.

操作 2 在图 1-2 中, 分别将 AD 与 EF, BC 与 EF 重合对折 (公理 3), 折痕分别为 GH 和 MN, 得二重长方形 $GMNH$, 如图 1-3, 从展开图 1-4 中可以看见图 1-2 的长方形 $AEFD$ 被移到了正方形 $ABCD$ 的中间, 即为长方形 $GMNH$.

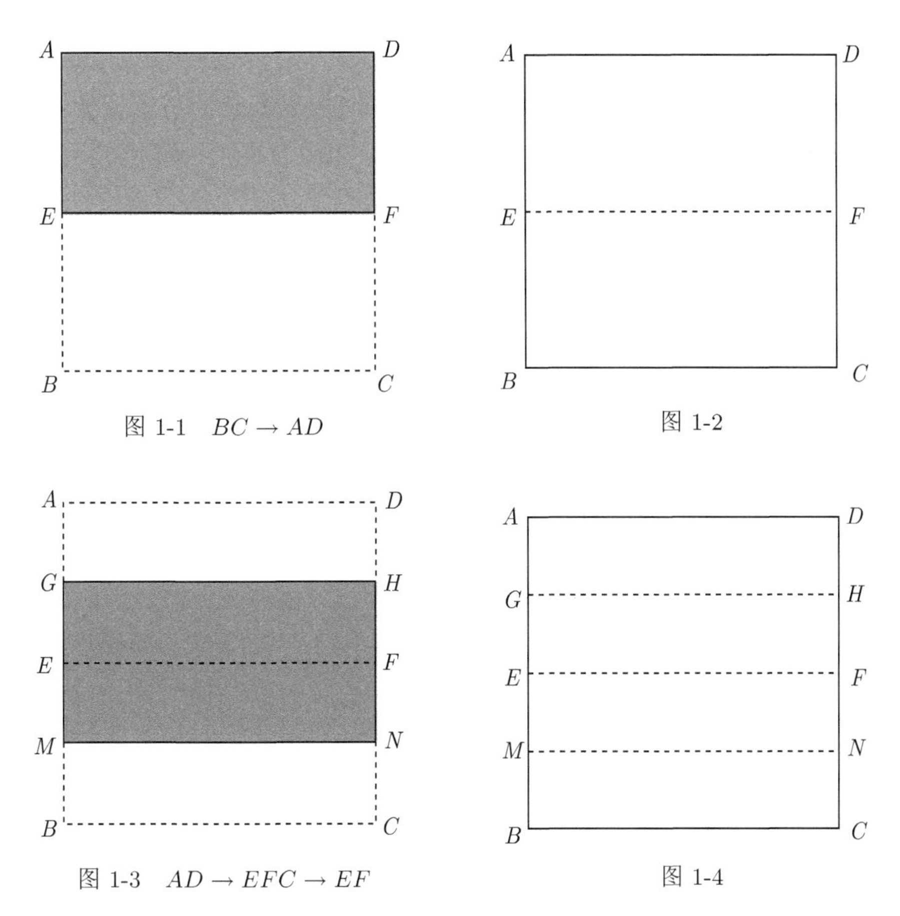

图 1-1　$BC \to AD$

图 1-2

图 1-3　$AD \to EFC \to EF$

图 1-4

操作 3　在正方形 $ABCD$ 的边 AB 上任取一点 E, 过 E 点将 AB 自身重合对折 (公理 4), 折痕为 EF, 如图 1-5; 再分别将 AD 与 EF, BC 与 EF 重合对折 (公理 3), 折痕分别为 KL 和 PQ, 则也可得到二重长方形 $KPQL$, 如图 1-6 所示.

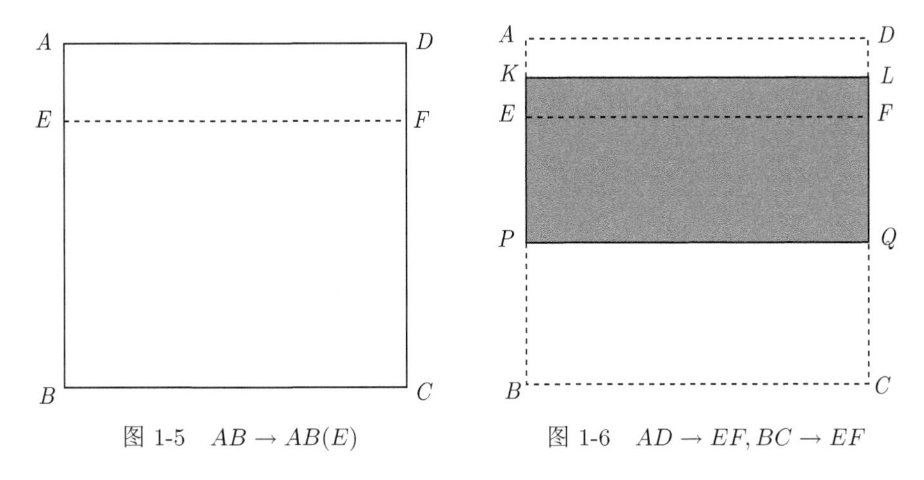

图 1-5　$AB \to AB(E)$

图 1-6　$AD \to EF, BC \to EF$

想一想

展开图 1-2 中的长方形 $AEFD$ 与展开图 1-4 中的长方形 $GMNH$ 的形状和大小都是相同的, 而长方形 $GMNH$ 正好在正方形 $ABCD$ 的正中间, 因此可以说: 在正方形 $ABCD$ 中, 分别将 AD 与 EF, BC 与 EF 重合对折就把长方形 $AEFD$ 移到了正方形 $ABCD$ 的正中间.

怎样折, 可以将图 1-5 中任折的长方形 $AEFD$ 移到正方形 $ABCD$ 的正中间呢?

操作 4　将 BC 与 AD 重合对折 (公理 3), 折痕为 GH, 且 $GH//AD$, $AG = BG$, $CH = DH$, 如图 1-7.

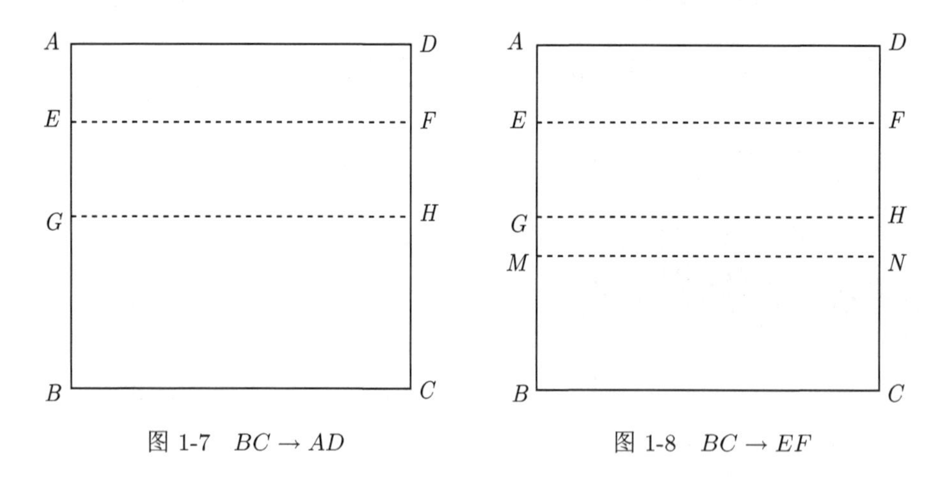

图 1-7　$BC \to AD$　　图 1-8　$BC \to EF$

操作 5　将 BC 与 EF 重合对折 (公理 3), 折痕为 MN, 则 $GM = NH = \dfrac{1}{2}AE$, 如图 1-8.

事实上, $GM = BG - BM = \dfrac{1}{2}AB - \dfrac{1}{2}BE = \dfrac{1}{2}AE$.

有了 MN, 将长方形 $AEFD$ 移到正方形 $ABCD$ 的正中间就容易了, 只需过点 G 将 M 折到 AG 上 (公理 5) 即可, 如图 1-9 所示, 长方形 $AEFD$ 被移到了正方形 $ABCD$ 的中间 $MNQP$.

做一做

用正方形纸折二重正方形.

操作 6　图 1-2 中, 分别将 AE 与 EF, DF 与 EF, BE 与 EF, CF 与 EF 重合对折 (公理 3), 折痕分别为 EG、EF、EH、FH, 得面积为 $\dfrac{1}{2}$ 的二重正方形 $EHFG$, 如图 1-10.

图 1-10 中二重正方形 $EHFG$ 的折叠方法除了操作 4 以外, 还可以应用第 1

章公理 2, 将正方形 $ABCD$ 的四个顶点分别与正方形 $ABCD$ 的中心重合对折而得到.

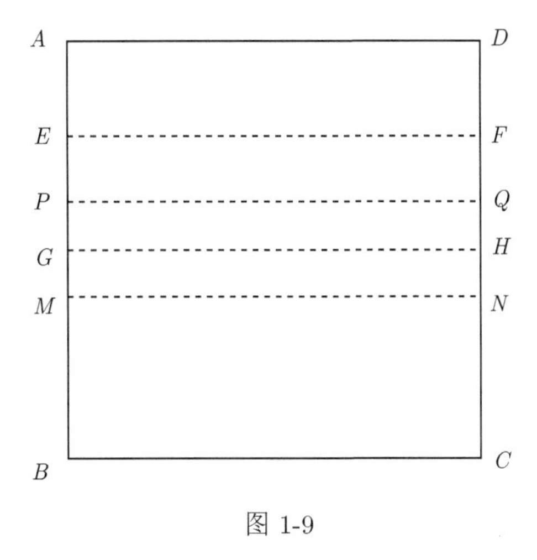

图 1-9

小正方形 $EHFG$ 的面积等于大正方形 $ABCD$ 面积的 $\frac{1}{2}$, 说明在展开图 1-11 中, 剩余的四个等腰直角三角形 $\triangle AEG$、$\triangle BEH$、$\triangle CFH$、$\triangle DFG$ 的面积之和也等于 $\frac{1}{2}$.

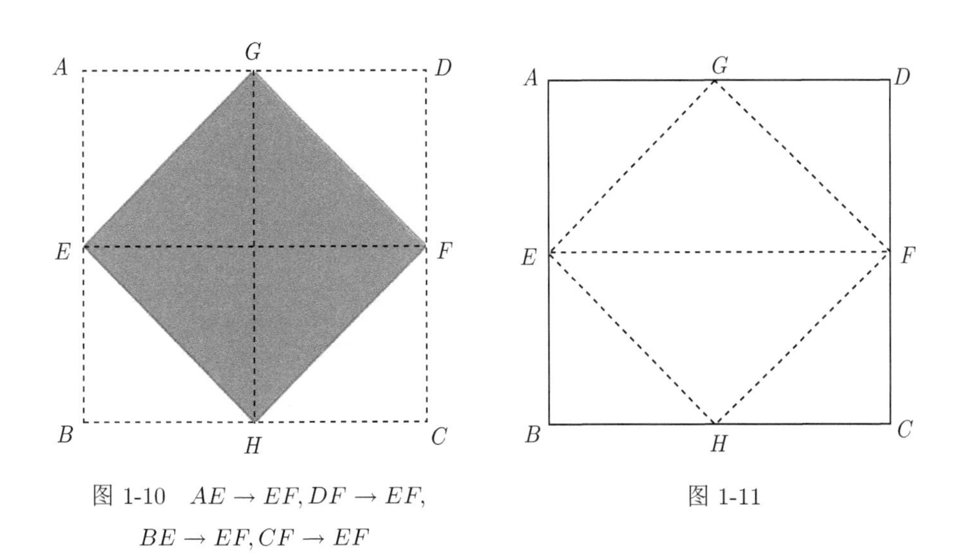

图 1-10 $AE \to EF, DF \to EF, BE \to EF, CF \to EF$

图 1-11

对正方形 $EHFG$ 再按操作 4 的方法折叠, 折痕所围成的正方形面积为 $\frac{1}{4}$, 如此继续折叠, 如图 1-12 所示, 所有这些等腰直角三角形的面积之和等于:

$$\frac{1}{2}+\frac{1}{4}+\frac{1}{8}+\cdots=1$$

即

$$\frac{1}{2}+\frac{1}{2^2}+\frac{1}{2^3}+\cdots=1$$

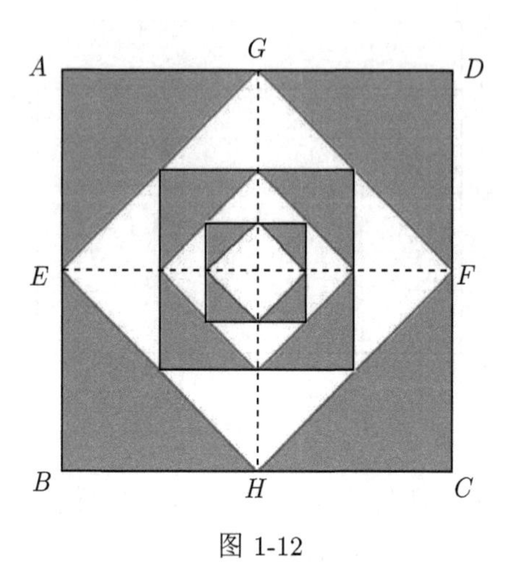

图 1-12

3.2　长方形折二重长方形

折一折

用长方形纸折二重长方形.

操作 1　将长方形 $ABCD$ 的边 BC 与 AD 重合对折 (公理 3), 得二重长方形 $AEFD$, 图 2-1, 图 2-2 为其展开图.

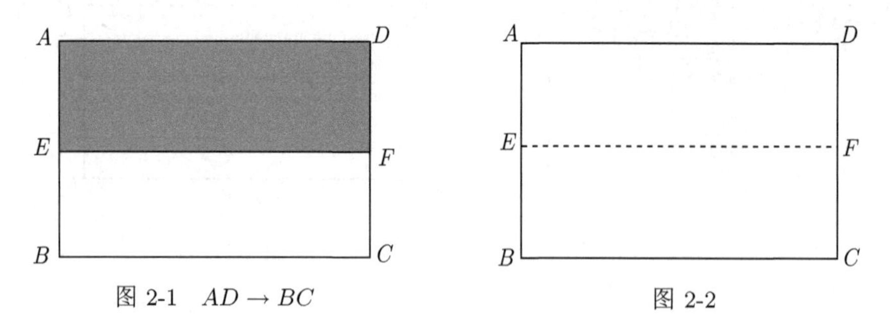

图 2-1　$AD\to BC$　　　图 2-2

操作 2　在图 2-2 中分别将 AD 与 EF, BC 与 EF 重合对折 (公理 3), 折痕分别为 MN 和 PQ, 得面积为 $\frac{1}{2}$ 的二重长方形 $MPQN$, 如图 2-3.

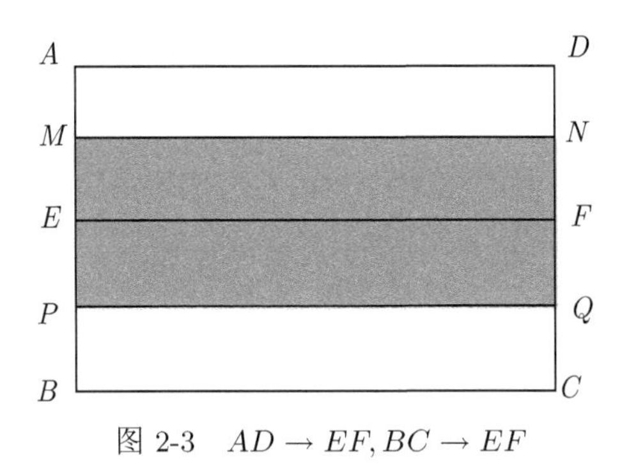

图 2-3　$AD \to EF, BC \to EF$

操作 3　在长方形 $ABCD$ 的边 AB 上取一点 E, 将 AB 自身重合对折 (公理 4), 折痕为 EF, 如图 2-4; 再分别将 AD 和 BC 与 EF 重合对折 (公理 3), 可以得到二重长方形, 如图 2-5.

想一想

在长方形 $ABCD$ 的左上角任折一个小长方形 $AEKG$, 能否通过折叠将其移到长方形 $ABCD$ 的正中间?

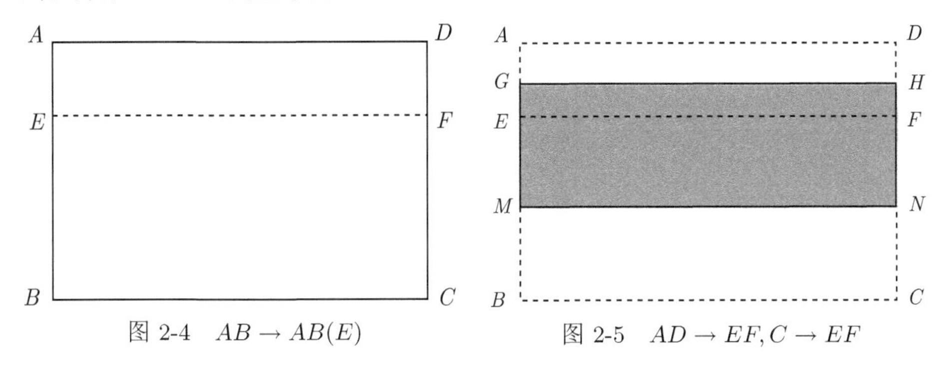

图 2-4　$AB \to AB(E)$　　图 2-5　$AD \to EF, C \to EF$

事实上, 两次利用第 1 节讨论的移动长方形的方法, 就可以将小长方形 $AEKG$ 移至长方形 $ABCD$ 的正中间 (图 2-6).

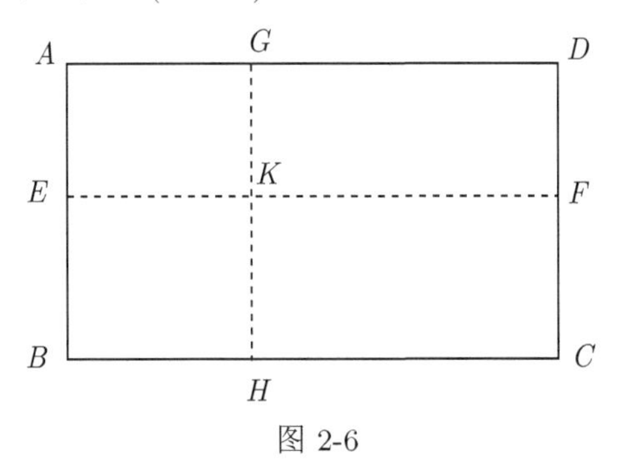

图 2-6

操作 4 将 CD 分别与 AB 和 GH 重合对折 (公理 3), 折痕为 MN 和 KL, $MK=\frac{1}{2}AG$, 如图 2-7.

操作 5 过点 M 将点 K 折到 AM 上 (公理 5), 折痕为 MN, 点 K 的对应点为 P, 再过 P 点将 AD 自身重合对折 (公理 4), 折痕为 PQ, $PK=AG$, 如图 2-8; 这样图 2-6 所示的长方形 $AEKG$ 被右移到了图 2-9 所示的长方形 $PRSK$ 的位置.

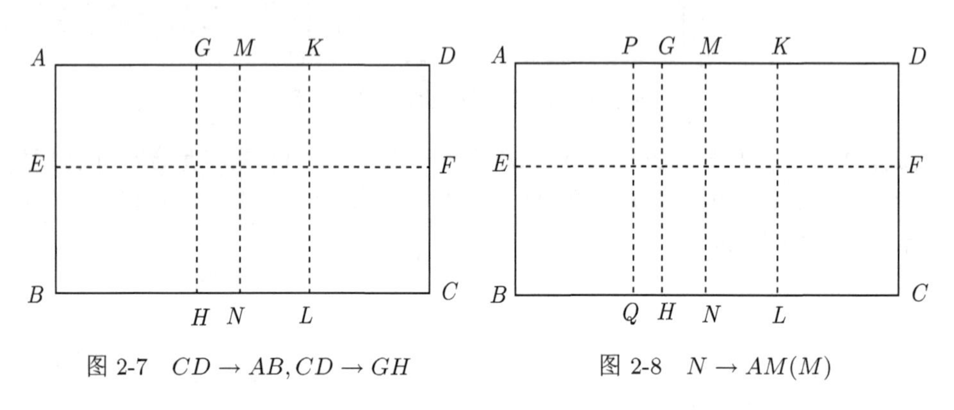

图 2-7 $CD\to AB, CD\to GH$ 图 2-8 $N\to AM(M)$

操作 6 用同样的方法向下移动长方形 $PRSK$, 便可以将该长方形移到长方形 $ABCD$ 的中间, 如图 2-10.

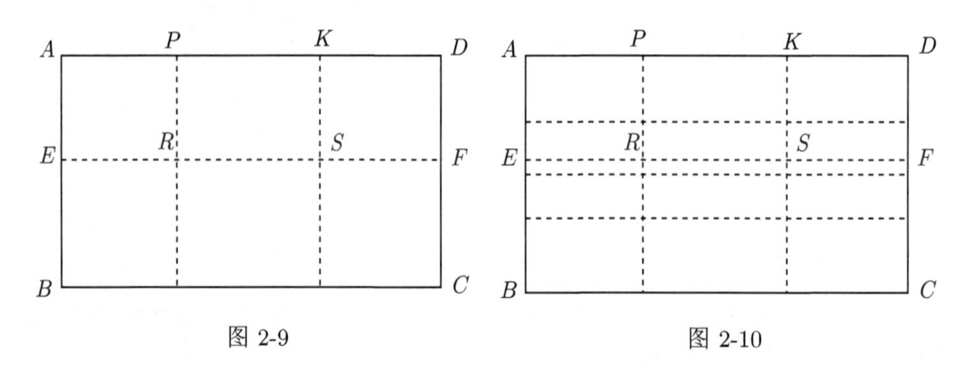

图 2-9 图 2-10

做一做

将长方形 $ABCD$ 的四个角都向内折, 能否得到二重长方形.

操作 7 在长方形 $ABCD$ 中, 分别将 AD 与 BC, AB 与 CD 重合对折 (公理 3), 折痕分别为 EF 和 GH, 记两折痕的交点为 O, 如图 2-11.

操作 8 过点 E 将点 O 折到 AD 上 (公理 5)(实际操作时, 相当于过点 E 将 AD 向内折并让其经过点 O), 折痕为 EN, 点 A 的对应点为 J, 如图 2-12.

操作 9 将 BE 与 EJ 重合对折 (公理 3), 折痕为 EM, 因为 E 是 AB 的中点, 点 B 的对应点为 J, 即 M、J、N 在一条直线上, 如图 2-13.

操作 10　将 CM 与 MN 重合对折 (公理 3), 折痕为 MF, 点 C 的对应点为 K, 如图 2-14.

操作 11　将 DF 与 FK 重合对折 (公理 3), 折痕为 FN, 点 D 的对应为 K, 如图 2-15.

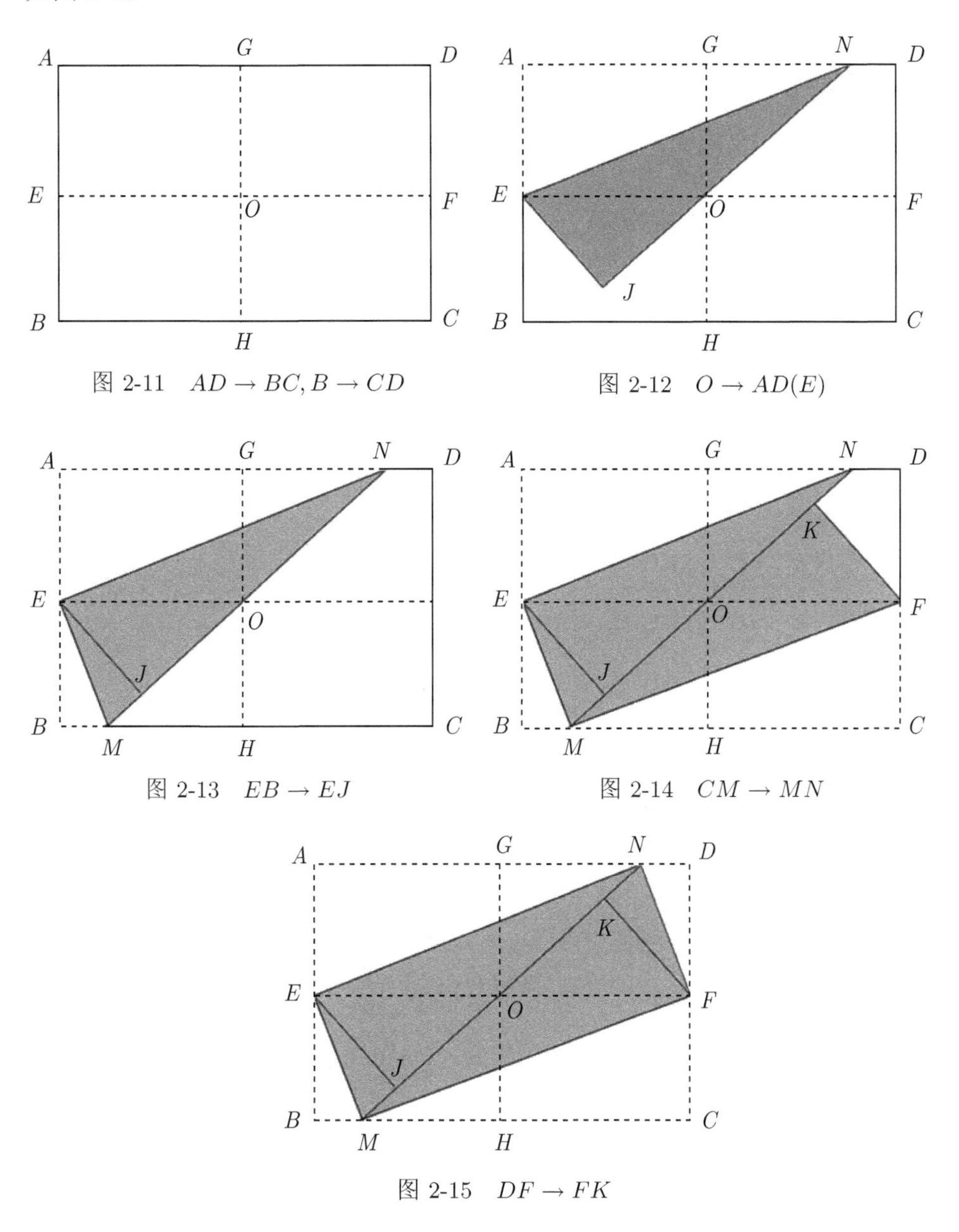

图 2-11　$AD \to BC, B \to CD$

图 2-12　$O \to AD(E)$

图 2-13　$EB \to EJ$

图 2-14　$CM \to MN$

图 2-15　$DF \to FK$

由操作 7 知, E 是 AB 的中点, 在操作 9 中, 将 EJ 与 BE 重合对折时, 点 B

的对应点为 J, 又 $\angle A$ 与 $\angle B$ 都是直角, 所以 M、J、N 三点在一条直线上; 同理, 在操作 11 中, 将 DF 与 FK 重合对折, 点 D 的对应点与 K 重合, 因此, 四边形 $EMFN$ 是一个无缝且只有二层重叠的二重长方形.

3.3　三角形的面积

本节用两种方法发现三角形的面积公式, 第一种方法是用长方形纸折三角形而发现三角形面积公式; 第二种方法是用三角形纸折二重长方形发现三角形面积公式.

折一折

操作 1　在长方形 $ABCD$ 的边 AD 上任取一点 E, 分别过 B、E 两点和 C、E 两点折叠 (公理 1), 得三角形 BCE, 如图 3-1.

操作 2　过点 E 将 BC 自身重合对折 (公理 4), 折痕为 EF, 由第 1 章性质 4 可知 EF 垂直于 BC, 如图 3-2.

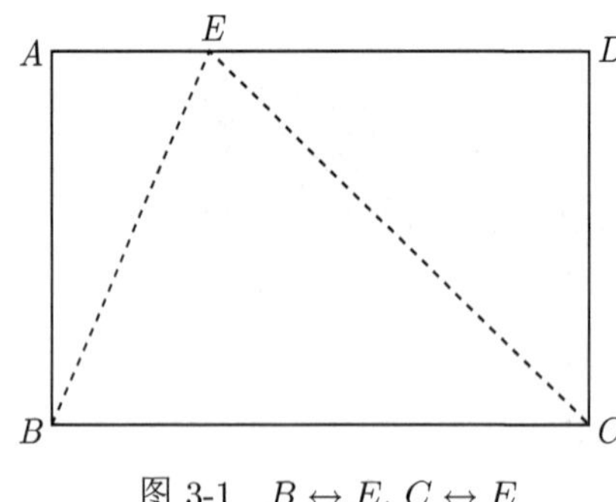

图 3-1　$B \leftrightarrow E, C \leftrightarrow E$

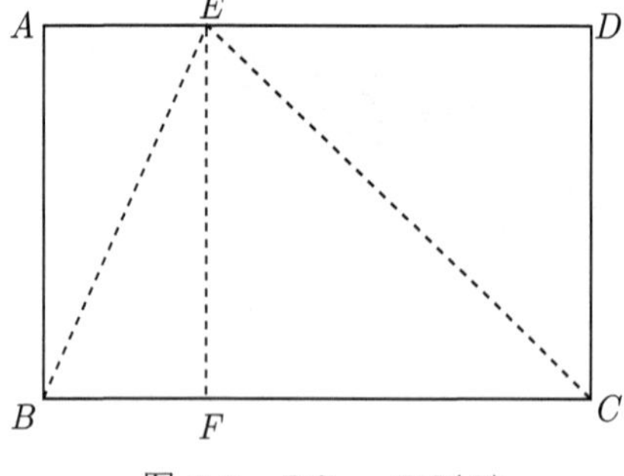

图 3-2　$BC \to BC(E)$

想一想

三角形 BCE 的面积等于长方形 $ABCD$ 面积的一半.

由操作 2 知 $EF \perp BC$, 所以有 $\triangle ABE \cong \triangle BEF$, $\triangle CDE \cong \triangle CEF$, 因为全等三角形的面积是相等的, 因此有, 三角形 BCE 的面积等于长方形 $ABCD$ 面积的一半, 即

$$S_{\triangle BCE} = \frac{1}{2} BC \times EF$$

做一做

三角形折二重长方形.

操作 3　在三角形 ABC 中, 过点 E 将其对边 BC 自身重合对折 (公理 4), 折痕为 EF, 由性质 4 可知, EF 是底边 BC 的高线, 如图 3-3.

操作 4　将点 E 与 F 重合对折 (公理 2), 折痕为 GH, 如图 3-4.

操作 5　将点 B 与点 F 重合对折 (公理 2), 折痕为 GR, 如图 3-5.

操作 6　将点 C 与点 F 重合对折 (公理 2), 折痕为 HS, 如图 3-6.

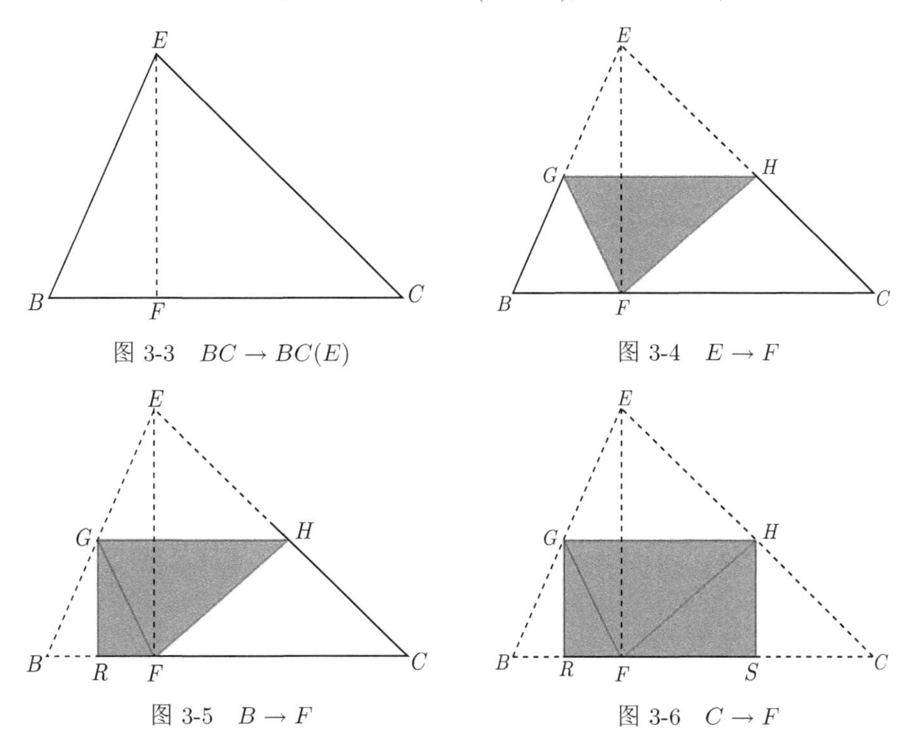

图 3-3　$BC \to BC(E)$　　图 3-4　$E \to F$

图 3-5　$B \to F$　　图 3-6　$C \to F$

因为 $EF \perp BC$, E 的对应点为 F, 所以 $\triangle EHG \cong \triangle FHG$, 有 $EG = FG$, $EH = CH$, 且 G、H 分别是 BE 和 CE 的中点. 因此在操作 5 中, 将点 B 与点 F 重合对折, 折痕过 G 点, 且垂直平分 BF, 同理, 在操作 6 中, 将点 C 与点 F 重合对折, 折痕过 H 点且垂直平分 CF, 因此, 四边形 $GRSH$ 是一个二重长方形, 且面积等于三角形 EBC 的一半.

如果记 $\triangle BCE$ 的高为 h, 底为 a, 则二重长方形 $GRSH$ 的宽为 $\frac{1}{2}h$, 长为 $\frac{1}{2}a$, 即长方形的面积为 $\frac{1}{4}ah$, 因为 $\triangle BCE$ 的面积等于长方形 $GRSH$ 面积的一倍, 所以

$$S_{\triangle BCE} = \frac{1}{2}ah$$

即三角形的面积等于底乘以高的一半.

3.4　梯形的面积

本节用两种方法发现梯形的面积公式. 第一种方法是用长方形纸折梯形发现

梯形的面积公式; 第二种方法是用梯形纸折二重长方形发现梯形的面积公式.

折一折

操作 1　在长方形 $ABCD$ 的 AD 边上取两点 G、H, 分别过 B、G 两点和 C、H 两点折叠 (公理 1), 得梯形 $BCHG$, 如图 4-1.

操作 2　分别过点 G 与 H 将 BC 自身重合对折 (公理 4), 折痕分别为 GR 和 HS, 由第 1 章性质 4 可知 GR 和 HS 是 BC 的垂线, 如图 4-2.

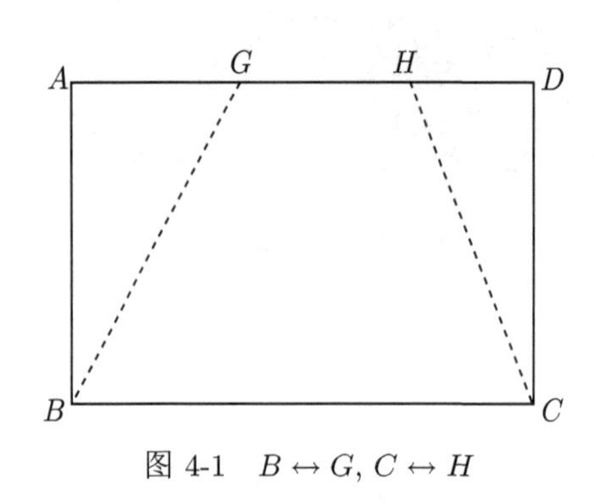

图 4-1　$B \leftrightarrow G, C \leftrightarrow H$

图 4-2　$BC \to BC(G), BC \to BC(H)$

想一想

利用图 4-2 求梯形 $BCHG$ 的面积.

因为 $GR \perp BC$, $HS \perp BC$, 四边形 $ABRG$、$GRSH$、$HSCD$ 均为矩形, 所以

$$\begin{aligned} S_{BCHG} &= S_{BRG} + S_{CHS} + S_{GRSH} = \frac{1}{2}BR \times AB + \frac{1}{2}CS \times AB + RS \times AB \\ &= \frac{1}{2}AB \times (BR + CS + RS + GH) = \frac{1}{2}AB \times (GH + BC) \end{aligned}$$

即梯形的面积等于 $\frac{1}{2}$(上底 + 下底) × 高.

做一做

梯形折二重长方形.

操作 3　在梯形 $BCHG$ 中, $GH//BC$, 将 GH 与 RS 重合对折 (公理 3), 折痕为 EF, 由第 1 章的性质 3 可知, $EF//GH//BC$, 且 E、F 两点分别是 BG 和 CH 的中点, 如图 4-3.

操作 4　将点 B 与 R 重合对折 (公理 2), 折痕为 EM, 如图 4-4.

因为 E 是 BG 的中点, 由操作 3 可知 $EG = ER$, 所以 $EB = ER$, 即 $\triangle BER$ 是等腰三角形, 因此 $EM \perp BR$, 且 $\angle BEM = \angle REM$. 又因为折叠以后 EG 与 ER 重合, 由第 1 章性质 3 可知, EF 平分 $\angle GER$, 因此 $\angle MEF = 90°$.

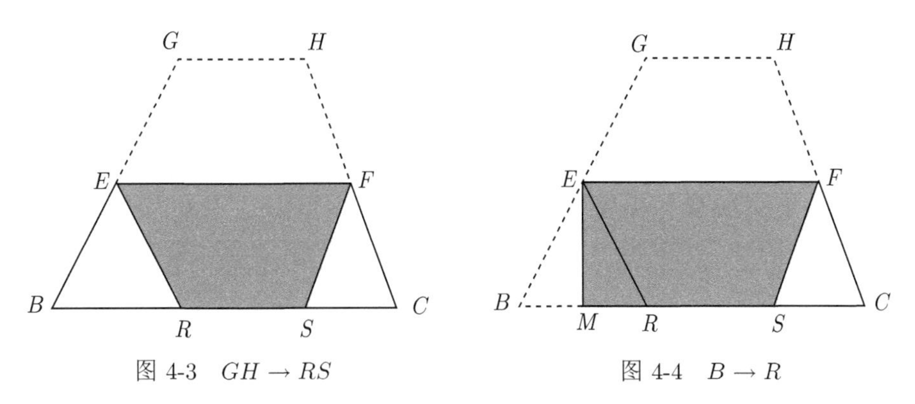

图 4-3 $GH \to RS$　　图 4-4 $B \to R$

操作 5 将点 C 与 S 重合对折 (公理 2), 折痕为 FN, 同样可知折痕 $FN \perp CS$, $\angle MEF = 90°$.

由此可知四边形 EMNF 是矩形 (四个角都是直角, 如图 4-5).

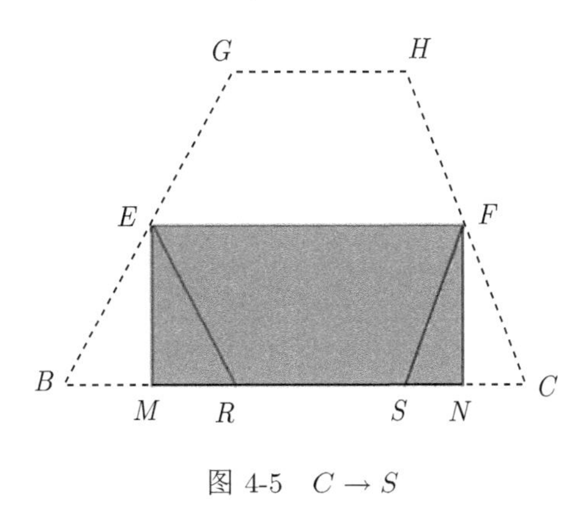

图 4-5 $C \to S$

利用图 4-5 推导梯形 $BCHG$ 的面积公式.

$MN = RS + MR + NS = GH + \frac{1}{2}BR + \frac{1}{2}CS = \frac{1}{2}(GH + MN)$ 长方形 $EMNF$ 的面积等于 $MN \times ME = \frac{1}{2}(GH + MN) \times \frac{1}{2}GR$, 所以梯形 $BCHG$ 的面积等于

$$2MN \times ME = \frac{1}{2}(GH + MN) \times GR$$

即梯形的面积等于 $\frac{1}{2}$(上底 + 下底) × 高.

3.5 平行四边形的面积

本节用两种方法发现平行四边形的面积公式. 第一种方法是用长方形纸折平行四边形发现平行四边形的面积公式; 第二种方法是用平行四边形纸折二重长方形

发现平行四边形的面积公式.

折一折

操作 1　在长方形 $ABCD$ 的 BC 边上取一点 E, 过点 E 将 BC 重合对折 (公理 4), 折痕为 EG, 如图 5-1.

操作 2　将 A 与 D 重合对折 (公理 2), 折痕为 RS, G 的对应点为 F, 如图 5-2.

操作 3　分别过 A、E 两点和 C、F 两点折叠 (公理 1), 得平行四边形 $AECF$, 如图 5-3.

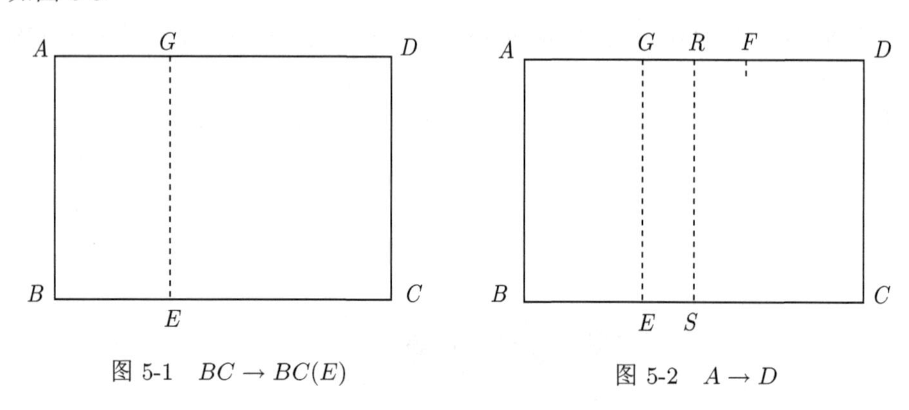

图 5-1　$BC \to BC(E)$　　图 5-2　$A \to D$

操作 4　过点 F 将 BC 自身重合对折 (公理 4), 折痕为 FH, 如图 5-4.

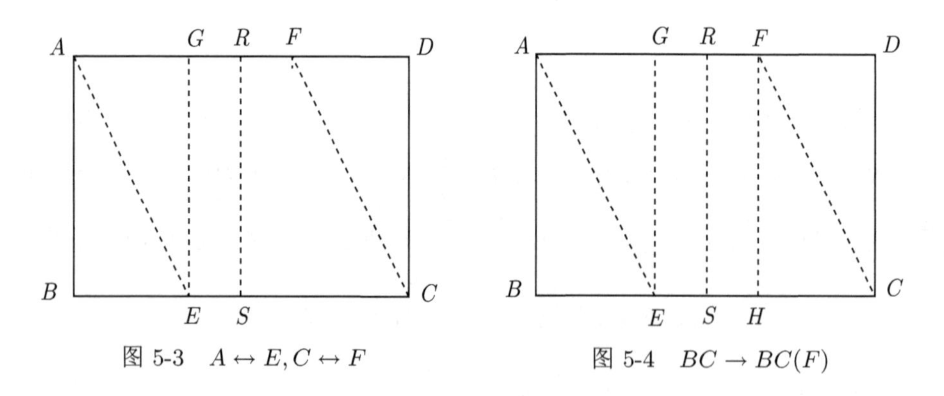

图 5-3　$A \leftrightarrow E, C \leftrightarrow F$　　图 5-4　$BC \to BC(F)$

想一想

利用图 5-4 求平行四边形 $AECF$ 的面积.

因为 $EG \perp BC$, $FH \perp BC$, $AG = DF$, 所以 $\triangle ABE \cong \triangle CDF$, 平行四边形 $AECF$ 的面积等于长方形 $GECD$ 的面积, 即等于 $EC \times GE$, 也即平行四边形的面

积等于底乘以高.

做一做

用平行四边形折二重长方形, 并据此推导平行四边形的面积公式.

操作 5　已知平行四边形 $ABCD$, 将 BC 与 AD 重合对折 (公理 3), 折痕为 EF, 点 B 的对应点为 H, 点 C 的对应点为 G, 如图 5-5.

操作 6　分别将点 H 与 A, 点 D 与 G 重合对折 (公理 2), 折痕分别为 ES 和 FR, 得二重长方形 $SEFR$, 如图 5-6.

下面利用图 5-6 推导平行四边形 $ABCD$ 的面积公式.

因为 AD 与 BC 重合对折的折痕为 EF, 由公理 3 知 $AD//EF//BC$, 由操作 6 知 $ES\perp SR$, $FR\perp SR$, 所以四边形 $EFRS$ 是矩形, 面积等于 $EF\times ES$.

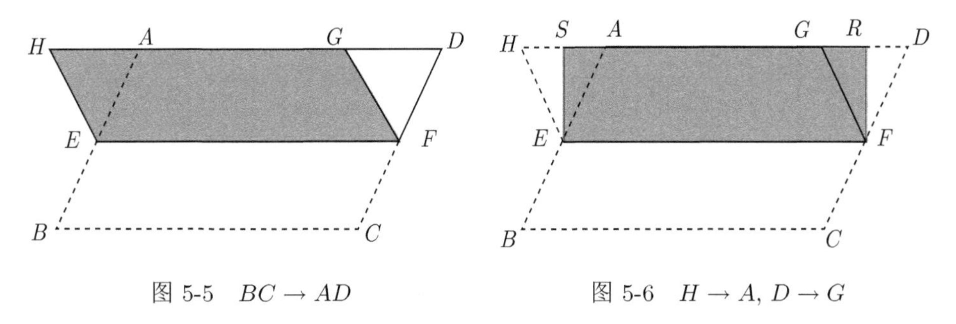

图 5-5　$BC\to AD$　　　　图 5-6　$H\to A, D\to G$

由操作 5 和操作 6 易知原平行四边形的面积等于长方形 $EFRS$ 面积的一倍, 即等于 $2ES\times EF$.

沿 ES 折叠, 折痕交 BC 于 M(图 5-7), 易知 $SM\perp BC$, 且 $ES=\dfrac{1}{2}SM$, 所以平行四边形 $ABCD$ 的面积等于 $2ES\times EF=SM\times EF$, 即等于底乘以高.

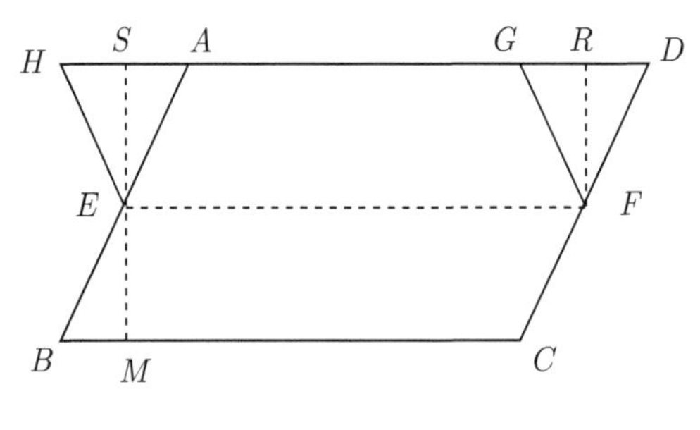

图 5-7

另外, 用平行四边形也可以将其四个角向内折叠成一个无缝且只有两层重叠的二重长方形, 具体操作如下所示.

操作 7　将平行四边形 $ABCD$ 的两组对边分别重合对折 (公理 3), 得到平行四边形的中心 O, 过点 F 将点 O 折到 BC 上 (公理 5, 操作时过点 F 折叠, 让 BC 经过 O 点), 折痕为 FG, 点 C 的对应点为 J, 如图 5-8 所示.

操作 8　将 D 与 J 两点重合对折 (公理 2), 折痕为 FH, 如图 5-9.

操作 9　将 AH 与 GH 重合对折 (公理 3), 折痕为 EH, 点 A 的对应点为 K, 如图 5-10.

操作 10　将 B 与 K 两点重合对折 (公理 2), 折痕为 EG, 得二重长方形 $WGFH$, 如图 5-11.

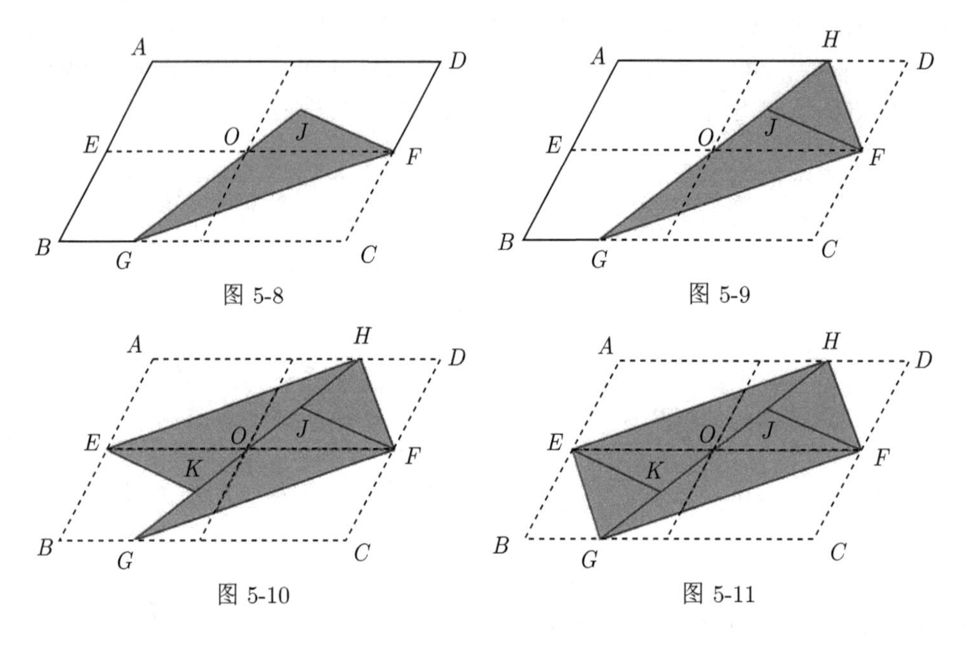

图 5-8　图 5-9

图 5-10　图 5-11

3.6　风筝的面积

风筝是指对角线互相垂直的四边形, 由定义可知, 风筝的折叠方法非常简单, 即只需折两条互相垂直的直线, 然后分别在每条直线上以交点为中心的两侧各取一个点, 将四个点联结起来就可以得到一个风筝. 本节用两种方法发现风筝的面积. 第一种方法是用长方形纸折风筝发现风筝的面积, 第二种方法是用风筝形纸折二重长方形发现风筝的面积公式.

折一折

操作 1　在长方形 $ABCD$ 的边 AB 上取一点 E, 过点 E 将 AB 自身重合对折 (公理 4), 折痕为 EF, 由第 1 章性质 4 可知, 折痕 EF 与 AB 是垂直的, 如图 6-1.

操作 2 在 AD 上取一点 G, 过点 G 将 AD 自身重合对折 (公理 4), 折痕为 GH, 由第 1 章性质 4 可知折痕 GH 与 AD 垂直, 如图 6-2.

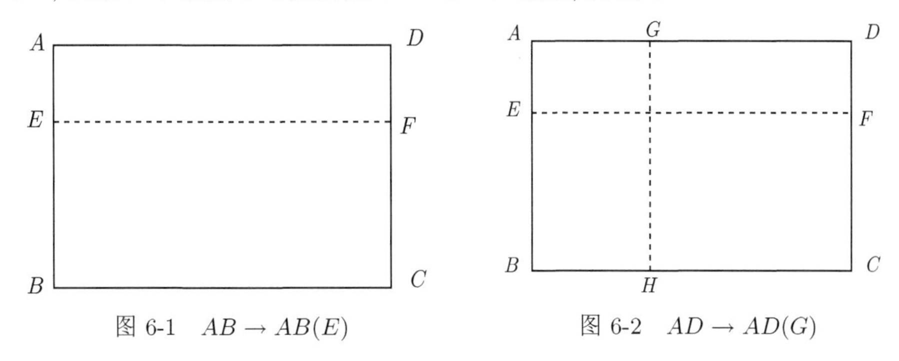

图 6-1 $AB \to AB(E)$ 图 6-2 $AD \to AD(G)$

由操作 1 和操作 2 可知 $EF \perp GH$.

操作 3 分别过 E、G 两点, E、H 两点, H、F 两点, F、G 两点折叠 (公理 1), 得风筝 $EHCG$, 如图 6-3.

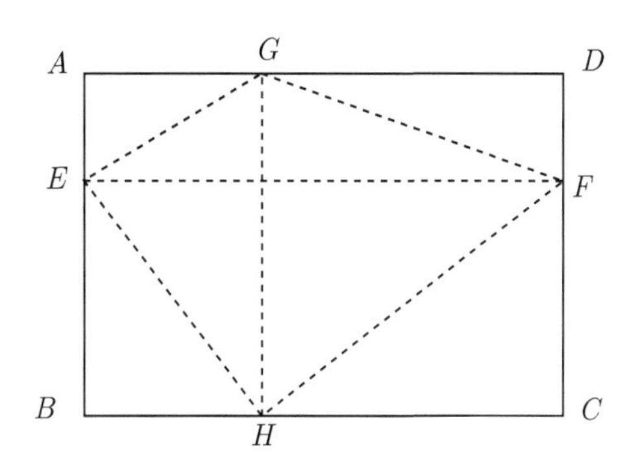

图 6-3 $E \leftrightarrow G, E \leftrightarrow F, H \leftrightarrow F, F \leftrightarrow G$

想一想

根据以上折叠过程求风筝 $EGCG$ 的面积.

由于折痕 EF 和 GH 相互垂直, 因此两折痕将长方形 $ABCD$ 分成四个矩形, 而风筝的每一条边分别是每个小长方形的对角线, 所以风筝的面积正好等于长方形面积的一半, 即风筝的面积等于长方形的长与宽的乘积的二分之一, 也即等于风筝的对角线乘积的二分之一.

做一做

用风筝形纸折二重长方形, 并由此推算风筝的面积公式.

操作 4 已知四边形 $ABCD$ 为风筝, 分别过 A、C 两点和 B、D 两点折叠

(公理 1), 得风筝 $ABCD$ 的对角线 AC 和 BD, 由风筝的定义可知 $AC\perp BD$, 将 $ACBD$ 的交点记为 R, 如图 6-4.

操作 5　分别将 A 与 R, B 与 R, C 与 R, D 与 R 重合对折 (公理 2), 折痕分别为 MH, MN, NG, GH, 则四边形 $MNGH$ 是长方形, 如图 6-5.

事实上, 因为将点 A 与点 R 重合对折的折痕为 EH, 所以由第 1 章性质 1-1 知, $\triangle AEH \cong \triangle ERH$, 且由第 1 章性质 2 还知道, EH 垂直平分 AR, 因此 $AE = BE = ER$. 将点 B 与点 R 重合对折的时候, 折痕 EF 垂直平分 BR, 以此类推可以得到四边形 $MNGH$ 是长方形, 且风筝 $ABCD$ 的面积等于长方形 $MNGH$ 面积的 2 倍. 长方形 $MNGH$ 的面积等于 $\frac{1}{2}BD \times \frac{1}{2}AC$, 所以风筝的面积等于对角线乘积的二分之一.

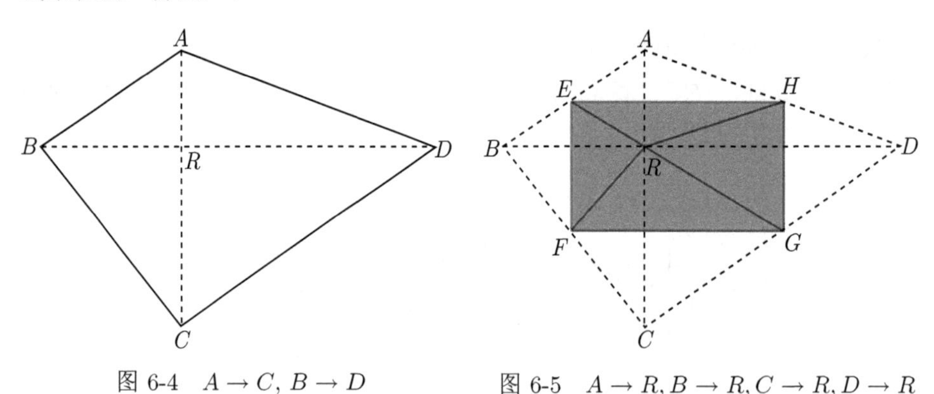

图 6-4　$A \to C, B \to D$

图 6-5　$A \to R, B \to R, C \to R, D \to R$

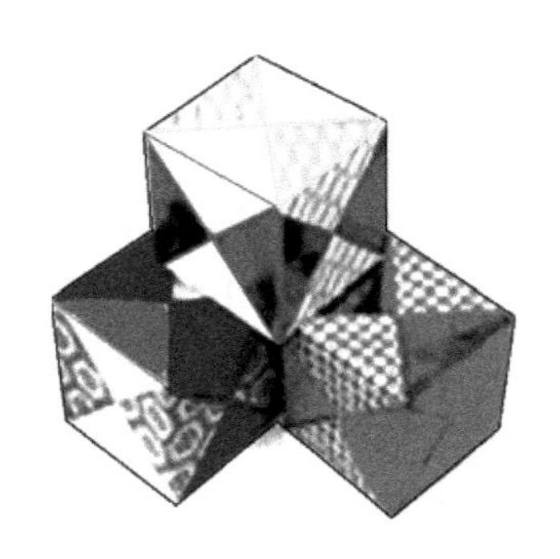

第4章

折纸与分数

我们将一张纸通过折叠分解为 $n(n \geqslant 2)$ 个全等的长方形 (正方形、三角形、梯形、平行四边形) 的操作称为 $\frac{1}{n}$ 长方形 (正方形、三角形、梯形、平行四边形) 分解. 例如, 将一张纸分解为 4 个全等的直角三角形, 就称为 $\frac{1}{4}$ 直角三角形分解. 本章根据第 1 章的折纸公理及其性质, 用同一张纸探索不同形状的多边形分解, 帮助认识和理解分数的意义. 例如, 用正方形纸分别进行 $\frac{1}{2}$ 长方形分解、$\frac{1}{2}$ 三角形分解和 $\frac{1}{2}$ 梯形分解, 从而认识和理解分数 $\frac{1}{2}$ 的意义; 再分别用长方形纸、正方形纸和三角形纸进行 $\frac{1}{4}$ 分解, 帮助理解单位 "1" 的意义. 关于 $\frac{1}{n}$ 分解的方法, 除 $\frac{1}{2}, \frac{1}{4}, \frac{1}{8}, \cdots$ 外, 我们还介绍了芳贺和夫关于三等分线段的定理, 以及在一定条件下, $n(n \geqslant 2)$ 等分线段的一般方法. 本章还利用多边形分解, 通过对折痕的观察比较、概括总结, 理解和发现异分母分数的加减运算及其算理; 通过折叠含 30° 的直角三角形板和含 60° 的菱形板进行图形的组拼, 进行分数的加减运算; 利用彩色正方形纸折叠后形成的正、反面图形的面积之比进行分数的除法运算.

4.1 $\frac{1}{2}$ 分 解

折一折

操作 1(长方形分解) 将正方形纸 $ABCD$ 的两对边 AB 与 CD 重合对折 (公

理 3), 折痕为 EF, 则 EF 将正方形 $ABCD$ 分解为两个形状和大小都相同的长方形 (全等长方形), 它们的面积均为原正方形面积的 $\frac{1}{2}$, 如图 1-1.

注意：图 1-1 所示的折痕 EF, 除了用公理 3, 还可以用公理 2, 将点 A 与点 D(或点 B 与点 C) 重合对折而得到.

操作 1 是通过折叠将正方形分解为两个全等的长方形, 还有没有其他的分解方法来表示 $\frac{1}{2}$ 呢?

操作 2(三角形分解)　将点 B 与点 D 重合对折 (公理 2), 折痕为 BD, 则 BD 将正方形 $ABCD$ 分解为两个全等的等腰直角三角形, 它们的面积均为原正方形面积的 $\frac{1}{2}$, 如图 1-2.

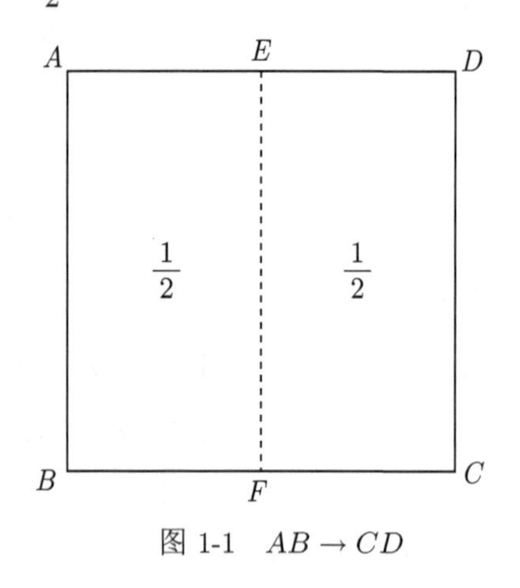

图 1-1　$AB \to CD$

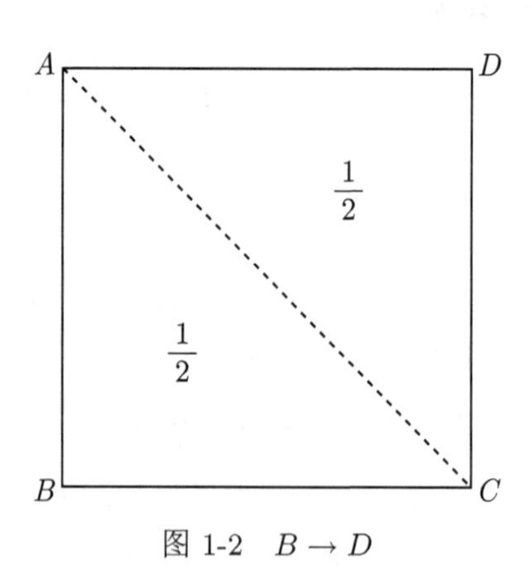

图 1-2　$B \to D$

注意：图 1-2 所示的折痕 AC, 除了用公理 2, 还可以用下列两种方法折叠：

(1) 直接过 A、C 两点折叠 (公理 1);

(2) 将两邻边 AB 与 AD(或 BC 与 CD) 重合对折 (公理 3).

操作 3(梯形分解)　将正方形 $ABCD$ 的两组对边分别重合对折 (公理 3), 得正方形的中心 O, 如图 1-3;

操作 4　过中心 O 的任一折痕 MN 都将正方形 $ABCD$ 分解为两个全等的直角梯形, 它们的面积都是原正方形面积的 $\frac{1}{2}$, 如图 1-4.

注意：图 1-3 中正方形的中心可以是正方形的任意两点或任意两边重合对折所得的两条相交折痕的交点.

想一想

在正方形 $ABCD$ 中, 除了上述长方形分解、三角形分解和梯形分解, 是否还有其他形状的 $\frac{1}{2}$ 分解?

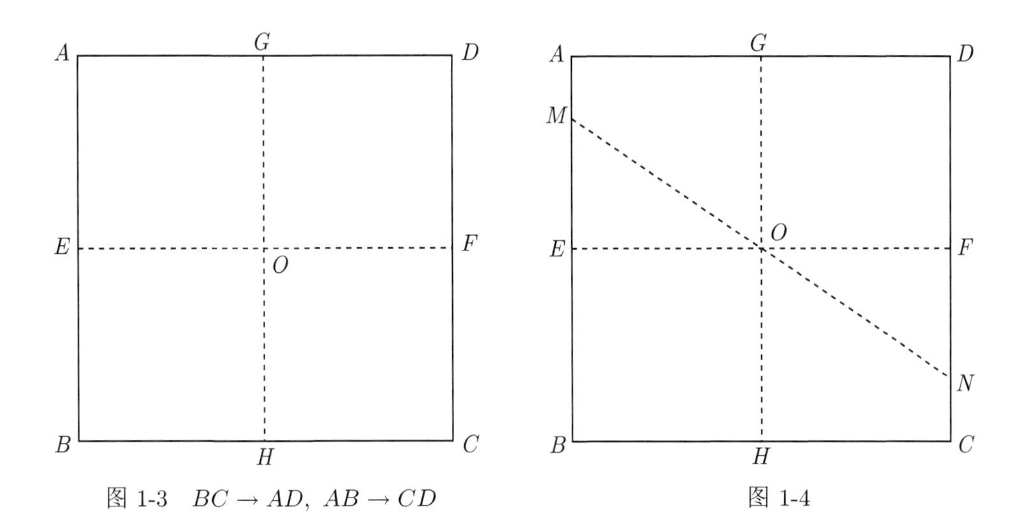

图 1-3 $BC \to AD,\ AB \to CD$ 图 1-4

操作 5(二重正方形) 先折出正方形 $ABCD$ 的中心 O, 如图 1-3, 然后将每个顶点分别与中心重合对折 (公理 2), 此时得到的正好是一个无缝隙且只有二层重叠的二重正方形 $EGFH$, 如图 1-5. 观察展开图图 1-6, 容易发现正方形 $EGFH$ 的面积正好是原正方形面积的 $\dfrac{1}{2}$.

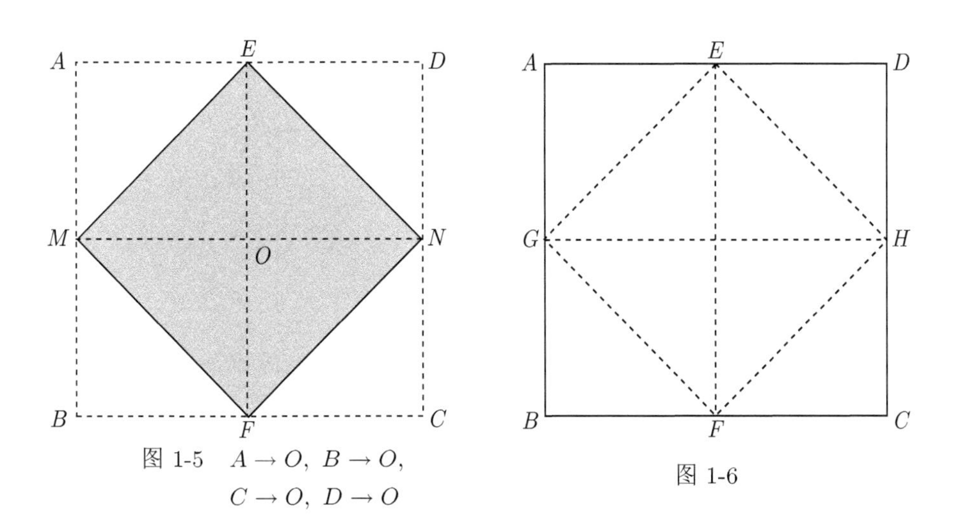

图 1-5 $A \to O,\ B \to O,\ C \to O,\ D \to O$ 图 1-6

事实上, 折正方形 $ABCD$ 的中心就将正方形分解为四个全等的小正方形, 如图 1-3, 操作 4 的每一次折叠都是 $\dfrac{1}{2}$ 三角形分解, 所以图 1-5 所得到的正方形 $EGFH$ 的面积恰好是原正方形面积的 $\dfrac{1}{2}$.

做一做

用长方形、三角形、梯形、菱形、正多边形折 $\frac{1}{2}$.

用长方形纸折 $\frac{1}{2}$ 有三种基本的折叠方法, 即长方形分解、直角三角形分解和直角梯形分解, 如图 1-7～图 1-10.

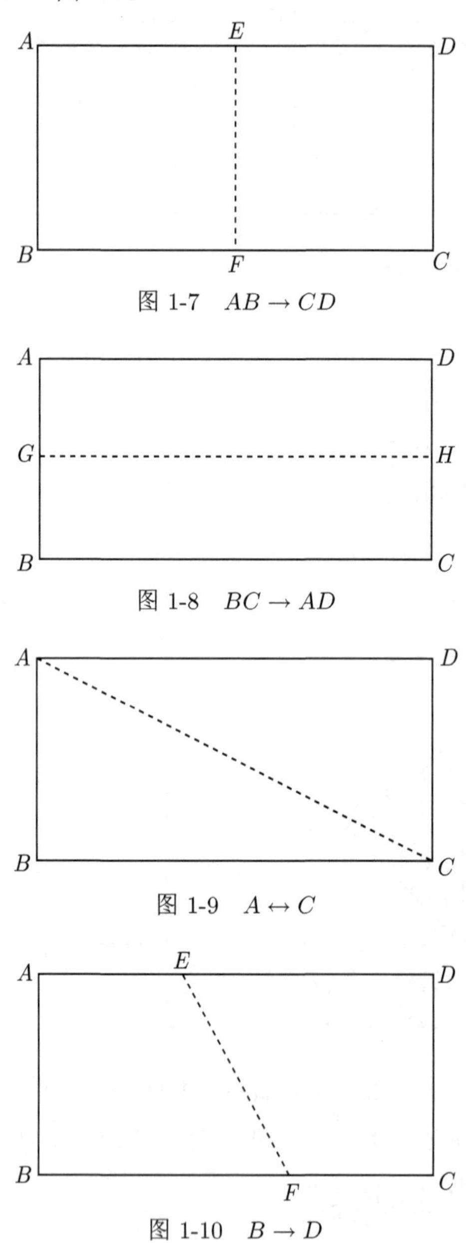

图 1-7　$AB \to CD$

图 1-8　$BC \to AD$

图 1-9　$A \leftrightarrow C$

图 1-10　$B \to D$

图 1-7 至图 1-9 的折叠方法都容易想到, 图 1-10 的折叠方法是将长方形不相邻的两个顶点 B 和 D 重合对折 (公理 2), 折痕为 EF, 则 EF 将长方形 $ABCD$ 分解为两个全等的直角梯形. $\frac{1}{2}$ 直角梯形分解还有一种方法是先折出长方形的中心, 然后过中心的任意折痕 (但要与长方形的两长边都相交) 都将长方形分解为两个全等的直角梯形.

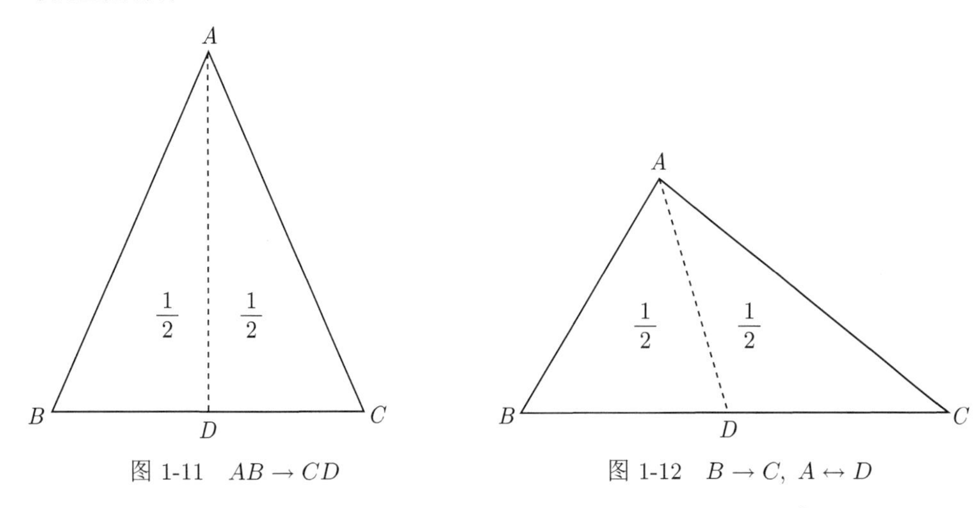

图 1-11　$AB \to CD$　　图 1-12　$B \to C,\ A \leftrightarrow D$

图 1-11 和图 1-12 是分别用等腰三角形和任意三角形折叠的 $\frac{1}{2}$ 分解, 图 1-11 的折叠方法有下列三种:

(1) 将点 B 与点 C 重合对折 (公理 2);

(2) 将两腰 AB 与 AC 重合对折 (公理 3);

(3) 过点 A 将 BC 自身重合对折 (公理 4).

类似地, 请读者自行探索用梯形、菱形、正多边形折 $\frac{1}{2}$ 的方法.

4.2　$\frac{1}{4}$ 和 $\frac{1}{8}$ 分解

折一折

操作 1　将正方形 $ABCD$ 的两对边分别重合对折 (公理 3), 可以将正方形 $ABCD$ 分解为四个全等的正方形, 即得到 $\frac{1}{4}$ 正方形分解, 如图 2-1.

操作 2　将正方形 $ABCD$ 的两对边 AB 与 CD 重合对折 (公理 3), 折痕为 EF, 然后再分别将 AB 与 EF, CD 与 EF 重合对折 (公理 3) 得 $\frac{1}{4}$ 长方形分解, 如图 2-2.

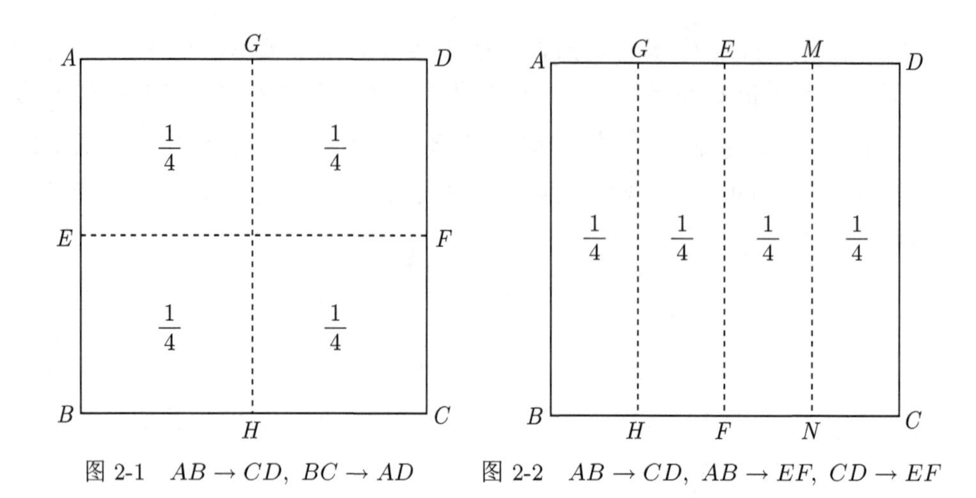

图 2-1　$AB \to CD,\ BC \to AD$　　图 2-2　$AB \to CD,\ AB \to EF,\ CD \to EF$

操作 3　将正方形 $ABCD$ 的边 AB 与 CD 重合对折 (公理 3), 折痕为 EF, 再分别过 B、E 两点和 C、E 两点折叠 (公理 1), 得 $\frac{1}{4}$ 直角三角形分解, 如图 2-3.

操作 4　分别过正方形 $ABCD$ 的 A、C 两点和 B、D 两点折叠, 得 $\frac{1}{4}$ 等腰直角三角形分解, 如图 2-4.

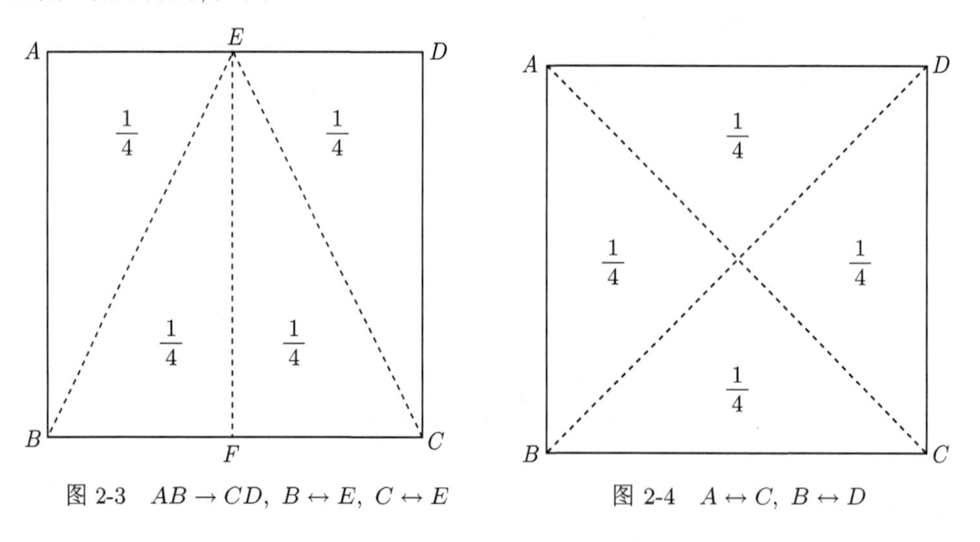

图 2-3　$AB \to CD,\ B \leftrightarrow E,\ C \leftrightarrow E$　　图 2-4　$A \leftrightarrow C,\ B \leftrightarrow D$

操作 5　将正方形 $ABCD$ 的两对边 AB 与 CD 重合对折 (公理 3), 折痕为 EF; 再分别过 A、C 两点, C、E 两点, A、F 两点折叠 (公理 1), 可以得到 $\frac{1}{4}$ 不同形状的等积分解, 如图 2-5.

由正方形折 $\frac{1}{8}$ 的分解方法非常多, 例如, 图 2-6 和图 2-7 是 $\frac{1}{8}$ 等腰直角三角形分解的两种方法, 图 2-8 是 $\frac{1}{8}$ 长方形分解的一种方法, 图 2-9 是 $\frac{1}{8}$ 的不同形状

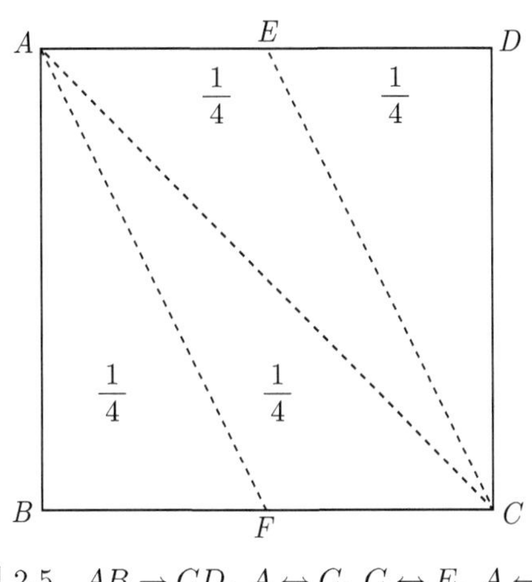

图 2-5　$AB \to CD,\ A \leftrightarrow C,\ C \leftrightarrow E,\ A \leftrightarrow F$

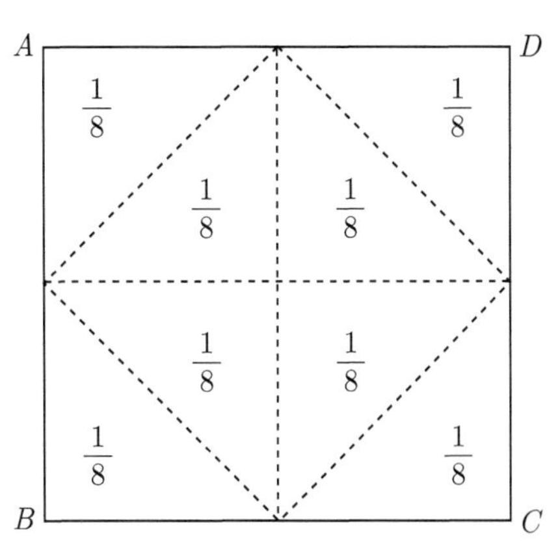

图 2-6

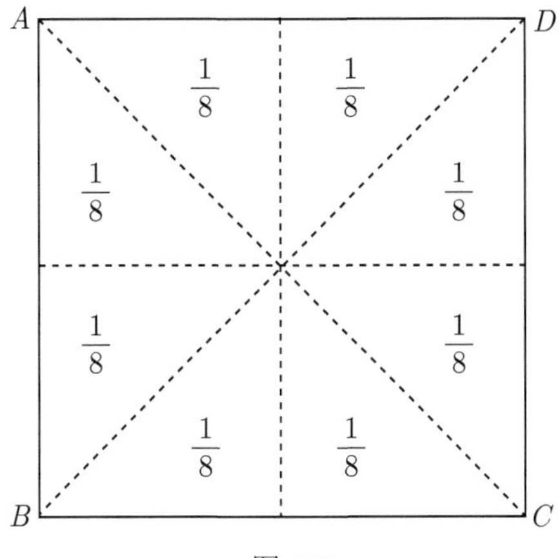

图 2-7

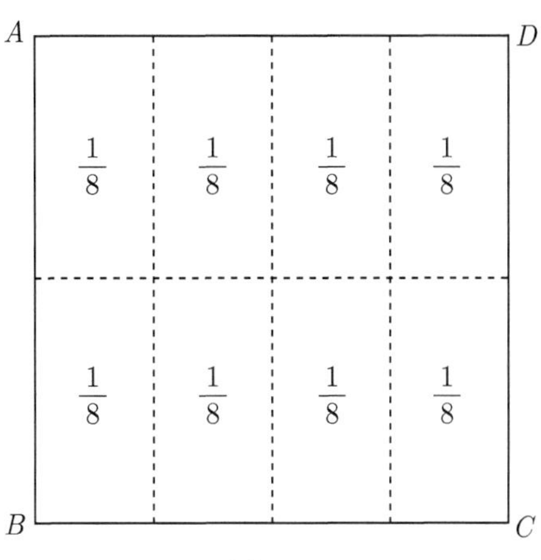

图 2-8

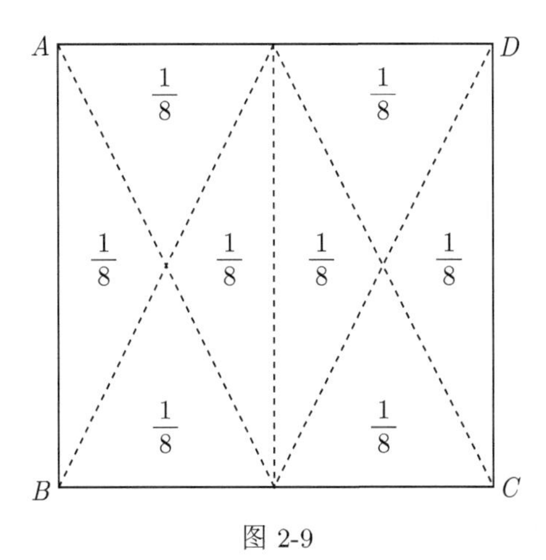

图 2-9

的等积分解方法之一.

想一想

1) 从表示 $\frac{1}{4}$ 的图中用阴影表示出 $\frac{1}{2}$(图 2-10).

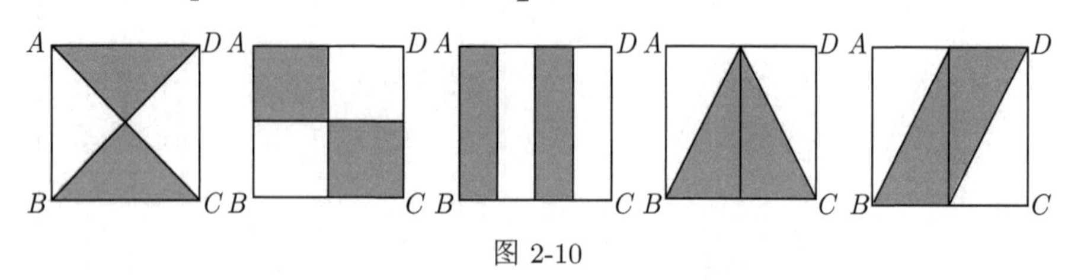

图 2-10

2) 从表示 $\frac{1}{8}$ 的图中用阴影表示 $\frac{1}{2}$.

从表示 $\frac{1}{8}$ 的图中用阴影表示 $\frac{1}{2}$ 的方法很多, 例如从图 2-11 的表示中, 还可以发现旋转对称图形和轴对称图形, 而在图 2-12 的表示中除轴对称图形外, 还可以发现中心对称图形.

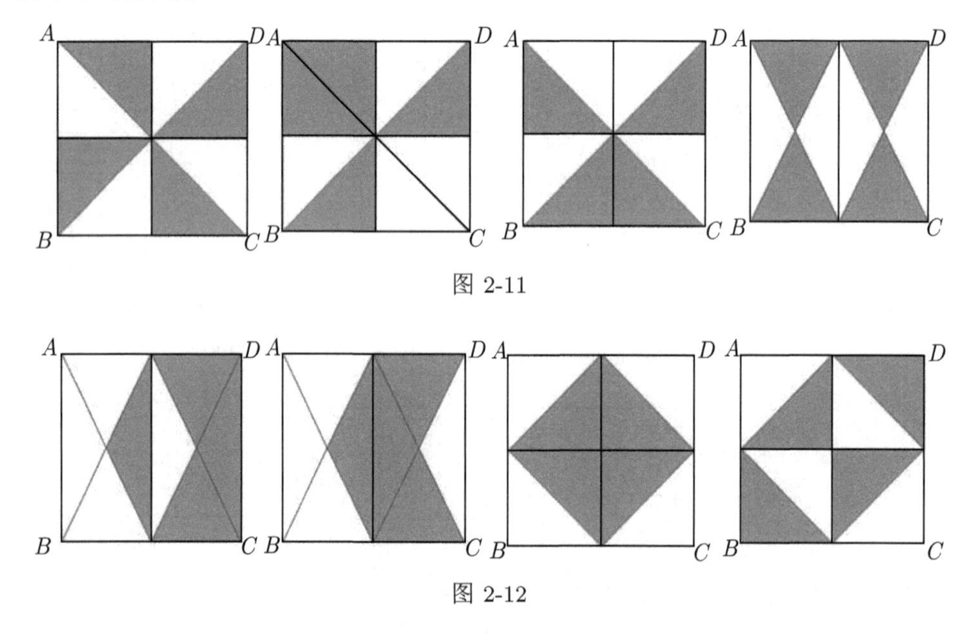

图 2-11

图 2-12

做一做

如何用长方形、正三角形、菱形、正六边形折 $\frac{1}{4}$, $\frac{1}{6}$, $\frac{1}{8}$.

图 2-13 是用正六边形所作的 $\frac{1}{6}$ 正三角形分解, 图 2-14 是用正三角形所作的 $\frac{1}{6}$ 不同形状的等积分解, 图 2-15 是用菱形所作的 $\frac{1}{4}$ 直角三角形分解, 图 2-16 是菱

形所作的 $\frac{1}{8}$ 不同形状的等积分解.

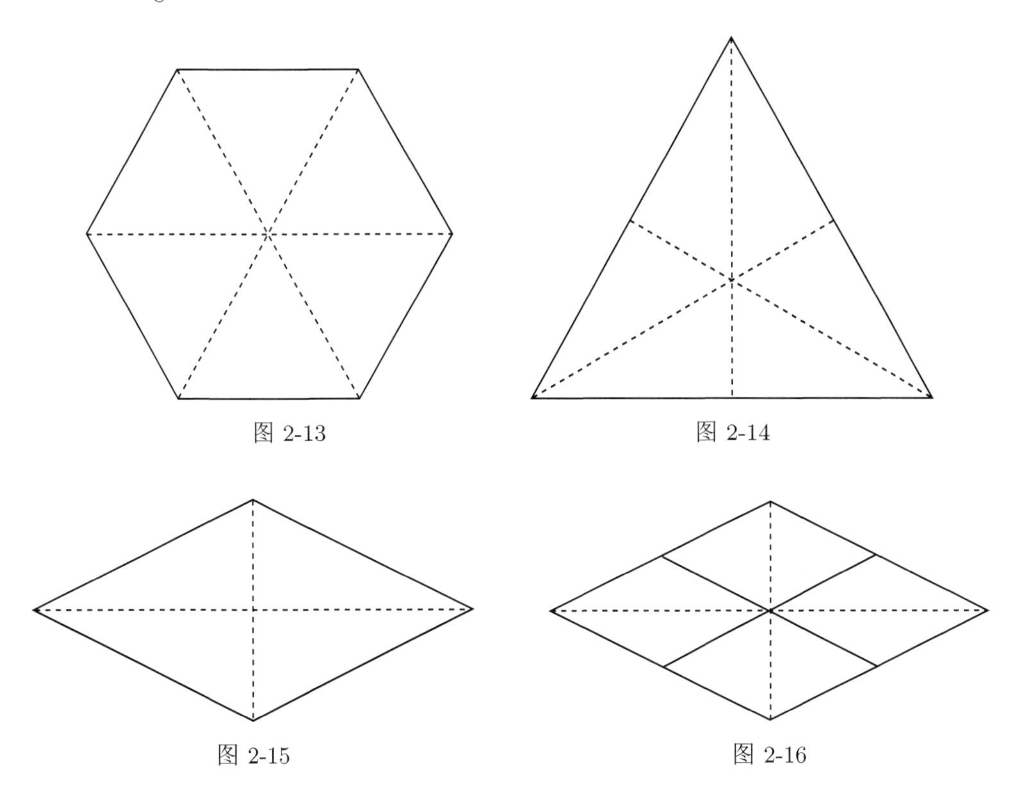

图 2-13　　图 2-14

图 2-15　　图 2-16

4.3　折 $\frac{1}{3}$ 和 $\frac{1}{n}$

折一折

操作 1(方贺第一定理)[4]　将正方形 $ABCD$ 的边 AB 与 CD 重合对折 (公理 3), 折痕为 EF; 然后再将点 C 与点 E 重合对折 (公理 2), 折痕为 GH, BC 与 AB 的交点记为 N, 则 N 点是 AB 边的三等分点, 如图 3-1.

芳贺第一定理在第 2 章第 6 节中已提出并给出了证明, 在第 1 章第 7 节中我们还讨论了芳贺第三定理三等分线段的方法, 以下给出芳贺第二定理及其证明.

操作 2(方贺第二定理)[4]　将正方形 $ABCD$ 的边 AB 与 CD 重合对折 (公理 3), 折痕为 EF; 过 C、E 两点折叠 (公理 1), 点 D 的对应点记为 G, 如图 3-2; 将 B 点与 G 点重合对折 (公理 2), 折痕为 CH, 则点 H 是 AB 的三等分点, 如图 3-3.

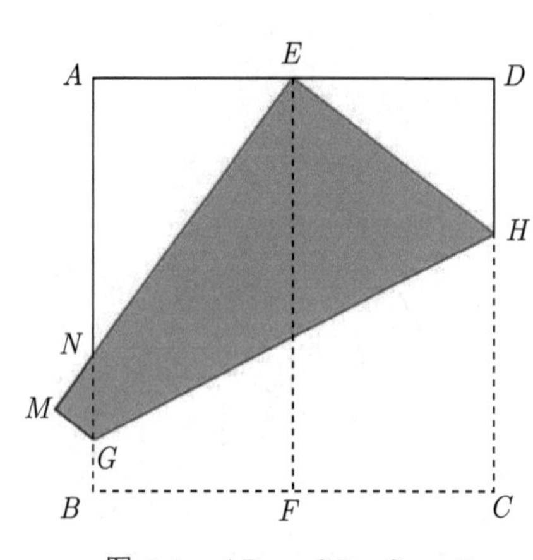

图 3-1　$AB \to CD$, $C \to E$

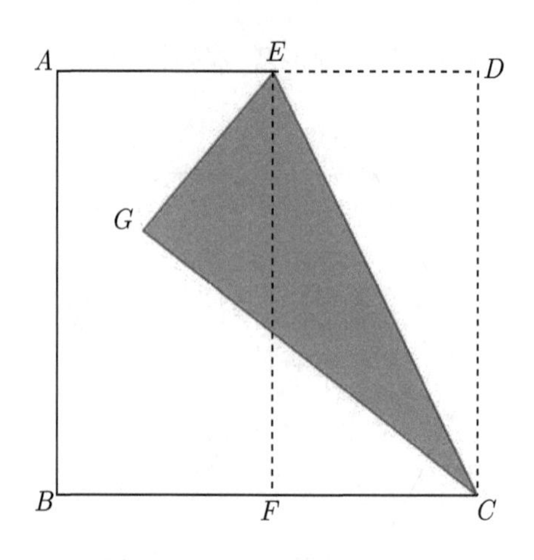

图 3-2　$AB \to CD$, $C \leftrightarrow E$

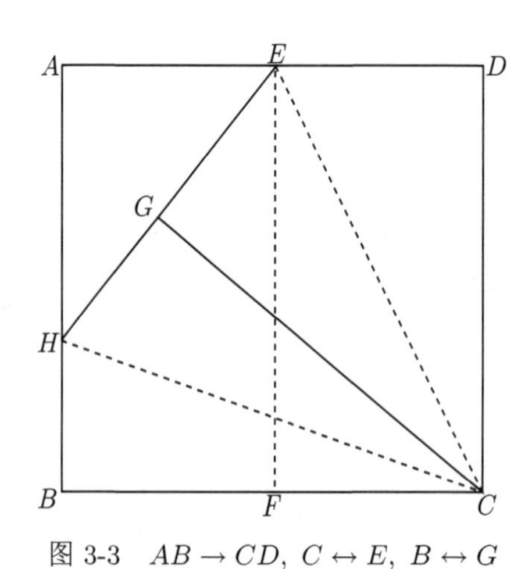

图 3-3　$AB \to CD$, $C \leftrightarrow E$, $B \leftrightarrow G$

事实上, 如果设正方形 $ABCD$ 的边长仍然为 1, 则 $EG = DE = \dfrac{1}{2}$, 如果设 $AH = x$, 则 $GH = BH = 1-x$, 在直角三角形 AEH 中, $EH = EG+GH = \dfrac{1}{2}+1-x$, 由勾股定理可得, $x = \dfrac{2}{3}$, 即点 H 是 AB 的三等分点.

操作 3　将长方形 $ABCD$ 的边 AD 与 BC 重合对折 (公理 3), 折痕为 EF, 然后再分别将 AD 与 EF, BC 与 EF 重合对折 (公理 3), 折痕分别为 GH 和 MN, 如图 3-4;

操作 4　将点 C 折到 GH 上, 同时让折痕过点 B(公理 5), 点 C 的对应点记为 P, BP 与 EF 和 MN 的交点分别记为 Q, R, 则线段 BC 被 Q、R 三等分, 如图 3-5.

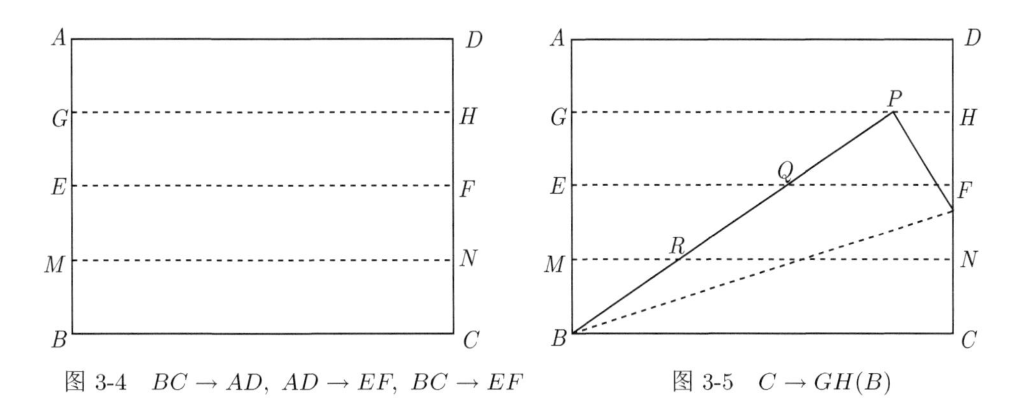

图 3-4 $BC \to AD,\ AD \to EF,\ BC \to EF$　　图 3-5 $C \to GH(B)$

想一想

1) 在图 3-5 中, 为什么 $BR = RQ = QP$?

由操作 4 及第 1 章性质 3 可知, $GH//EF//MN//BC$, 且这些平行线之间的距离相等, 由平行线等分线段定理可知, 线段 BP 被这组平行线所截, 所得线段相等, 即 $BR = RQ = QP$.

2) 怎样折 $\frac{1}{5}, \frac{1}{7}, \frac{1}{9}, \cdots$.

折 $\frac{1}{5}, \frac{1}{7}, \frac{1}{9}$ 可以先分别将长方形的边长 6 等分、8 等分和 10 等分, 然后用操作 4 的方法即可. 下面给出 $\frac{1}{5}$ 的折叠方法.

操作 5　在长方形 $ABCD$ 中, 将 AB 与 AD 重合对折, 折痕为 AE, 如图 3-6;

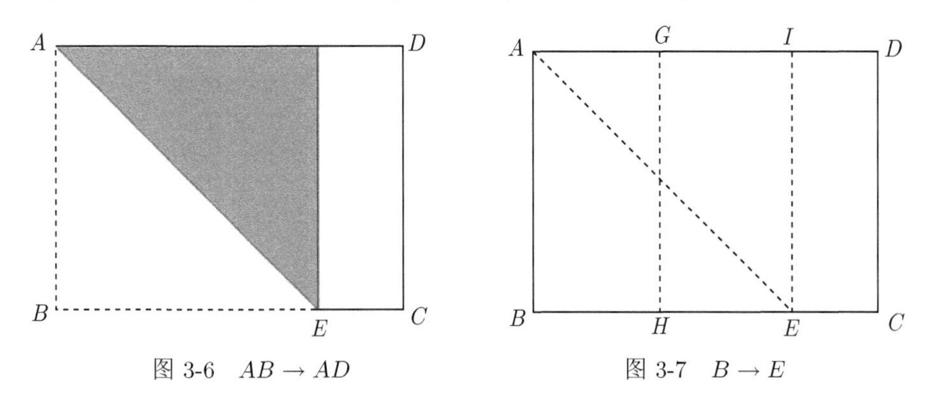

图 3-6 $AB \to AD$　　图 3-7 $B \to E$

操作 6　将 B 点与 E 点重合对折 (公理 2), 折痕为 GH, 如图 3-7;

操作 7　在正方形 $ABEI$ 中, 用芳贺第一定理, 即图 3-1 的折叠方法得 AB 的三等分点 F, 如图 3-8;

操作 8　过点 F 将 AB 自身重合对折 (公理 4), 折痕为 FK; 将 AD 与 FK 重合对折, 折痕为 MN, 则 $MN//FK//BC$, 且 $AM = BF$, 如图 3-9;

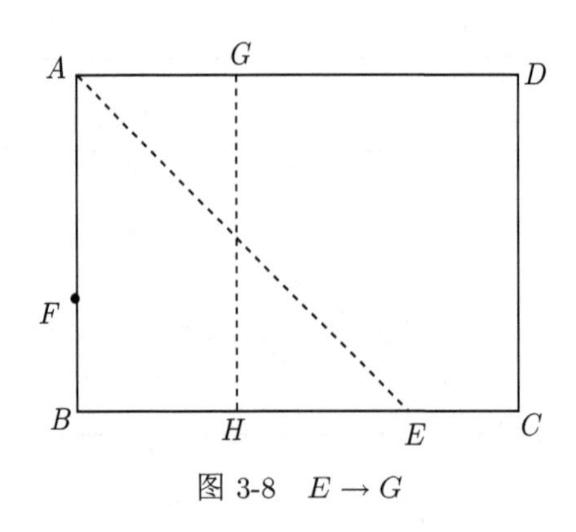

图 3-8　$E \to G$

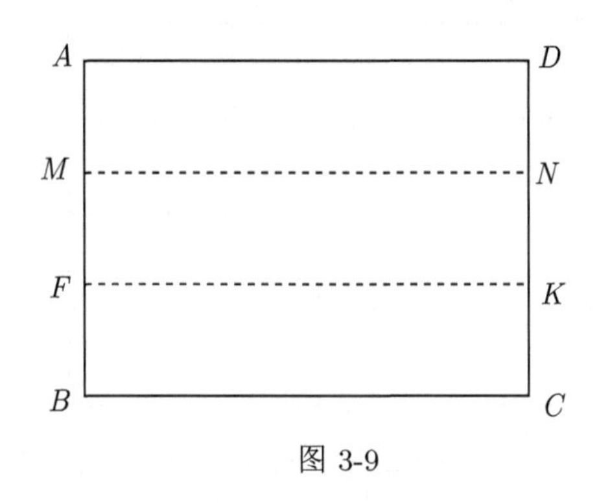

图 3-9

操作 9　分别将 AD 与 MN, MN 与 FK, BC 与 FK 重合对折 (公理 3), 得一组平行线将长方形 $ABCD$ 的边 AB 六等分, 如图 3-10;

操作 10　过点 B 将点 C 折到 LW 上 (公理 5), 折痕为 BU, 点 C 的对应点为 P, 则 Q、R、S、T 为 BC 的 5 等分点, 如图 3-11.

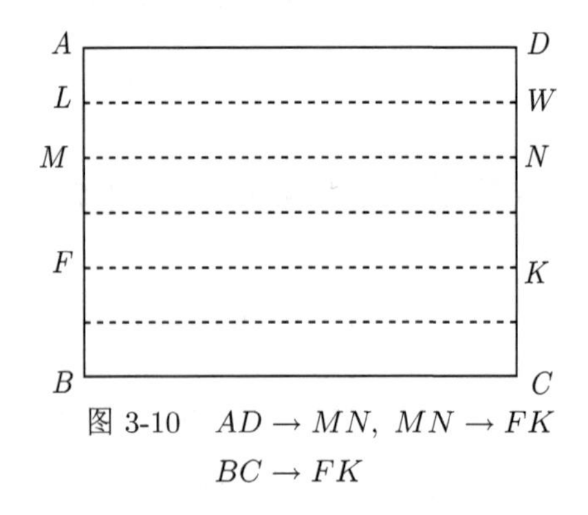

图 3-10　$AD \to MN$, $MN \to FK$
$BC \to FK$

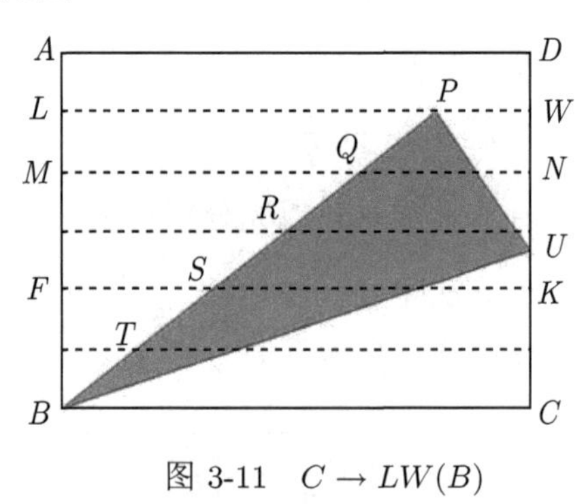

图 3-11　$C \to LW(B)$

做一做

折正方形面积的 $\frac{1}{5}$.

操作 11　将正方形 $ABCD$ 的两组对边分别重合对折, 得正方形 $ABCD$ 四边的中点：E、G、F、H; 分别过 A、F, B、H, C、E 和 D、G 两点折叠得正方形 $MNPQ$, 则该正方形的面积等于原正方形 $ABCD$ 面积的 $\frac{1}{5}$, 如图 3-12.

在图 3-12 中, 正方形 $MNPQ$ 的面积等于 $MQ \times PQ$, 三角形 ADM 的面积等于 $\frac{1}{2}AM \times DM = AM \times MQ = MN \times MQ = MQ \times PQ$, 即正方形 $MNPQ$ 的面积等于三角形 ADM 的面积, 由此可知正方形 $MNPQ$ 的面积等于原正方形 $ABCD$ 面积的 $\frac{1}{5}$.

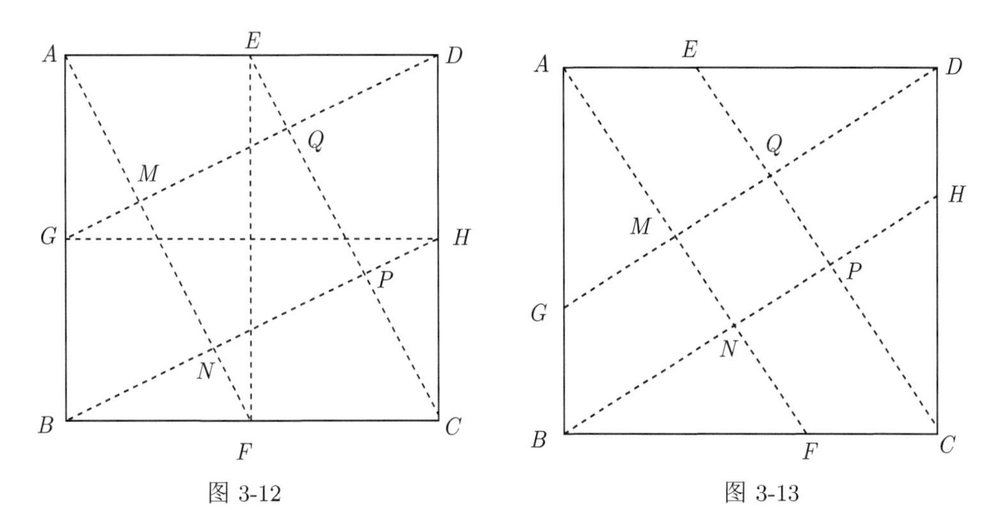

图 3-12 图 3-13

在图 3-13 中, E、G、F、H 分别为正方形 $ABCD$ 各边的三等分点, 则正方形 $MNPQ$ 的面积等于原正方形 $ABCD$ 面积的 $\frac{1}{13}$.

图 3-13 中, 正方形 $MNPQ$ 的面积等于三角形 DEQ 面积的 $\frac{3}{4}$, 等于三角形 ADM 面积的 $\frac{1}{3}$, 因而可以推出等于正方形 $ABCD$ 面积的 $\frac{1}{13}$, 推导过程请读者自行完成.

4.4 异分母分数加减法

本节利用折纸给学生创设操作的情境, 让学生经历将异分母分数加减法转化成同分母分数加减法计算的过程, 渗透数学的转化思想.

折一折

1) $\frac{1}{2}+\frac{1}{3}$ 和 $\frac{1}{2}-\frac{1}{3}$

操作 1 将长方形纸 $ABCD$(设面积为 1) 的边 AD 与 BC 重合对折, 折痕为 EF, 则 EF 将长方形 $ABCD$ 分解为两个全等的长方形, 每个小长方形的面积都是 $\frac{1}{2}$, 如图 4-1;

操作 2 用另一张同样大小的长方形纸, 也记为 $ABCD$, 先折 AD 边上的三等分点 G、M, 然后利用第 1 章公理 4, 分别过 G、M 两点折 AD 的垂线, 折痕分别为 GH 和 MN, 将长方形 $ABCD$ 分解为三个全等的长方形, 每个长方形的面积为 $\frac{1}{3}$, 如图 4-2;

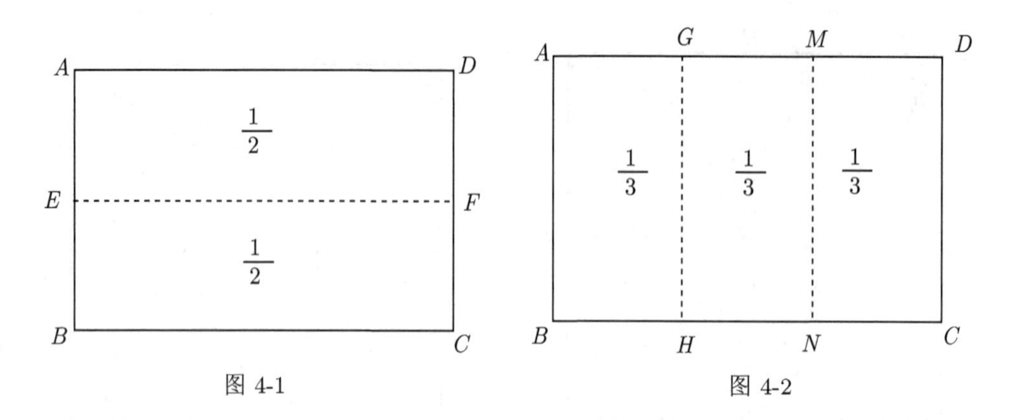

图 4-1　　图 4-2

操作 3　图 4-1 的基础上重复操作 2 的过程, 或者在图 4-2 的基础上重复操作 1 的过程, 则可以将原长方形分成 6 个全等的小长方形, 每一个小长方形的面积都是 $\frac{1}{6}$, 如图 4-3;

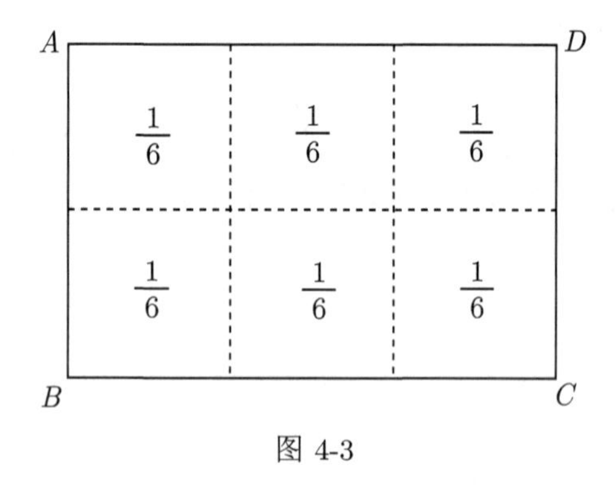

图 4-3

操作 4　比较图 4-1 和图 4-3, 观察 $\frac{1}{2}$ 包含几个 $\frac{1}{6}$; 比较图 4-2 和图 4-3, 观察 $\frac{1}{3}$ 包含几个 $\frac{1}{6}$.

通过观察容易发现, $\frac{1}{2}$ 包含 3 个 $\frac{1}{6}$, $\frac{1}{3}$ 包含 2 个 $\frac{1}{6}$, 于是就有

$$\frac{1}{2}+\frac{1}{3}=\frac{3}{6}+\frac{2}{6}=\frac{5}{6},\quad \frac{1}{2}-\frac{1}{3}=\frac{3}{6}-\frac{2}{6}=\frac{1}{6}$$

如图 4-4 和 4-5.

2) $\frac{1}{3}+\frac{1}{4}$ 和 $\frac{1}{3}-\frac{1}{4}$

操作 5　在图 4-1 中, 分别将 AD 与 EF, BC 与 EF 重合对折, 可以将长方形 $ABCD$ 分解为四个全等的小长方形, 每个小长方形的面积为 $\frac{1}{4}$, 如图 4-6;

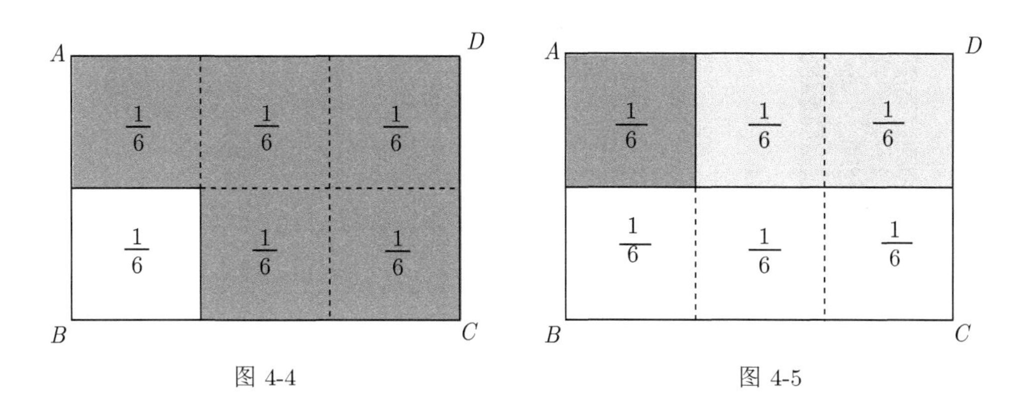

图 4-4　　图 4-5

操作 6　在图 4-2 中, 应用操作 5 可以将长方形 $ABCD$ 分解为 12 个小长方形, 每个小长方形的面积都是 $\dfrac{1}{12}$, 如图 4-7;

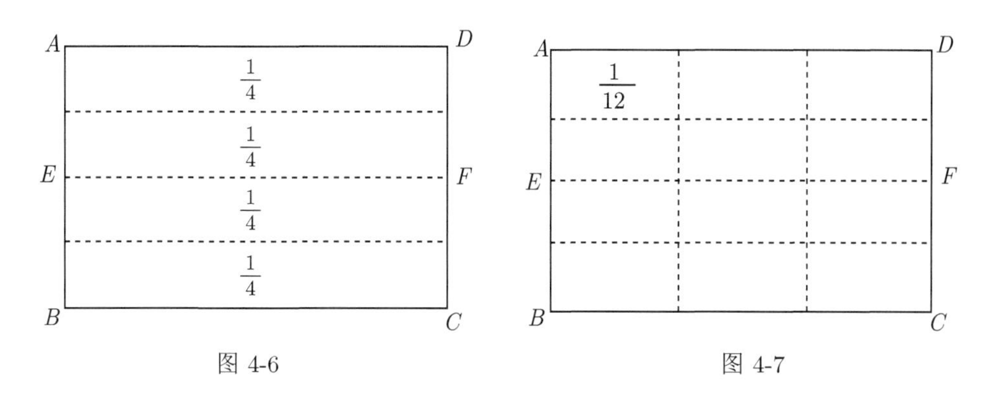

图 4-6　　图 4-7

操作 7　将图 4-2 与图 4-7 比较, 观察 $\dfrac{1}{3}$ 包含有多少个 $\dfrac{1}{12}$; 再将图 4-6 与图 4-7 比较, 观察 $\dfrac{1}{4}$ 包含多少个 $\dfrac{1}{12}$.

通过观察容易发现 $\dfrac{1}{3}$ 包含有 4 个 $\dfrac{1}{12}$, 即 $\dfrac{1}{3}=\dfrac{4}{12}$, 如图 4-8; $\dfrac{1}{4}$ 包含有 3 个 $\dfrac{1}{12}$, 即 $\dfrac{1}{4}=\dfrac{3}{12}$, 如图 4-9.

由此可以得到, 如图 4-10 和图 4-11 所示:

$$\frac{1}{3}+\frac{1}{4}=\frac{4}{12}+\frac{3}{12}=\frac{7}{12},\quad \frac{1}{3}-\frac{1}{4}=\frac{4}{12}-\frac{3}{12}=\frac{1}{12}$$

想一想

在图 4-7 中如何用阴影表示出 $\dfrac{1}{6}, \dfrac{1}{4}, \dfrac{1}{3}, \dfrac{5}{6}, \dfrac{2}{3}, \dfrac{3}{4}$(图 4-12—图 4-17).

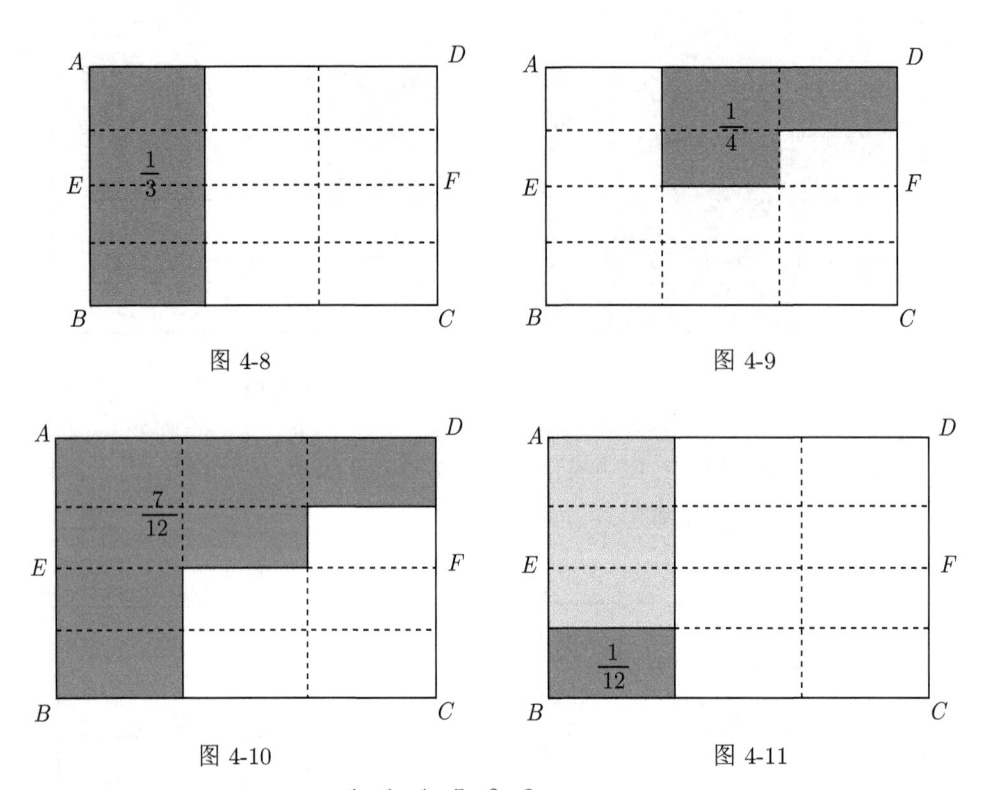

图 4-8　　图 4-9

图 4-10　　图 4-11

在图 4-7 中用阴影表示 $\frac{1}{6}$, $\frac{1}{4}$, $\frac{1}{3}$, $\frac{5}{6}$, $\frac{2}{3}$, $\frac{3}{4}$ 的方法不是唯一的, 图 4-12—图 4-17 是其中的一种表示方法.

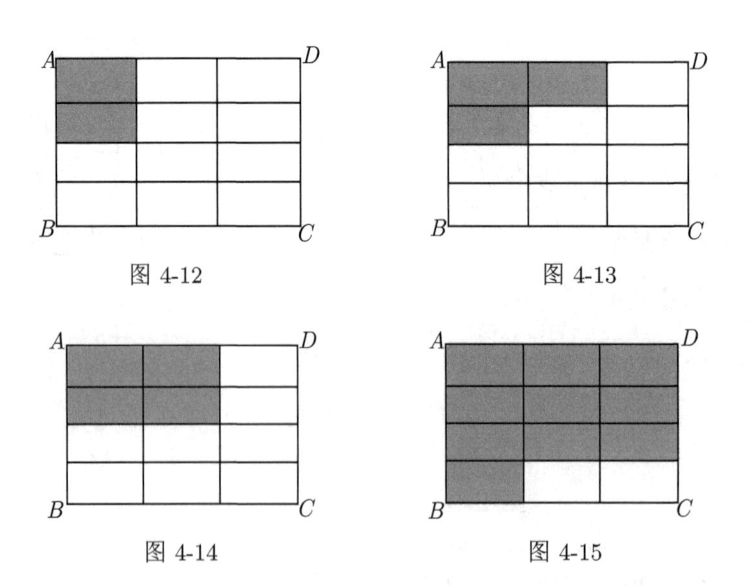

图 4-12　　图 4-13

图 4-14　　图 4-15

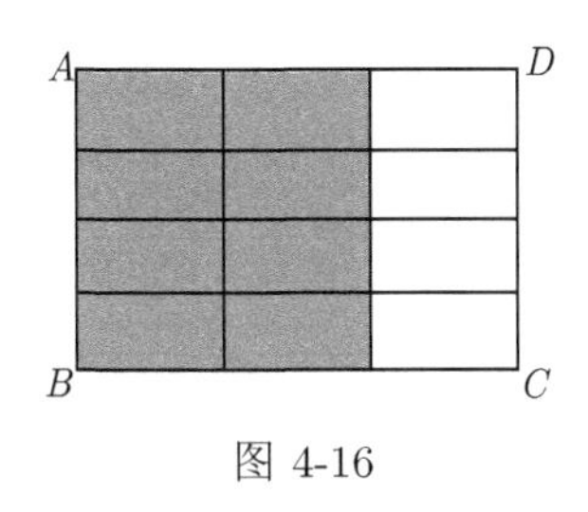

图 4-16

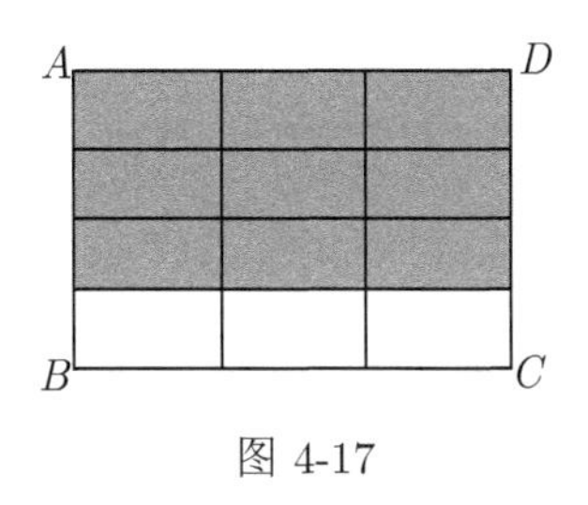

图 4-17

做一做

以上折纸操作我们是通过图形的分解来帮助理解分数及其分数的加减法, 下面通过图形的合成即图形的组拼来进一步帮助理解分数的运算.

本节所用的基本图形板有两种, 一种是含 30° 的直角三角板, 另一种是含 60° 的菱形板, 这两种图形板的折叠方法见附录所示.

1) 分别用四个含 30° 的直角三角板组拼平行四边形、梯形和直角三角形, 并使得在这些图形中都有一个面积是该图形面积的 $\frac{1}{2}$ 的长方形.

图 4-18~图 4-20 是三种不同的组拼方式, 你还能给出其他的组拼方式吗? 总共有多少种不同的组拼方式?

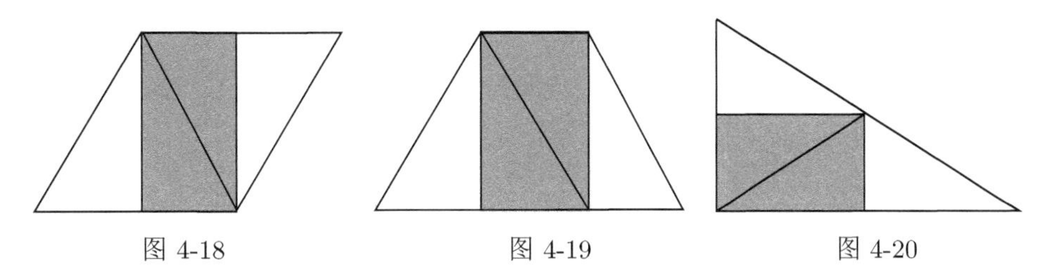
图 4-18　　图 4-19　　图 4-20

2) 一个图形的 $\frac{2}{5}$ 是等边三角形, 用含 30° 的直角三角板组拼这个图形成梯形.

如图 4-21、图 4-22、图 4-23 是三种不同的组拼方式, 你能给出其他不同的组拼方式吗?

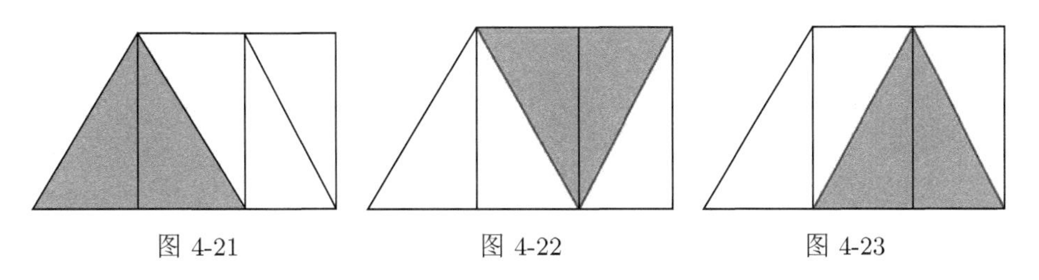
图 4-21　　图 4-22　　图 4-23

3) 一个图形的 $\frac{2}{5}$ 是平行四边形, 用含 30° 的直角三角板组拼这个图形成梯形.

图 4-24 和图 4-25 是其中的两种组拼方式, 你还能给出其他不同的组拼方式吗? 你能给出所有的组拼方式吗?

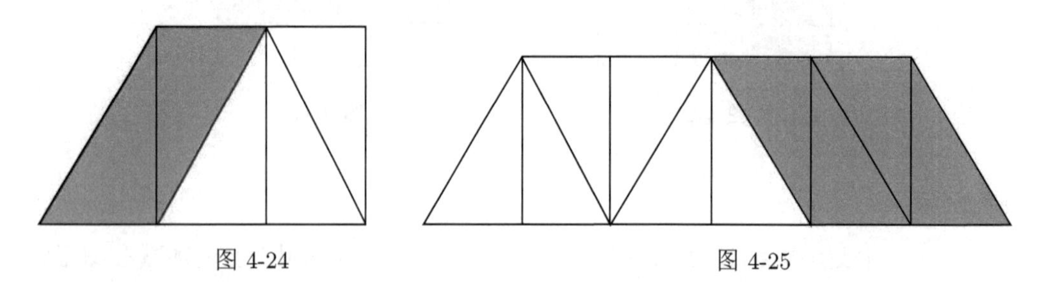

图 4-24 图 4-25

4) 一个图形的 $\frac{1}{3}$ 是菱形, 用含 60° 的菱形板组拼这个图形成正六边形.

图 4-26 是由三个含 60° 的菱形板组拼的正六边形, 实际上, 它还可以看成是一个立方体.

5) 一个图形的 $\frac{1}{4}$ 是正六边形, 用含 60° 的菱形板组拼这个图形成正六边形.

图 4-27 是其中的一种组拼方式, 在这个组拼图形中我们还可以发现它是由 7 个立方体组成的立体图形; 或者还可以看成是在一个墙角放了一个立方体, 你能看出来吗?

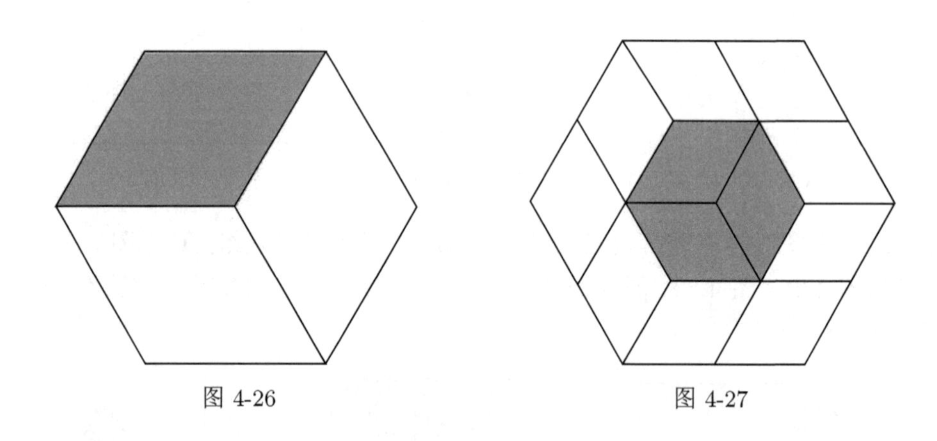

图 4-26 图 4-27

在图 4-27 中你能看见多少个正六边形? 还有其他不同的组拼方式吗?

图 4-28 和图 4-29 也是由 12 个含 60° 的菱形板组拼的正六边形, 在这两个大的正六边形中各有多少个小的正六边形?

图 4-28 和图 4-29 中各有多少个立方体? 你还能找到多少种不同的正六边形的组拼方式?

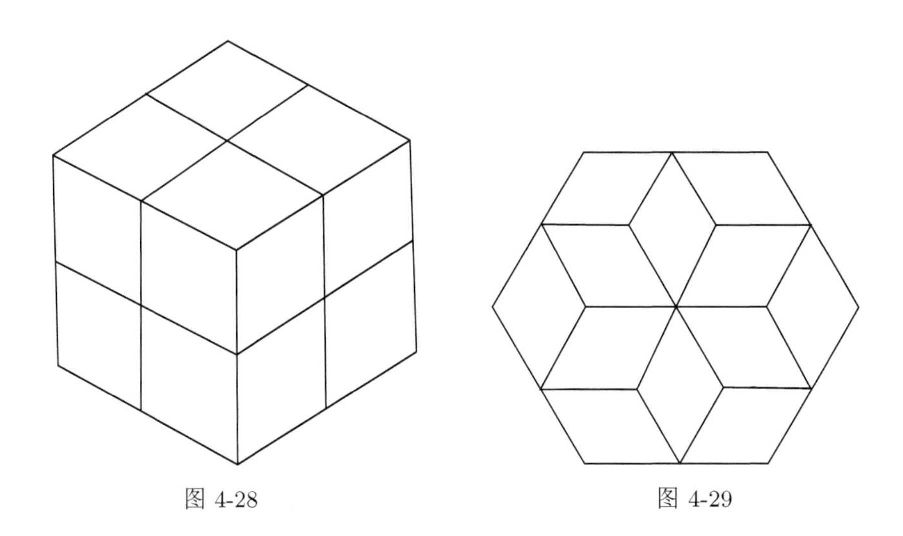
图 4-28 图 4-29

4.5 面 积 比

在本节操作中, 阴影部分表示正方形的正面, 通过折叠计算正、反面的面积之比.

折一折

操作 1 将正方形 $ABCD$ 的反面朝上, 如图 5-1, 将边 AD 与 BC 重合对折后的展开图为图 5-2, 再将 AD 与折痕重合对折, 如图 5-3, 计算正、反面的面积之比.

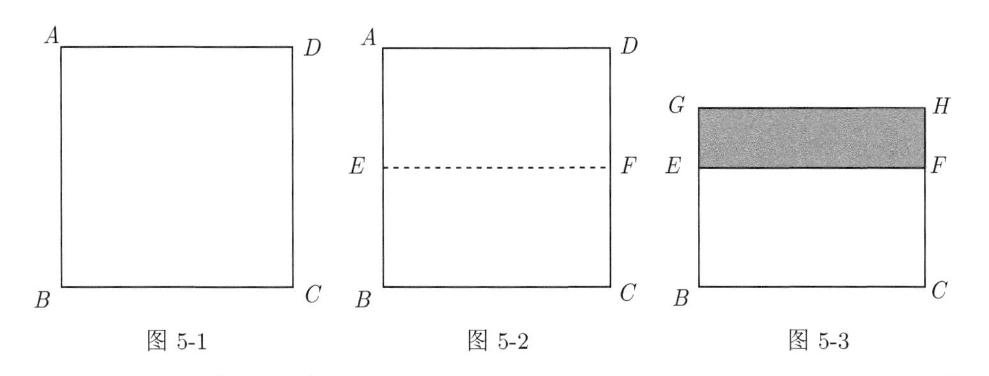

图 5-1 图 5-2 图 5-3

因为 $EG=\dfrac{1}{2}AE=\dfrac{1}{2}BE$, 而 $EG//EF//BC$, 所以正、反面的面积之比等于 $\dfrac{1}{2}$.

操作 2 将图 5-2 中的 AE 和 DF 分别与 EF 重合对折, 如图 5-4; 将图 5-2 中的 AE 和 CF 分别与 EF 重合对折, 如图 3-5, 分别计算正、反面的面积之比.

容易计算图 5-4 和图 5-5 中正、反面的面积之比都等于 $\frac{1}{2}$.

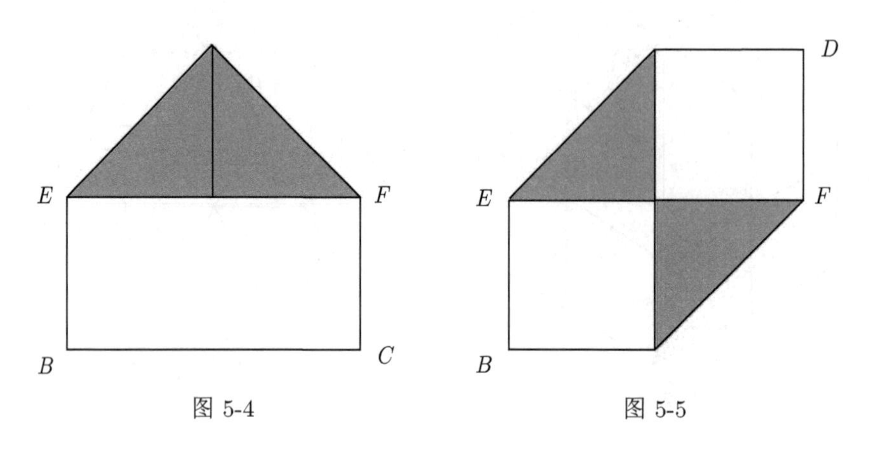

图 5-4 图 5-5

操作 3 分别将图 5-3 和图 5-4 中的 BE 和 EF 重合对折, 所得正、反面的面积之比都等于 $\frac{3}{2}$, 如图 5-6 和图 5-7.

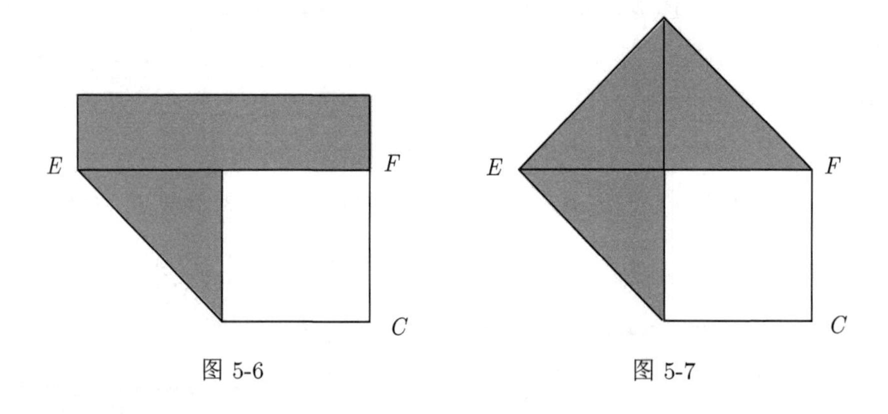

图 5-6 图 5-7

想一想

1) 如图 5-8, 正、反面的面积之比等于 $\frac{1}{6}$, 是如何折叠而成的? 为什么是 $\frac{1}{6}$?

将正方形 $ABCD$ 的边 AD 与 BC 重合对折, 折痕为 EF, 将 AE 与 EF 重合对折即得图 5-8.

2) 如图 5-9, 正、反面的面积之比等于 $\frac{9}{14}$, 是如何折叠的? 为什么是 $\frac{9}{14}$?

在图 5-8 的基础上再将 AD 与 EF 重合对折, 折痕为 GH, 再将 BG 与 GH 重合对折即得图 5-9.

做一做

用正方形纸如何折正、反面面积之比等于 1 的图形？有多少种不同的折叠方法？

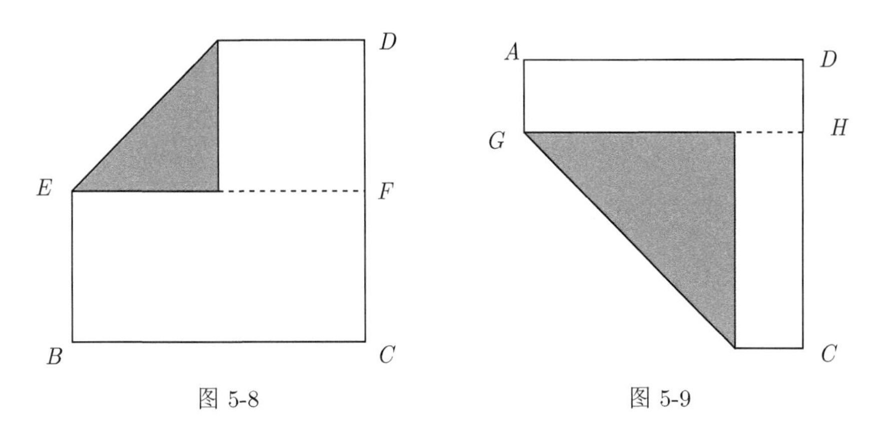

图 5-8　　图 5-9

操作 4　在图 5-9 的基础上, 将 CH 与 GH 重合对折, 如图 5-10, 则正、反面的面积之比等于 1, 为什么？

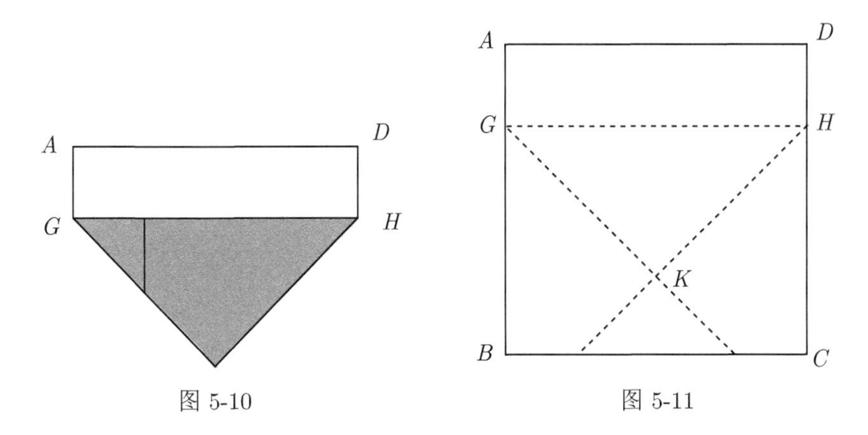

图 5-10　　图 5-11

图 5-11 是图 5-10 的展开图, 从展开图可以看出图 5-10 中正、反面的面积之比等于等腰直角三角形 GKH 与长方形 $AGHD$ 的面积之比.

将展开图 5-11 的边 AD 与 BC, AB 与 CD 重合对折, 如图 5-12, 利用等积变换可以发现等腰直角三角形 GKH 与长方形 $AGHD$ 的面积之比等于 1.

操作 5　将正方形 $ABCD$ 的边 AB 与 CD 重合对折, 折痕为 MN, 将点 C 与点 M 重合对折, BC 与 AB 的交点记为 H, 如图 5-13; 在过点 H 将 AB 自身重合对折, 折痕为 HG, 所得正、反面的面积之比等于 1, 如图 5-14.

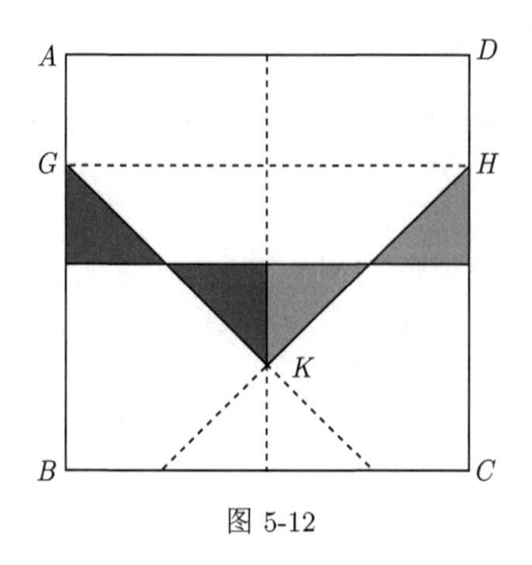

图 5-12

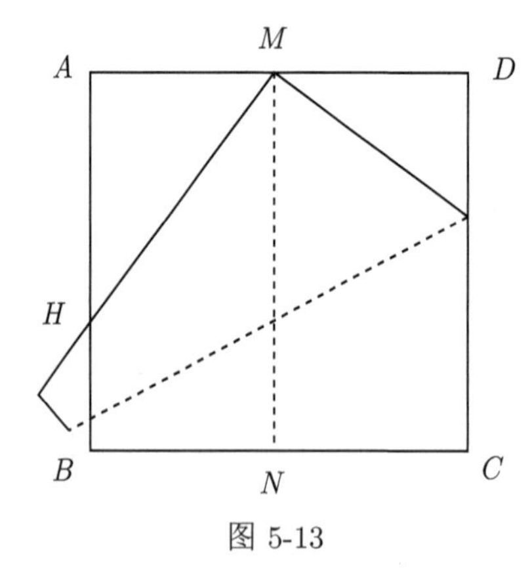

图 5-13

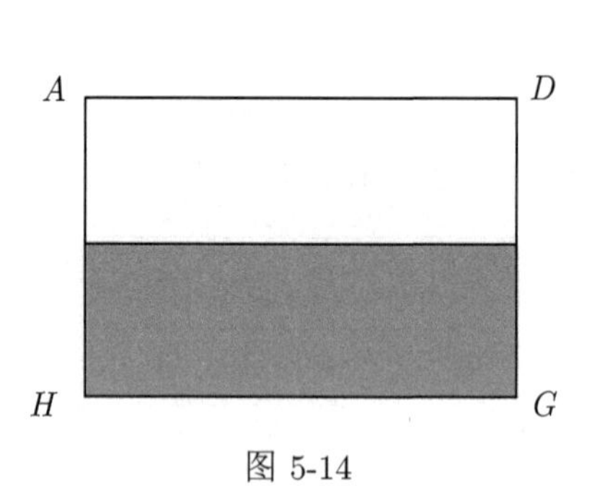

图 5-14

事实上, 由第 2 章第 6 节可知, 图 5-13 中的点 H 是正方形边 AB 的三等分点, 由此易知, 图 5-14 中正、反面的面积之比等于 1.

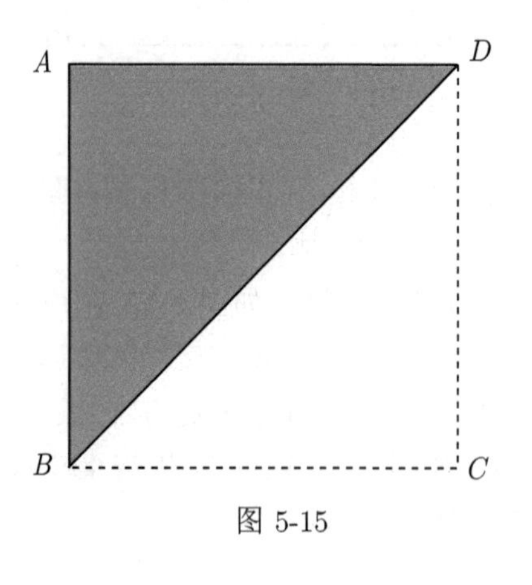

图 5-15

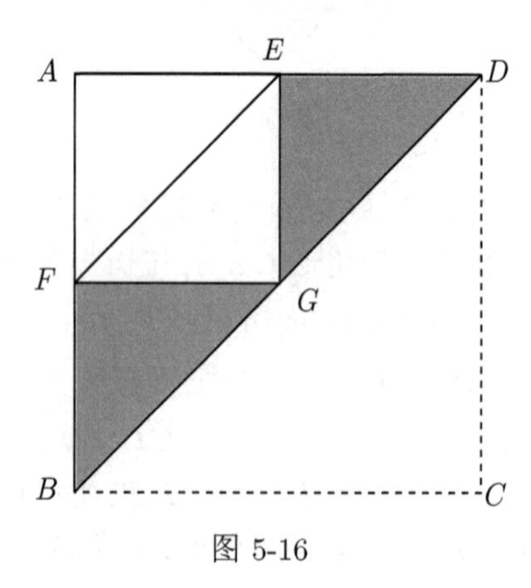

图 5-16

操作 6　在正方形 $ABCD$ 中, 将点 C 与点 A 重合对折, 折痕正好是对角线 BD, 如图 5-15, 然后将点 B 与点 D 重合对折得 BD 的中点 G;

操作 7　将点 A 与点 G 重合对折, 则所得图形的正、反面之比也等于 1, 如图 5-16.

你还能折出其他的正、反面的面积之比等于 1 的图形吗?

附　　录

1) 含 30° 的直角三角板的折叠方法[6].

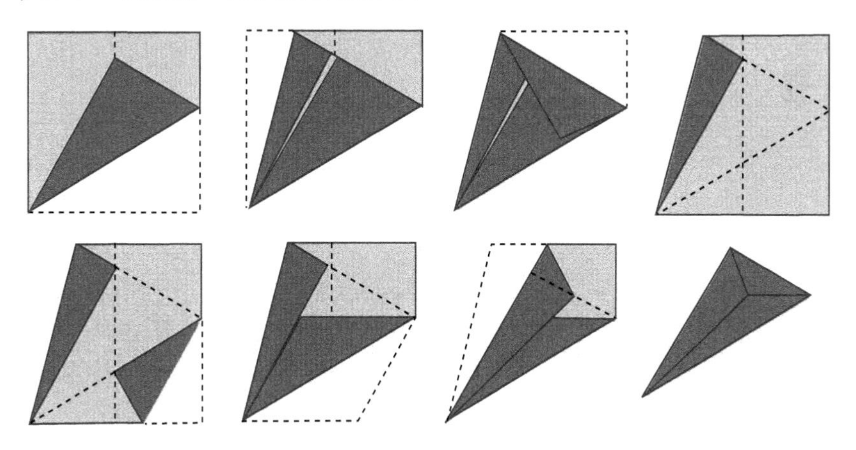

2) 含 60° 的菱形板的折叠方法[7].

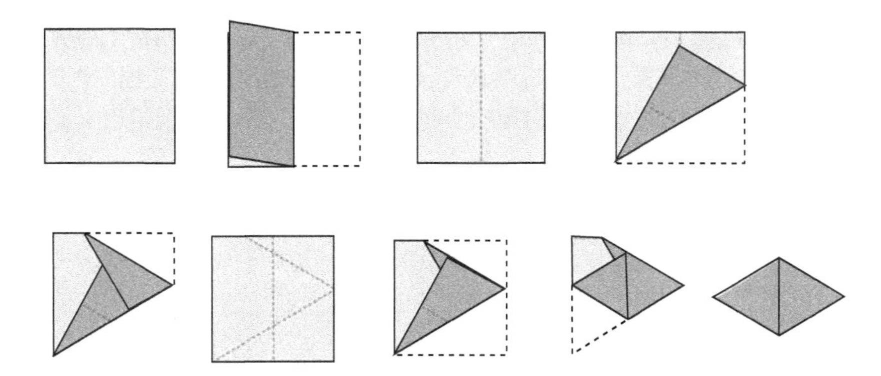

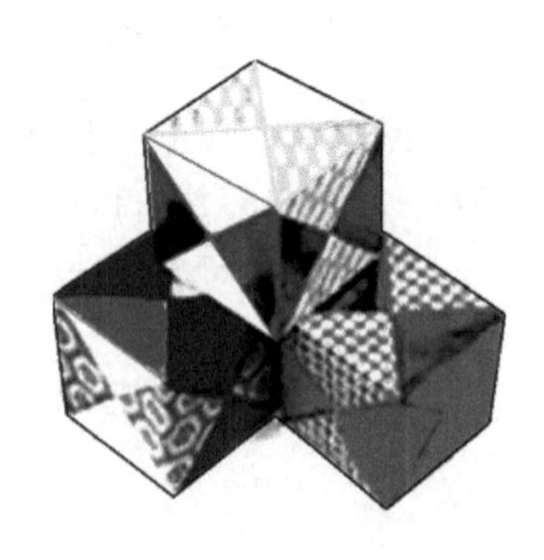

第5章

折纸与方程

关于折纸解代数方程的文章比较早的应该是 M.P.Beloch 于 1936 年发表的用折纸解 3 次和 4 次方程的论文. 在第 1 章第 6 节, 作为公理 6 的应用举例, 我们介绍了阿部恒于 1980 年发表的关于倍立方问题的解, 这相当于是解三次代数方程 $x^3-2=0$. 2009 年森继修一和中村怜子对折纸解代数方程的方法进行了进一步的拓展, 并在理论上给出了用折纸解 n 次代数方程的实根的可能性. 本章以 Robert Geretschlager 著, 深川英俊译的折　の数学 (2008)一书中给出的用折纸解方程的方法为基础[8], 利用本书第一章的折纸公理及其性质, 讨论了一次方程, 平方根与二次方程, 立方根与三次方程的解的操作步骤, 并利用正方形格子纸给出了解具体方程的折纸过程.

5.1　一次方程

折一折

当 $a\neq 0$ 的时候, 折一次方程 $ax=1$ 的解.

操作 1　在长方形 $ABCD$ 中, 取 $BE=1$, $BF=a(a>1)$, 如图 1-1;

操作 2　分别过点 E 和点 F 将 BC 自身重合对折 (公理 4), 折痕分别为 EG 和 HF, 由第 1 章性质 4 知, $EG\perp BC$, $FH\perp BC$, 如图 1-2;

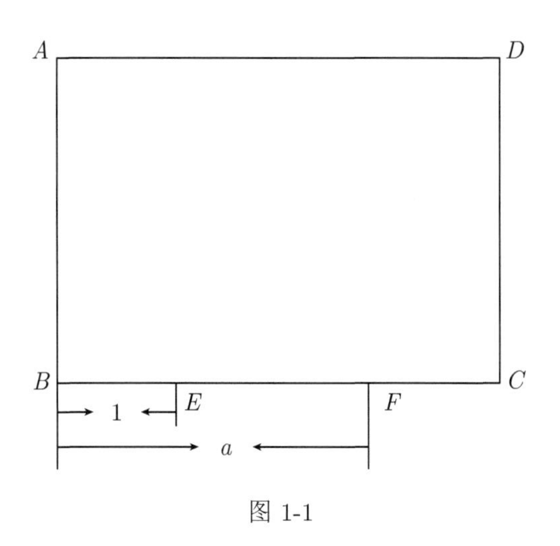

图 1-1

操作 3　将 BC 与 AB 重合对折 (公理 3), 折痕为 BK, E 的对应点为 M, 即 $BE = BM$, 如图 1-3;

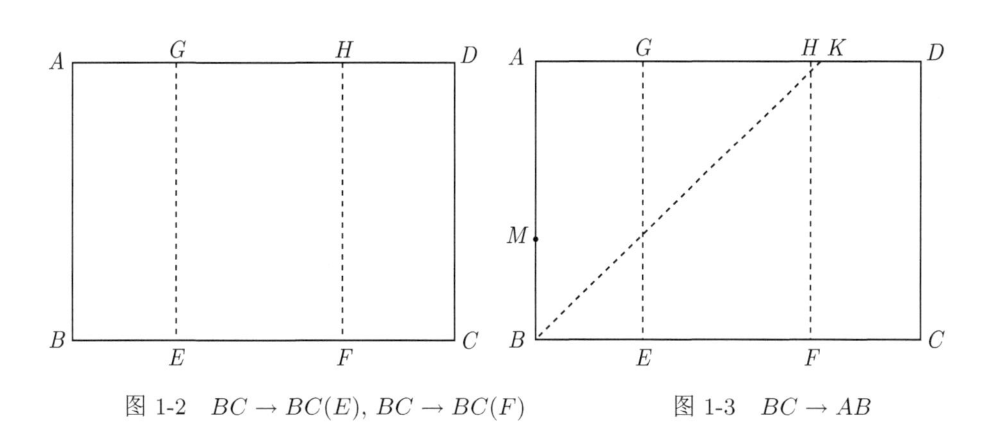

图 1-2　$BC \to BC(E)$, $BC \to BC(F)$　　图 1-3　$BC \to AB$

操作 4　过点 M 将 AB 自身重合对折 (公理 4), 折痕为 MN, 则 $AM \perp AB$, MN 与 FH 的交点记为 P, 如图 1-4;

操作 5　过 B、P 两点折叠 (公理 1), 折痕为 BQ, BQ 与 EG 的交点记为 R, 则 RE 为一次方程 $ax = 1$ 的解, 如图 1-5.

因为 $RE /\!/ PF$, 所以 $\triangle BER \backsim \triangle BFP$, 有 $\dfrac{RE}{PF} = \dfrac{BE}{BF}$, 又因为 $PF = BM = BE = 1$, $BF = a$, 所以 $RE = \dfrac{1}{a}$, 即在长方形 $ABCD$ 中, 设 $BE = 1$, $BF = a$, 可以通过操作 1 至操作 5 的折叠方法得到一次方程 $ax = 1$ 的解为线段 RE, 如图 1-5.

想一想

1) 当 $a>1,\ b>1$ 时, 折 $ax=b$ 的解.

操作 6　在长方形 $ABCD$ 中, 取 $BE=1$, $BF=a$, $BM=b(a>1,\ b>1)$, 如图 1-6;

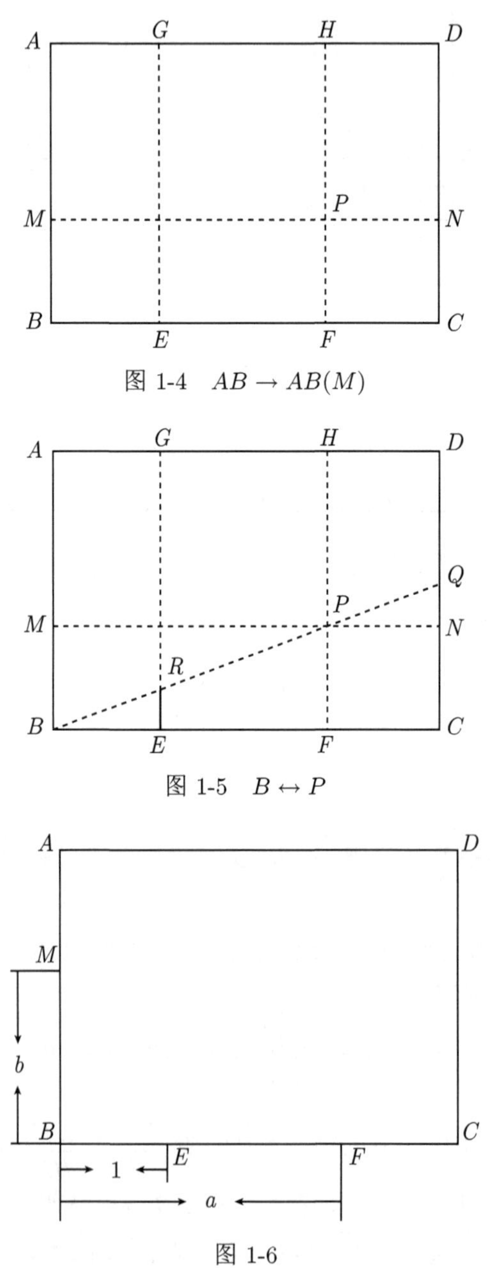

图 1-4　$AB \to AB(M)$

图 1-5　$B \leftrightarrow P$

图 1-6

操作 7　过点 M 将 AB 自身重合对折 (公理 4), 折痕为 MN, 由性质 4 可知, $MN\perp AB$, 分别过 E、F 两点将 BC 自身重合对折 (公理 4), 折痕分别为 EG 和 FH, 由性质 4 可知, $EG\perp BC$, $FH\perp BC$, FH 与 MN 的交点为 P, 如图 1-7;

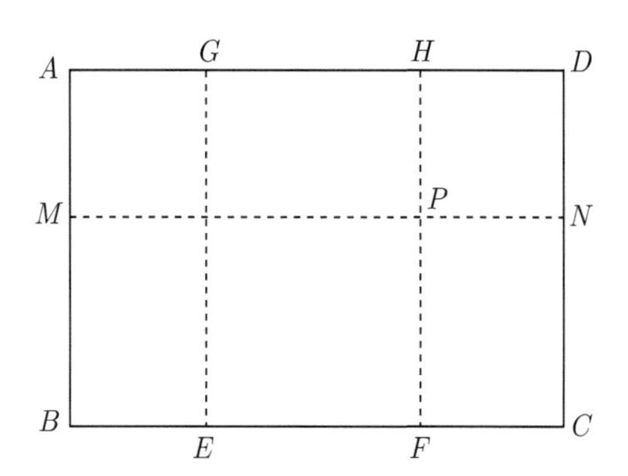

图 1-7　$AB\to AB(M)$, $BC\to BC(E)$, $BC\to BC(F)$

操作 8　过 B、P 两点折叠 (公理 1), 折痕交 EG 于点 R, 则 RE 为方程 $ax=b(a>1,\ b>1)$ 的解, 如图 1-8.

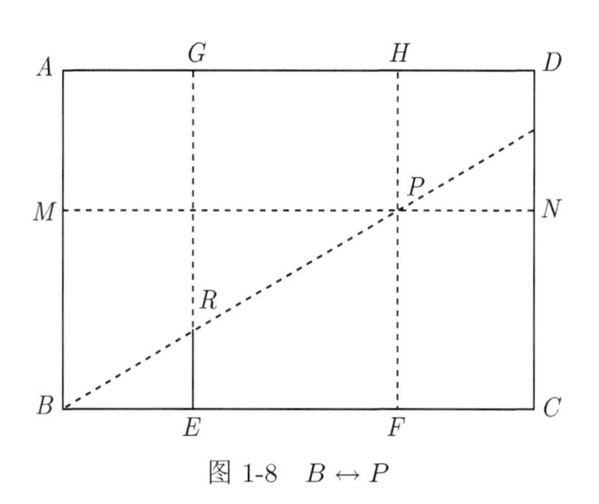

图 1-8　$B\leftrightarrow P$

因为 $RE//PF$, 所以 $\triangle BER\backsim\triangle BFP$, 有 $\dfrac{RE}{PF}=\dfrac{BE}{BF}$, 因为 $FP=BM=b$, $BE=1$, $BF=a$, 所以, $RE=\dfrac{b}{a}$, 即 RE 为方程 $ax=b$ 的解.

2) 当 $a<1,\ b>1$ 时, 折方程 $ax=b$ 的解.

如图 1-9, 在长方形 $ABCD$ 中, 取 $BE=1$, $BF=a(a<1)$, $BM=b(b>1)$.

应用公理 4, 过点 M 折 AB 的垂线 MN, 同样应用公理 4 分别过 E 和 F 折 BC 的垂线 EG 和 FH, MN 与 FH 的交点记为 P; 应用公理 1, 过 B、P 两点折叠, 折痕与 EG 的交点记为 R, 则 RE 为方程 $ax=b$ 的解.

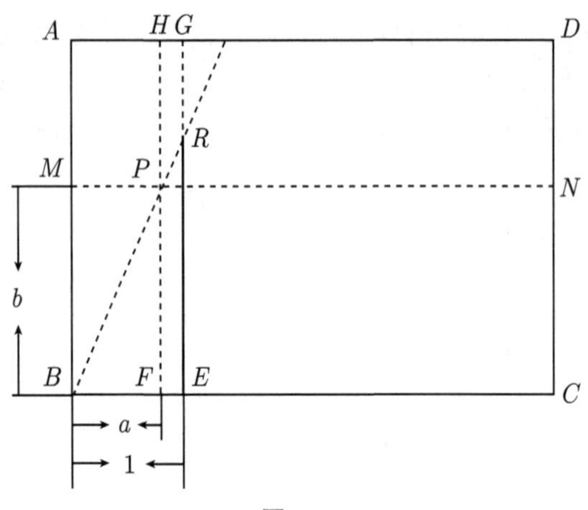

图 1-9

做一做

1) 用 2×3 正方形格子纸折 $3x=1$ 的解, 用 2×5 正方形格子纸折 $5x=1$ 的解.

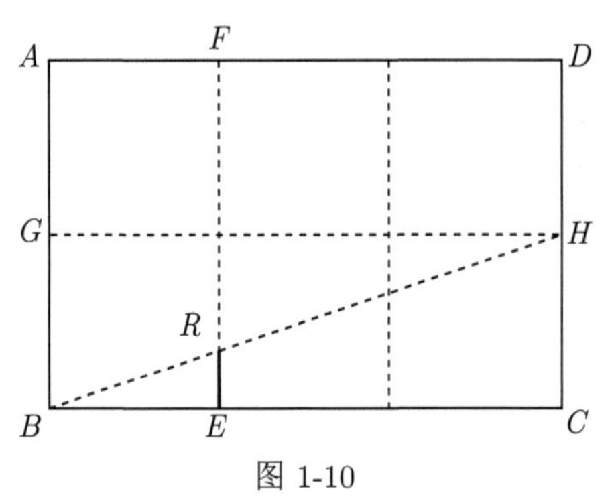

图 1-10

在图 1-10 中, 设 $BE=1$, 过 B、H 两点折叠 (公理 1), 折痕与 EF 交于 R, 则 $RE=\dfrac{1}{3}$ 为方程 $3x=1$ 的解, 在图 1-11 中, 同样设 $BE=1$, 则 $RE=\dfrac{1}{5}$ 为方程 $5x=1$ 的解.

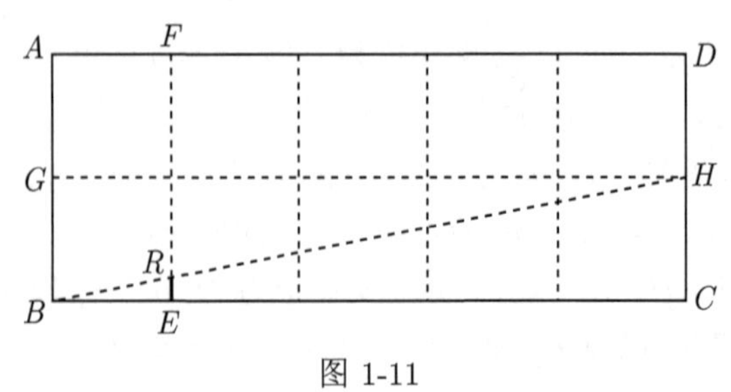

图 1-11

2) 用 3×5 正方形格子纸折 $\dfrac{3}{5}$ 和 $\dfrac{5}{3}$.

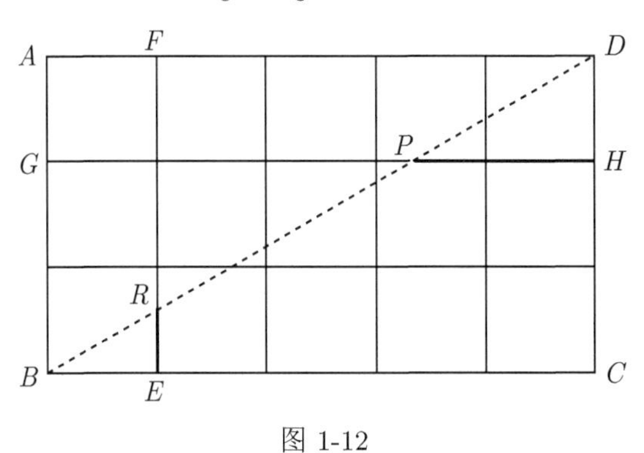

图 1-12

如图 1-12, 长方形 $ABCD$ 为 3×5 正方形格子纸, 过点 B 与点 D 折叠 (公理 1), 折痕与 EF 和 GH 的交点分别记为 R 和 P, 则 $RE = \dfrac{3}{5}$, $PH = \dfrac{5}{3}$.

5.2 平 方 根

折一折

1) 折 $a(a > 1)$ 的算术平方根.

操作 1　在长方形 $ABCD$ 的边 BC 上分别取两点 E 和 M, 使得 $BE = 1$, $EM = a(a > 1)$, 如图 2-1;

操作 2　过点 E 将 B 点折到 CE 上 (公理 5), 折痕为 EF, B 的对应点为 G, 由第 1 章性质 2 的推论可知, 折痕垂直平分两对应点的连线, 即 $EF\perp BC$, 且 $BE = EG$, 如图 2-2;

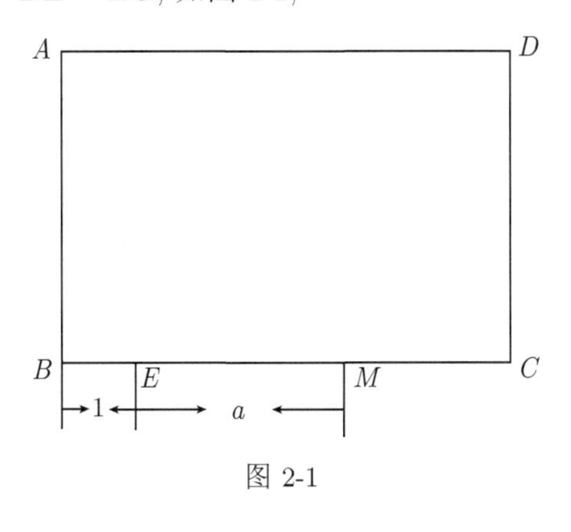

图 2-1

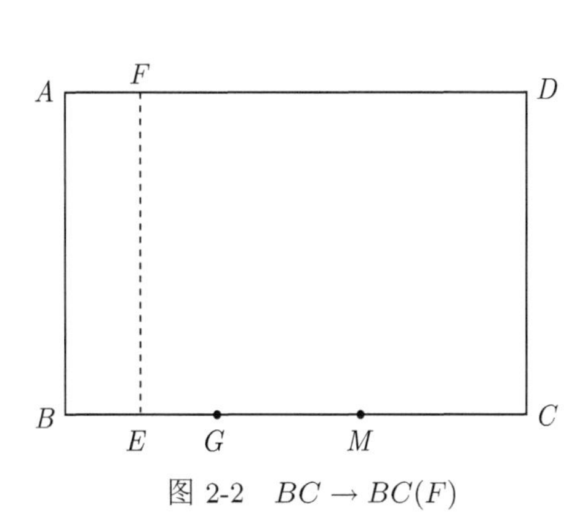

图 2-2　$BC \to BC(F)$

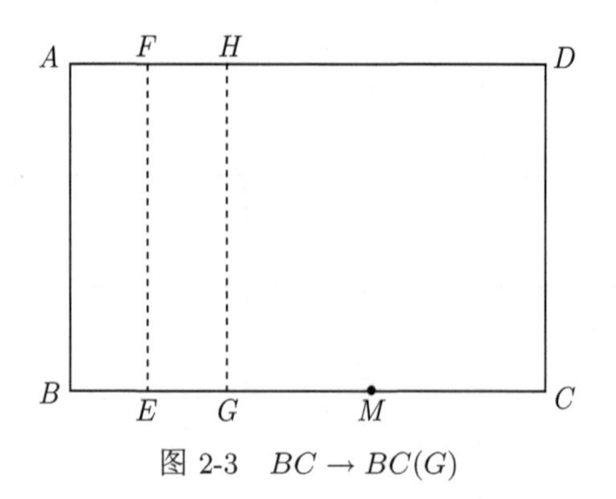

图 2-3 $BC \to BC(G)$

操作 3 过点 G 将 BC 自身重合对折 (公理 4), 折痕为 GH, 由第 1 章性质 4 可知 $GH \perp BC$, 如图 2-3;

操作 4 过点 M 将 B 折到 GH 上 (公理 5), 折痕为 RM, B 的对应点为 Q, 折痕与 EF 的交点记为 P, 则 $PE=\sqrt{a}$, 如图 2-4.

因为点 B 关于折痕 MR 的对应点为 Q, 所以由第 1 章性质 2 的推论可知, $MR \perp BQ$, 且 $BP=PQ$, 如图 2-5.

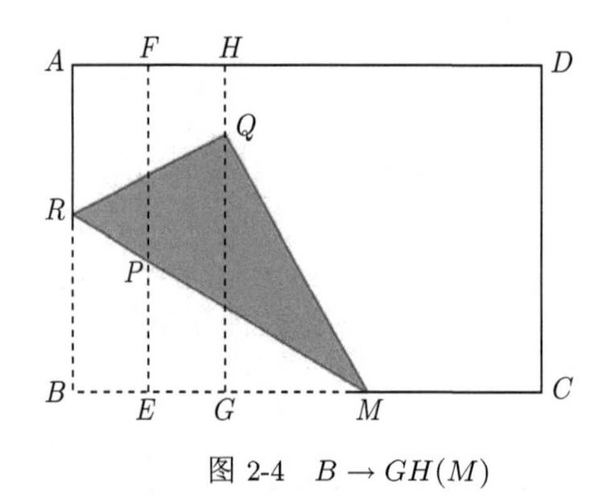

图 2-4 $B \to GH(M)$

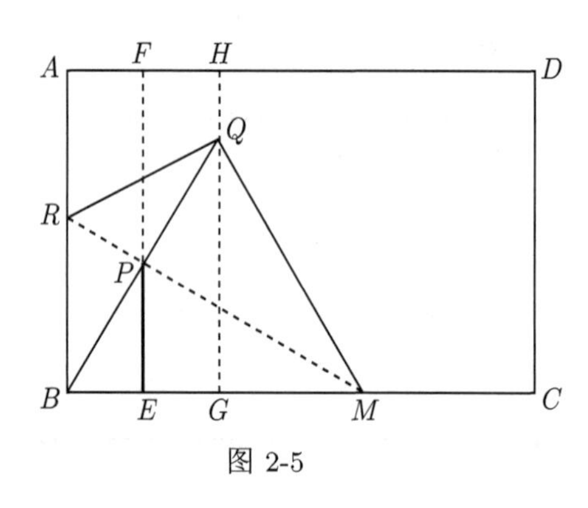

图 2-5

我们还可以证明 MR 经过 BQ 与 EF 的交点 P. 假设 MR 与 BQ 的交点为 W, 因为 $BP=PQ$, $AB//EF//GH$, 过 W 作 BC 的垂线, 垂足必为 BG 的中点, 即垂足与 E 重合, 因为过已知直线上一点只能有一条直线与已知直线垂直, 因此 W 与 P 重合. 在直角三角形 BMP 中, $PE^2=BE\times EM=a$, 即 $PE=\sqrt{a}$.

2) 折 $a(a<1)$ 的算术平方根.

操作 5 在长方形 $ABCD$ 中, 设 $BE=1$, $EM=a(a<1)$, 过点 E 将点 B 折到 CE 上 (公理 5), 折痕为 EF, 点 B 的对应点为 G, 则有 $EF\perp BC$, 且 $BE=EG$; 再过 G 点将 BC 自身重合对折 (公理 4), 折痕为 GH, 则 $GH\perp BC$, 如图 2-6.

操作 6　过点 M 将点 B 折到 GH 上, 折痕为 MR, 点 B 的对应点为 Q, 折痕 MR 与 EF 的交点记为 P, 则 PE 就是当 $a<1$ 时, a 的算术平方根, 如图 2-7.

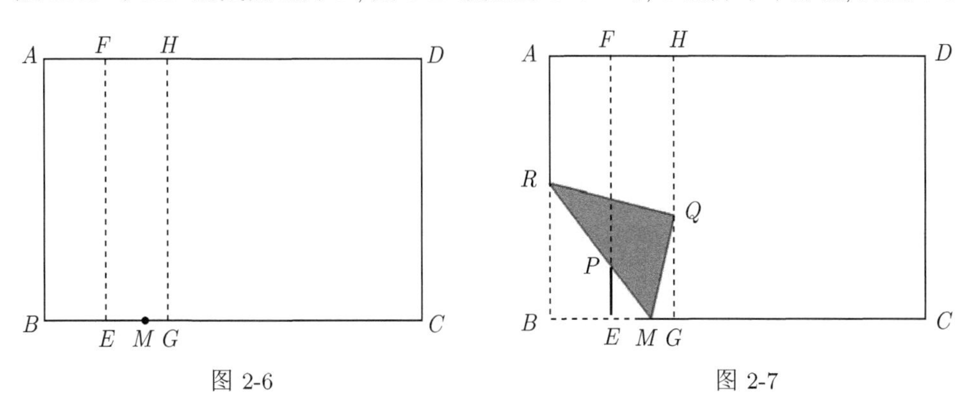

图 2-6　　图 2-7

想一想

折等比中项：已知 $b>a>0$, 折 x, 使得 $x^2=ab$.

操作 7　在长方形 $ABCD$ 的边 BC 上取 $BE=a$, $EM=b$, 如图 2-8.

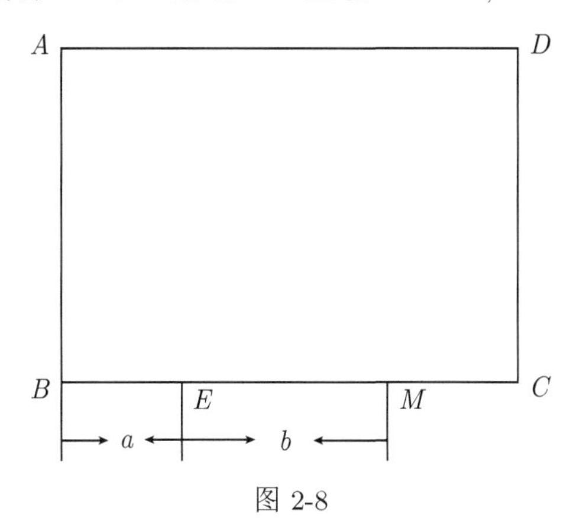

图 2-8

操作 8　过点 E 将 B 点折到 CE 上 (公理 5), 折痕为 EF, 点 B 的对应点为 G, 则 $EF\perp BC$, $BE=EG$, 如图 2-9.

操作 9　过点 G 将 BC 自身重合对折 (公理 4), 折痕为 GH, 则 $GH\perp BC$, 如图 2-10.

操作 10　过点 M 将点 B 折到 GH 上 (公理 5), 折痕为 MR, 折痕与 EF 的交点为 P, B 的对应点为 Q, 则 PE 是 a, b 的等比中项, 如图 2-11.

由于点 B 关于折痕 MR 的对应点是 Q, 所以 MR 垂直平分线段 BQ, 在直角三角形 BMP 中, $PE\perp BM$, $BE=a$, $EM=b$, 所以 $PE^2=BE\times EM$, 即 EP 是

a, b 的等比中项, 如图 2-12.

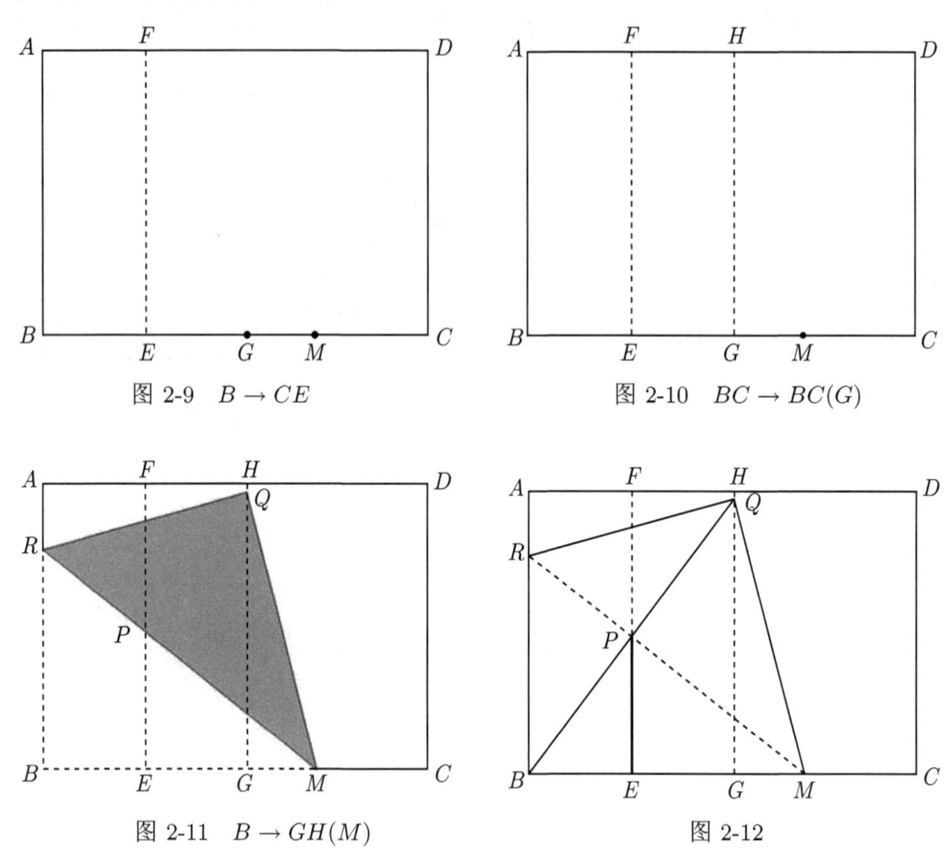

图 2-9 $B \to CE$

图 2-10 $BC \to BC(G)$

图 2-11 $B \to GH(M)$

图 2-12

做一做

1) 用 5×6 正方形格子纸折 $\sqrt{5}$.

操作 11 在长方形 $ABCD$ 中, $BE = 1$, $CE = 5$, 过点 C 将 B 点折到 GH 上 (公理 5), 折痕与 EF 的交点记为 P, 点 B 的对应点记为 Q, 则 $PE = \sqrt{5}$, 如图 2-13.

2) 用 5×5 正方形格子纸折 $\sqrt{6}$.

$\sqrt{6}$ 的折叠方法除了可以用平方根的折叠方法外, 还可以根据 $6 = 2 \times 3$, 用等比中项的折叠方法进行, 如图 2-14.

操作 12 在 5×5 正方形格子纸中, $BE = 2$, $CE = 3$, 过点 C 将点 B 折到 GH 上 (公理 5), 折痕与 EF 的交点记为 P, 点 B 的对应点记为 Q, 则 $EP = \sqrt{6}$.

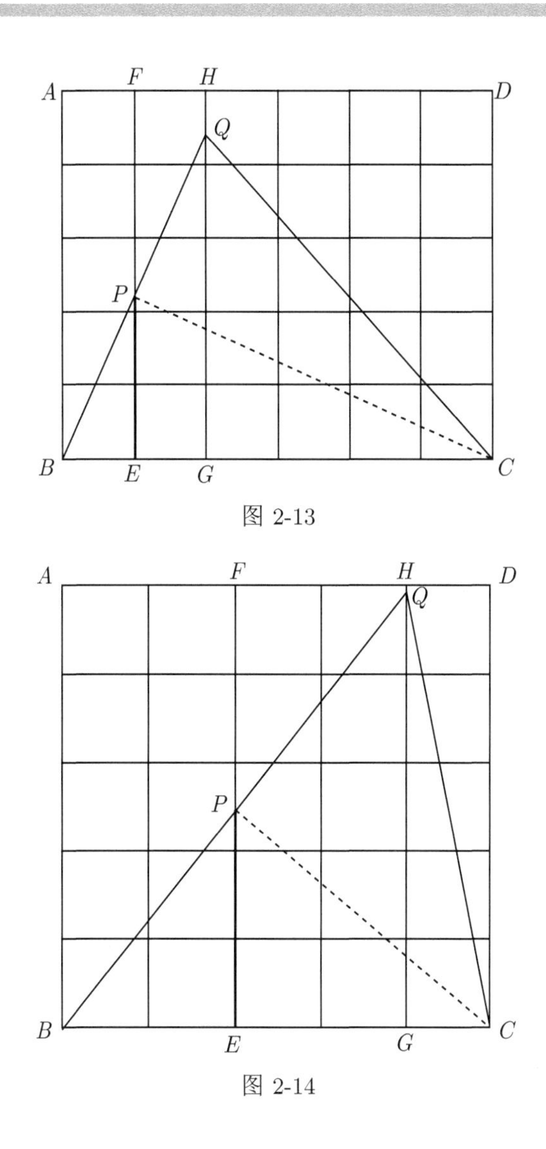

图 2-13

图 2-14

5.3　二次方程

折一折

折二次方程 $x^2-ax-b=0$ 的解 $(a>1,\ b>1)$.

操作 1　在长方形 $ABCD$ 的边 AB 上取点 K, 过点 K 将 AB 自身重合对折 (公理 4), 折痕为 KL, 则 $KL\perp AB$, 如图 3-1;

操作 2　在 KL 上取点 E, 记 $EK=1$, 过点 E 将 K 折到 EL 上 (公理 5), 折痕为 FS, 点 K 的对应点为 G, 则有 $FS\perp KL$, 且 $EK=EG$, 如图 3-1;

操作 3　过点 G 将 BC 自身重合对折 (公理 4), 折痕为 HT, 则 $HT\perp BC$, 如图 3-1;

操作 4　在 EF 上取点 J 使得 $EJ=a$, 在 EL 上取一点 I, 使得 $EI=b$, 如图 3-2;

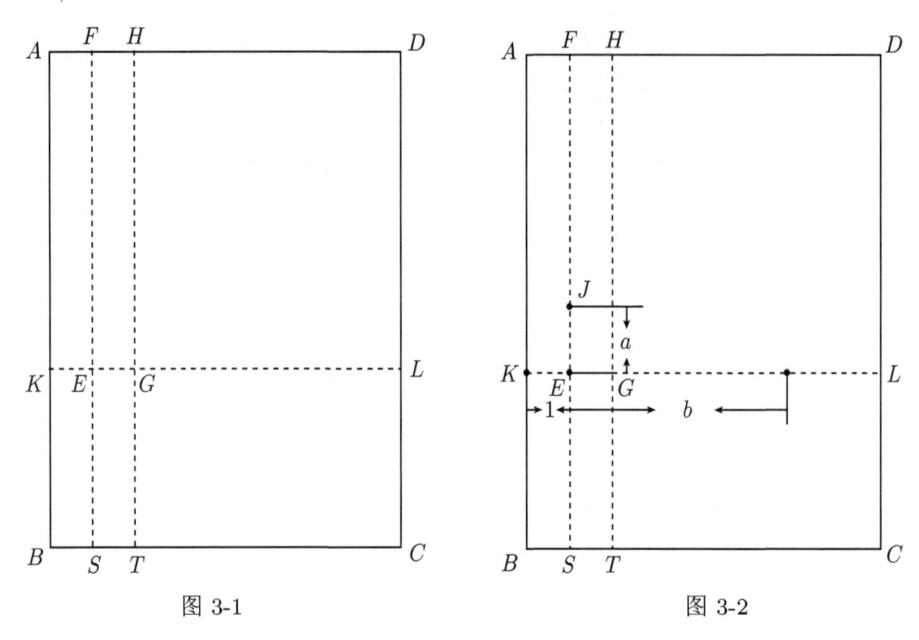

图 3-1　　图 3-2

操作 5　过点 J 将 FS 自身重合对折 (公理 4), 折痕为 MJ, 且 $MJ\perp FS$; 过点 I 将 BC 自身重合对折 (公理 4), 折痕为 IN, 则 $IN\perp MJ$, IN 与 JM 交于点 W, 如图 3-3;

操作 6　过点 W 将点 K 折到 HT 上 (公理 5), 有两种折法, 见图 3-4. 折痕 OW 与 FS 交于点 Q, 折痕 WU 与 FS 交于点 P, 点 K 关于折痕 OW 的对应点为 R, 点 K 关于折痕 WU 的对应点为 V.

想一想

记 $EQ=m$, $EP=n$, 则 m、n 为二次方程 $x^2-ax-b=0$ 的解.

点 K 关于折痕 OW 的对应点为 R, 所以 OW 垂直平分 KR, 且容易证明 OW 与 KR 交于点 Q. 点 K 关于折痕 WU 的对应点为 V, 所以 WU 垂直平分 KV, 且容易证明 WU 与 KV 交于点 P.

由 $\triangle EKQ\backsim\triangle JQW$, $\dfrac{JQ}{EK}=\dfrac{JW}{EQ}$, 即 $\dfrac{m-a}{1}=\dfrac{b}{x}$, 整理得 $m^2-am-b=0$, 也即 EQ 是方程 $x^2-ax-b=0$ 的解. 同样由 $\triangle EKP\backsim\triangle JPW$, 可得 $n^2-an-b=0$, 也即 EP 也是方程 $x^2-ax-b=0$ 的解.

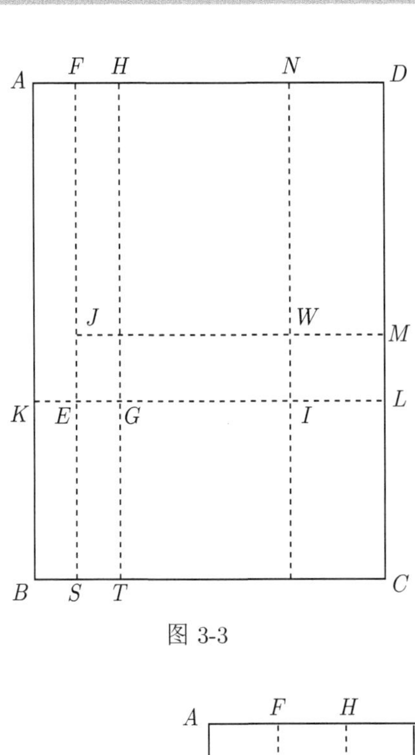
A
F
H
N
D
J
W
M
K
E
G
I
L
B
S
T
C
图 3-3

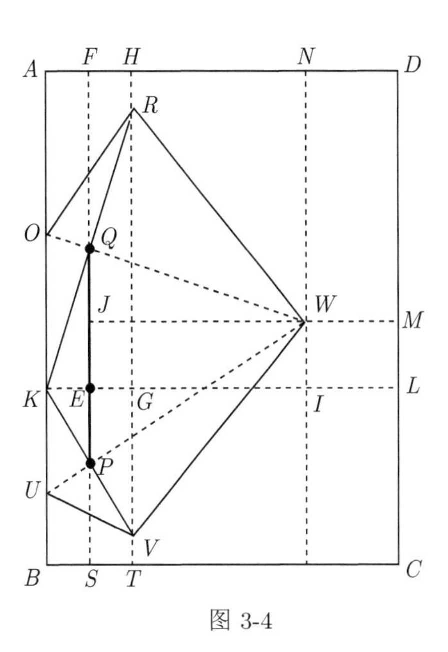
A
F
H
N
D
R
O
Q
J
W
M
K
E
G
I
L
P
U
V
B
S
T
C
图 3-4

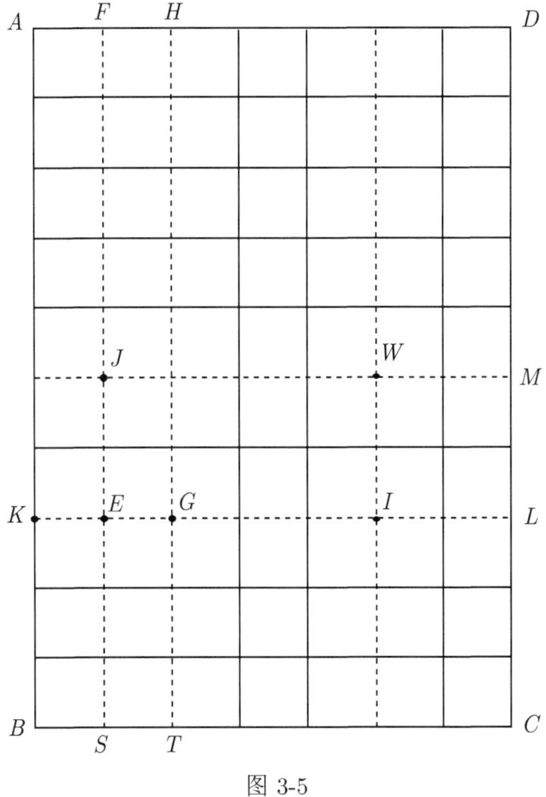
A
F
H
D
J
W
M
K
E
G
I
L
B
S
T
C
图 3-5

做一做

折方程 $x^2-2x-4=0$ 的解.

操作 7　长方形 $ABCD$ 为 10×7 正方形格子纸, $EK=EG=1$, $EJ=IW=2$, $EI=JW=4$, 如图 3-5;

操作 8　过点 W 将 K 折到 HT 上 (公理 5), 有两种折法, 折痕 OW, 点 K 的对应点为 R, 折痕 UW, 点 K 的对应点为 V, OW 与 FS 的交点为 Q, UE 与 FS 的交点为 P, 则 EQ 与 EP 为方程 $x^2-2x-4=0$ 的解, 如图 3-6.

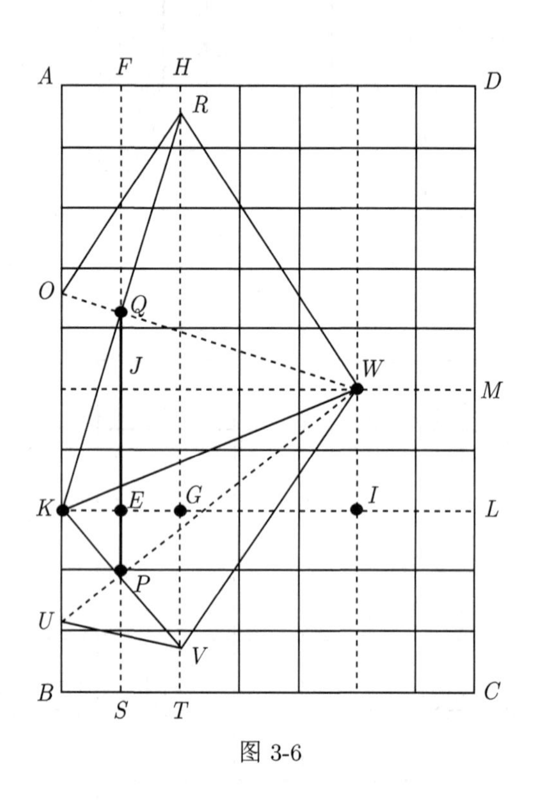

图 3-6

5.4 立 方 根

当 $a>0$ 的时候, 折 $\sqrt[3]{a}$.

折一折

操作 1　在长方形 $ABCD$ 的 BC 边上取 $BE=1$, AB 边上取 $BM=a$, 如图 4-1;

操作 2　过点 E 将点 B 折到 CE 上 (公理 5), 折痕为 EF, B 的对应点为 G, 则 $EF\perp BC$, $BE=EG$, 如图 4-2;

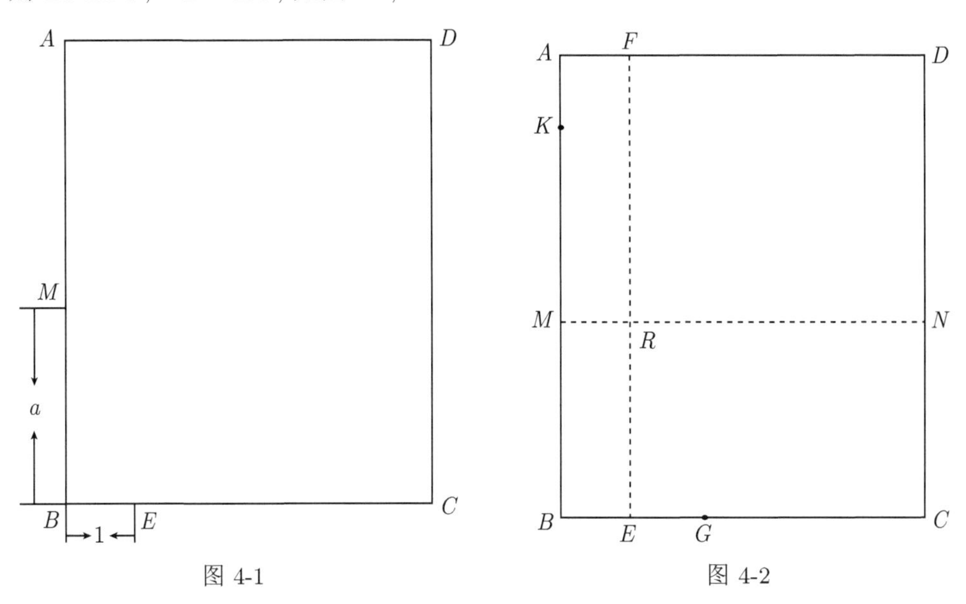

图 4-1　　　　图 4-2

操作 3　过点 M 将 B 点折到 AM 上 (公理 5), 折痕为 MN, 点 B 的对应点为 K, 则 $MN\perp AB$, 且 $BM=MK$, MN 与 EF 的交点记为 R, 如图 4-2;

操作 4　过点 K 将 AB 自身重合对折 (公理 4), 折痕为 KL, 则 $KL\perp AB$; 过点 G 将 BC 自身重合对折 (公理 4), 折痕为 GH, 则 $GH\perp BC$, 如图 4-3;

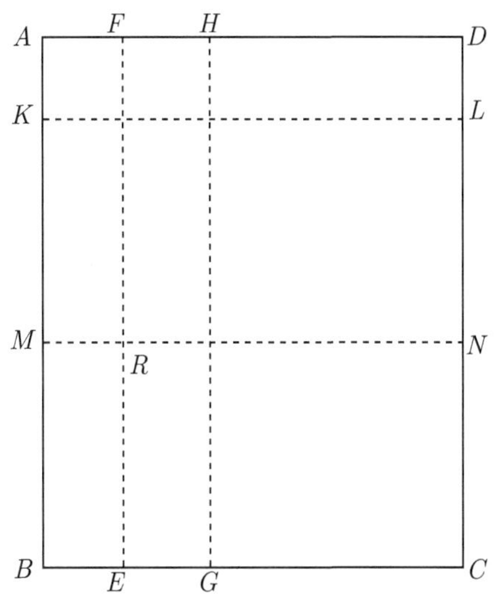

图 4-3　$BC\to BC(G)$, $AB\to AB(K)$

操作 5　将点 M 折到 GH 上, 同时让点 E 到 KL 上 (公理 6), 折痕为 UV, 点 M 的对应点为 S, 点 E 的对应点为 T, 如图 4-4.

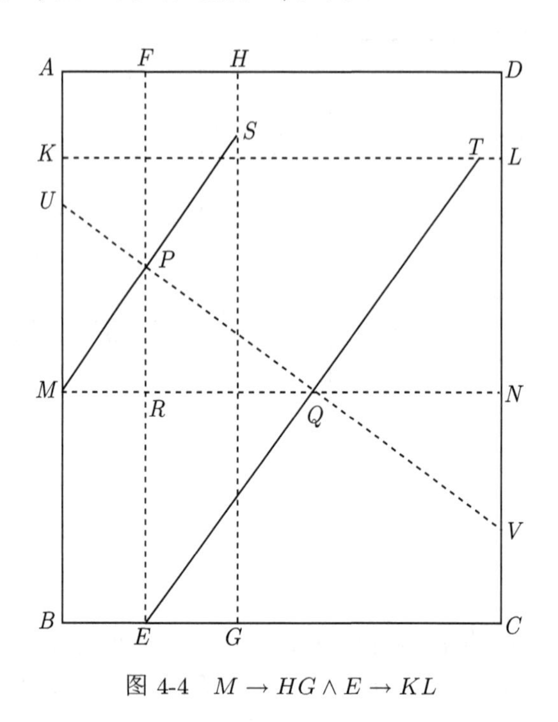

图 4-4　$M \to HG \wedge E \to KL$

想一想

在图 4-4 中, $PR = \sqrt[3]{a}$.

因为点 M 关于折痕 UV 的对应点为 S, 所以 $UV \perp MS$, 且 $MP = SP$; 又因为点 E 关于折痕 UV 的对应点为 T, 所以 $UV \perp ET$, 且 $EQ = TQ$. 记 UV 与 MS 的交点为 P, UV 与 ET 的交点为 Q, 则 P、Q 分别在 EF 和 GH 上. 设 $PR = x$, $QR = y$. 在直角三角形 MPQ 中, $PR^2 = MR \times QR$, 即 $x^2 = y$. 在直角三角形 EPQ 中, $QR^2 = PR \times ER$, 即 $y^2 = ax$, 由此可得 $x^3 = a$, 即 $PR = \sqrt[3]{a}$.

做一做

用正方形格子纸, 折 $\sqrt[3]{4}$.

因为折三次方根用的是第 1 章公理 6, 所以使用正方形格子纸时, 只要折出公理 6 中两条线, 标记出相对应的两个点, 按上述操作过程, 在如图 4-5 所示的正方形格子纸中, 折出 EF 和 GH, 然后再折出 MN 和 KL, 将点 M 折到 GH 上同时让点 E 落在 KL 上, 折痕为 UV, 折痕 UV 与 EF 的交点为 P, 则 PR 即等于 $\sqrt[3]{4}$, 如图 4-6.

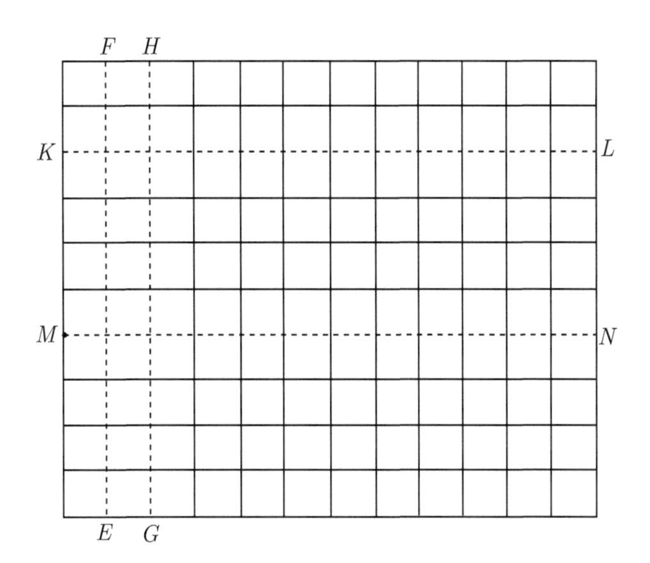

图 4-5

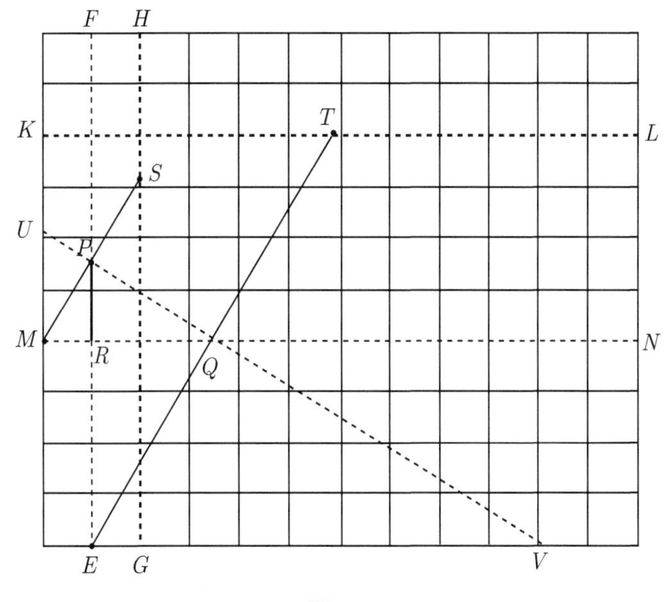

图 4-6

5.5 三次方程

折三次方程 $x^3+ax^2-bx-c=0$, 其中, $a>1$, $b>1$, $c>1$.

折一折

操作 1 在长方形 $ABCD$ 的边 AB 上取一点 M, 过点 M 将 AB 自身重合对折 (公理 4), 折痕为 MN, 则 $MN \perp AB$; 在 BC 上取点 E, 记 $BE=1$, 过点 E 将点 B 折到 CE 上 (公理 5), 折痕为 EF, 点 B 的对应点为 G, 则 $EF \perp BC$, $BE=EG$; 再过点 G 将 BC 自身重合对折 (公理 4), 折痕为 GH, 则 $GH \perp BC$, 如图 5-1.

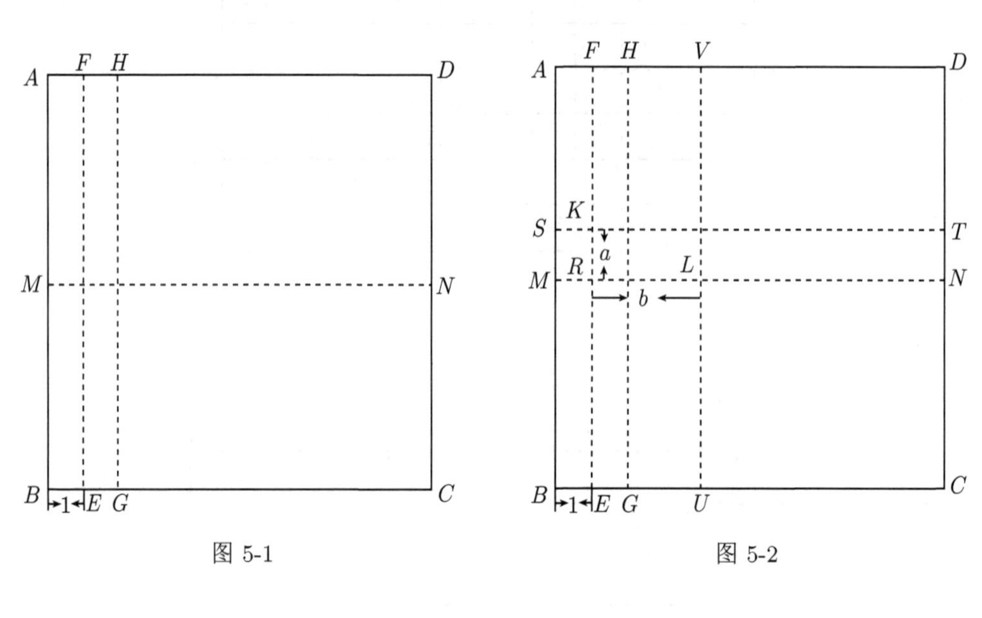

图 5-1 图 5-2

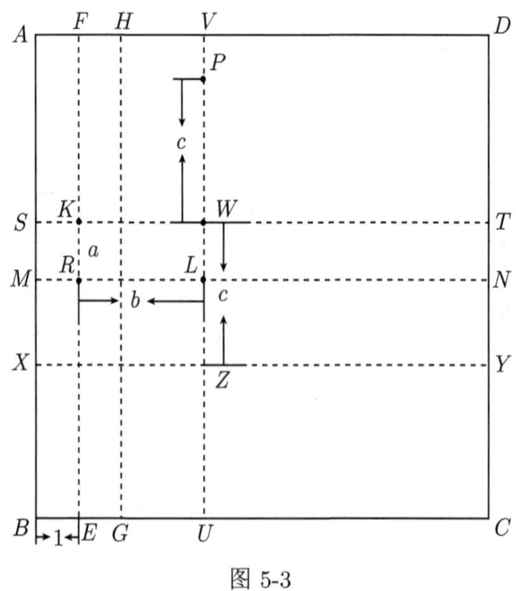

图 5-3

操作 2 如图 5-2 所示, 在 EF 上取 $RK=a$, $RL=b(a>1,\ b>1)$, 过点 K 将 AB 自身重合对折 (公理 4), 折痕为 ST, 则 $ST\perp AB$, 过点 L 将 BC 重合对折, 折痕为 UV, 则 $UV\perp BC$.

操作 3 在 UV 上取 $WP=c(c>1)$, 过点 W 将点 P 折到 UW 上 (公理 5), 折痕与 ST 重合, 点 P 的对应点为 Z; 过点 Z 将 AB 自身重合对折, 折痕为 XY, 则 $XY\perp AB$, 如图 5-3;

操作 4 在图 5-3 中关注点 Q 和线 GH, 点 P 和线 XY, 如图 5-4.

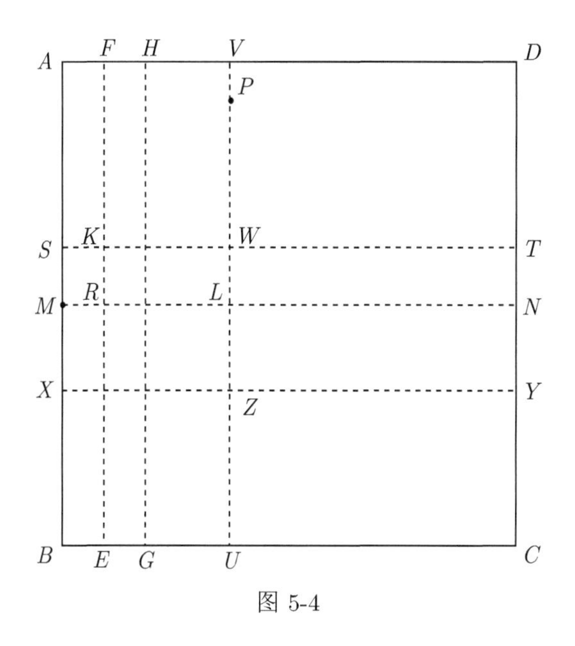

图 5-4

操作 5 将点 M 折到 GH 上, 同时让点 P 落在 XY 上 (公理 6), 点 M 的对应点为 M_1, 点 P 的对应点为 P_1, 折痕与 ST 的交点为 J, 与 EF 的交点为 Q, 则 RQ 为三次方程 $x^3+ax^2-bx-c=0(a>1,\ b>1,\ c>1)$ 的解.

想一想

为什么线段 RQ 为方程 $x^3+ax^2-bx-c=0$ 的解.

事实上, 设 $RQ=x$, 如图 5-5 所示, 由 $\triangle MQR\backsim\triangle KJQ$, 得 $\dfrac{MR}{KQ}=\dfrac{RQ}{JK}$, 即

$$\frac{1}{x+a}=\frac{x}{b+JW} \tag{1}$$

又由 $\triangle MQR\backsim\triangle JPW$ 得 $\dfrac{MR}{JW}=\dfrac{RQ}{PW}$, 即 $\dfrac{1}{JW}=\dfrac{x}{c}$, 解之得 $JW=\dfrac{c}{x}$, 将其代入 (1) 式得 $x^3+ax^2-bx-c=0$, 即 RQ 是方程 $x^3+ax^2-bx-c=0$ 的解.

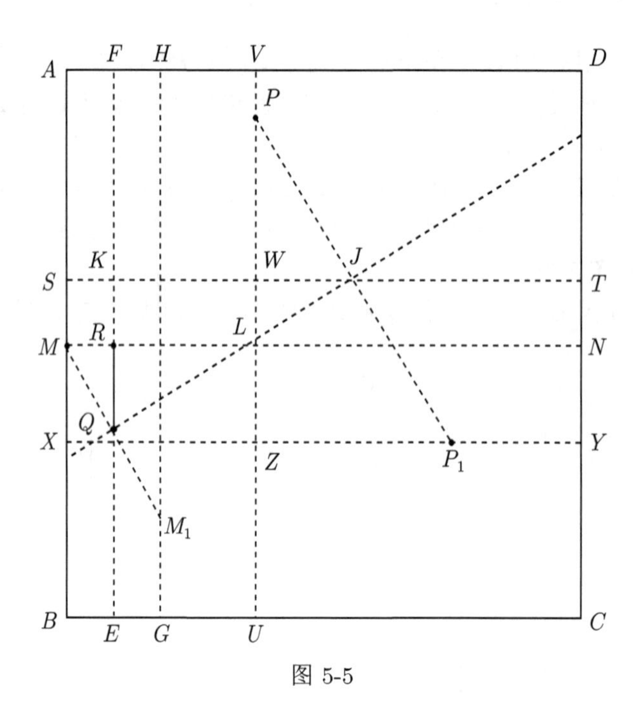

图 5-5

还可以用图 5-6 所示的方法建立直角坐标系, 用线线垂直的斜率关系加以证明.

设 $Q(0,-m)(m>0)$, 此时 $M(-1,0)$, M 关于折痕 JQ 的对应点为 $M_1(1,-2m)$, 点 P 的坐标为 $P(b,a+c)$, 将点 P 的对应点 P_1 的坐标记 $P_1(n,\ a-c)$. 因为折痕 JQ 与 MM_1 垂直, 所以 JQ 的方程为:

$$y=\frac{1}{m}x-m$$

又因为折痕 JQ 垂直平分两对应点的连线 PP_1, 而 PP_1 的斜率为 $\dfrac{2c}{b-n}$, 所以

$$\frac{1}{m}\times\frac{2c}{b-n}=-1 \tag{2}$$

又因为折痕 J 是 PP_1 的中点, 所以

$$a=\frac{1}{m}\times\frac{b+n}{2}-m \tag{3}$$

由 (2)、(3) 消去 n 可得:

$$m^3+am^2-bm-c=0$$

说明 m 是三次方程 $x^3+ax^2-bx-c=0$ 的解.

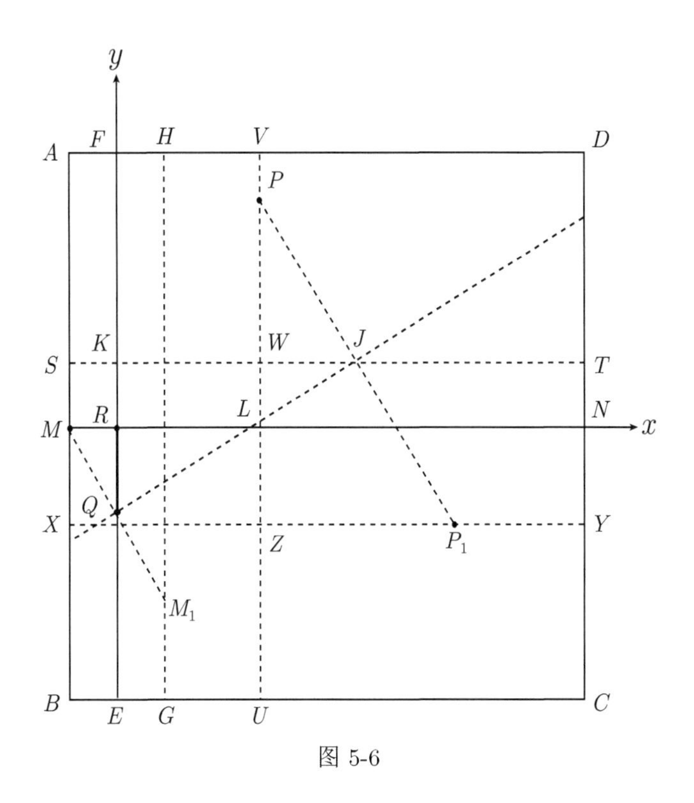

图 5-6

做一做

使用正方形格子纸, 折 $x^3+2x^2-3x-4=0$ 的解.

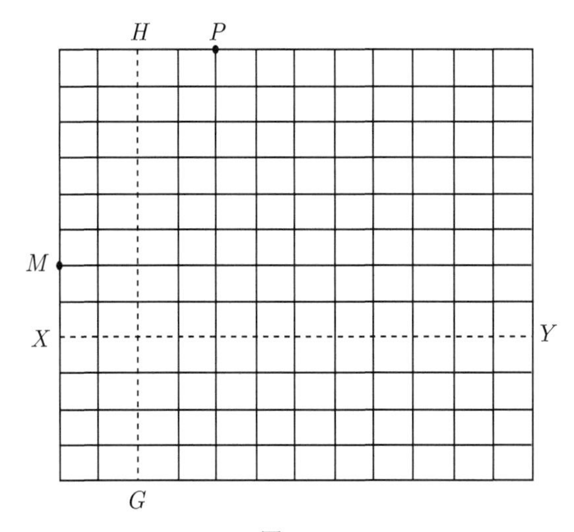

图 5-7

操作 6 三次方程的解的折叠方法主要是用了第一章的公理 6, 在正方形格子纸中按照操作 1 至操作 3 的步骤, 先确定 M 和 P 两点, 然后折出两条线 GH 和 XY, 如图 5-7;

操作 7 应用公理 6, 将点 M 折到 GH 上, 同时让点 P 落在 XY 上, 如图 5-8, QR 即为 $x^3+2x^2-3x-4=0$ 的一个解.

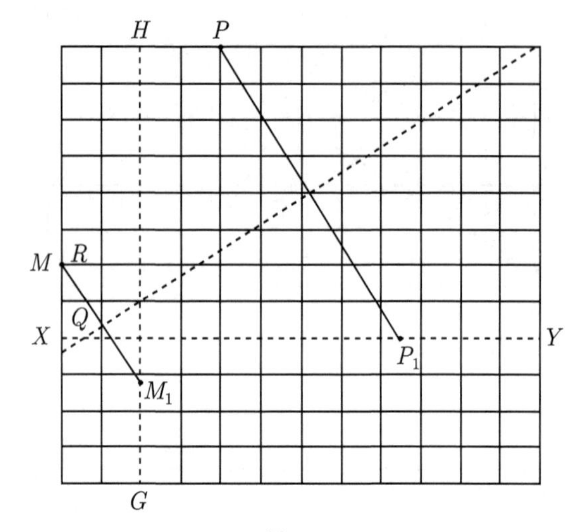

图 5-8

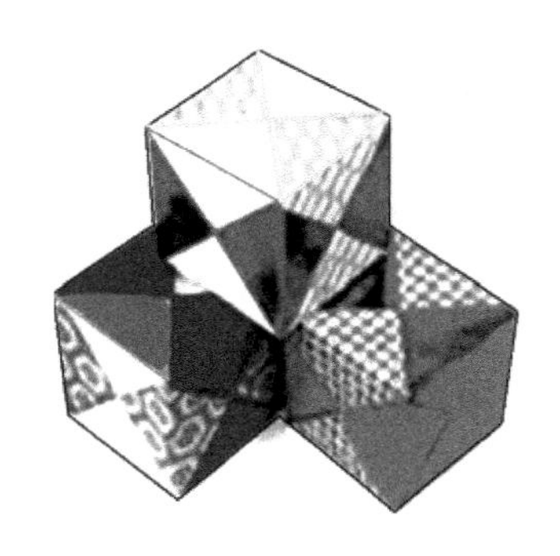

第6章

折纸活动课教学设计

本章从中小学数学课程中精选了“垂线的定义”、“平行线的定义与性质”、“等腰三角形的性质”等 7 个数学课程, 每一个课程都按照“折一折”、“想一想”、“做一做”的模式进行教学设计. “折一折”是导入新课阶段, 教师通过“提出问题、语言引导、操作示范”, 让学生“动手操作、观察思考、发现结论”; “想一想”是练习巩固阶段, 学生根据教师所提问题, 通过操作进一步加深对所学概念或命题的理解和对折叠方法的概括总结; “做一做”是巩固应用阶段, 学生通过折纸操作, 进一步掌握所学内容, 了解折叠方法的应用. 本章的折纸过程全部采用第 1 章的折纸公理和性质进行描述, 目的是通过折纸操作, 让学生在折纸活动的过程中感受、体验和理解数学概念和定理的形成过程, 培养和提高学生的数学思维能力、空间认知能力和折叠操作能力. 本章内容主要是“设计”, 即给出所选择数学课程的“教学设计蓝图”, 具体的“施工图纸”即教案还需要在此基础上进一步加工.

6.1 垂线的教学设计

垂线是平面几何的一个最基本、最重要的概念之一, 是学习平面几何、立体几何、平面解析几何等内容的重要基础. 学生在学习垂线之前已经对垂直有了初步的认识, 并且已经知道了角和相交线的概念, 本节主要是通过折纸操作从不同的角度认识垂直, 探究和掌握垂线的性质.

操作用纸：长方形或正方形纸.

教学目标：

(1) 通过折纸操作, 让学生了解垂线的概念、探索垂线的性质;

(2) 掌握折已知直线的垂线的方法, 掌握过已知直线上或直线外一点折已知直线垂线的方法;

(3) 让学生体验和感受垂线的形成过程, 了解过一点有且仅有一条直线垂直于已知直线;

(4) 让学生经历操作、观察、归纳、概括和交流等活动发展其空间观念.

教学重点：通过折纸操作探索并发现垂线的性质.

教学难点：垂线折叠方法的概括.

教学过程如下.

折一折

师: 请同学们观察这几张纸片都是什么形状？(教师向学生出示几张形状和大小都不同的长方形纸片.)

学生活动: 学生拿出课前准备好的长方形纸, 准备操作.

设计意图: 唤起学生对长方形的认知记忆, 从不同形状和大小的长方形纸中观察发现其共性.

师: 这些形状和大小不同的长方形有什么共同的特征呢？

学生活动: 观察, 发现结论并回答问题：长方形的四个角都是直角, 上下、左右两边是对应相等的.

设计意图: 了解学生的知识准备情况, 培养学生对图形的观察能力和归纳能力.

师: 请同学们将长方形 $ABCD$ 的两条短边重合对折 (示范), 即如图 1-1 所示的 AB 与 CD 重合对折, 观察折痕 EF 是否与长方形 $ABCD$ 的每条边都相交.

学生活动: 折叠操作, 观察思考, 发现结论：折痕 EF 只与边 AD 和 BC 相交.

设计意图: 根据公理 3, 教师用语言叙述折叠方法, 并通过具体的示范操作, 为学生掌握垂线的基本折法做铺垫.

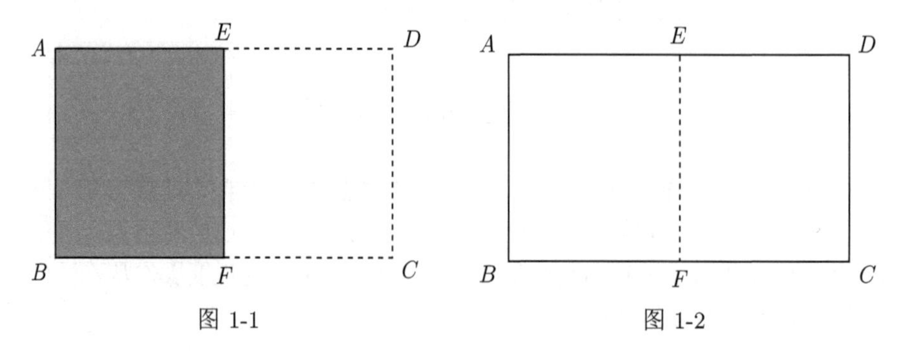

图 1-1　　图 1-2

师: 折痕 EF 与 AD 相交, 那么它们所成的两个角有什么关系呢? 为什么? (示范操作)

学生活动: 重复操作过程, 观察折叠过程及其展开图 (图 1-2), 发现结论: 折痕 EF 与边 AD 相交所成的两个角折叠以后是重合的.

设计意图: 通过具体操作, 直观观察, 使学生联想到两角相等的含义.

师: 这两个相等的角有多少度呢? 为什么?

学生活动: 重复操作过程, 观察发现: 折痕 EF 与边 AD 相交所成的角是直角.

设计意图: 用问题激发学生回忆平角的度数, 再通过两个角相等, 计算得出折痕 EF 与边 AD 相交所成的角是 $90°$.

师: 当两条相交直线所成的角是直角时, 我们就称这两条直线相互垂直, 并称一条直线是另一条直线的垂线. 请同学们将长方形 $ABCD$ 的两个长边 AD 与 BC 重合对折, 观察折痕 GH 与 AB 的关系 (图 1-3).

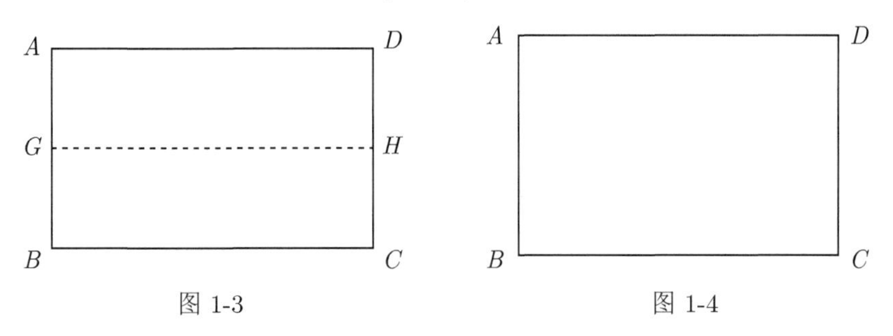

图 1-3　　图 1-4

学生活动: 根据教师对操作方法的描述和示范进行折叠, 通过观察发现: 折痕 GH 与 AB 也是垂直的.

设计意图: 通过操作, 进一步巩固对垂线概念的理解.

想一想

师: 在长方形 $ABCD$ 中, 折 AD 边的垂线的方法是将 AB 和 CD 重合对折, 请同学们再尝试一下还有没有其他方法折 AD 的垂线.

学生活动: 反复操作, 探索规律, 总结发现: 在长方形 $ABCD$ 中, 折 AD 边上的垂线共有三种折叠方法:

(1) 将直线 AD 自身重合对折;

(2) 将 A、D 两点重合对折;

(3) 将 AB 与 CD 重合对折.

在后两种折法中, 折痕还是 AD 的垂直平分线.

设计意图: 这三种方法依次利用了公理 4、公理 2 和公理 3, 学生在操作过程中能够体验到发现的乐趣, 增强学习数学的兴趣和信心.

师：请同学们想一想在长方形 $ABCD$ 中 (图 1-4) 哪些直线是相互垂直的？

学生活动：观察、发现结论：长方形 $ABCD$ 的每两条相邻的边都是相互垂直的.

设计意图：进一步理解和巩固垂线的概念.

师：在长方形 $ABCD$ 的 AD 边上取一点 P，过点 P 怎样折 AD 的垂线？(图 1-5)

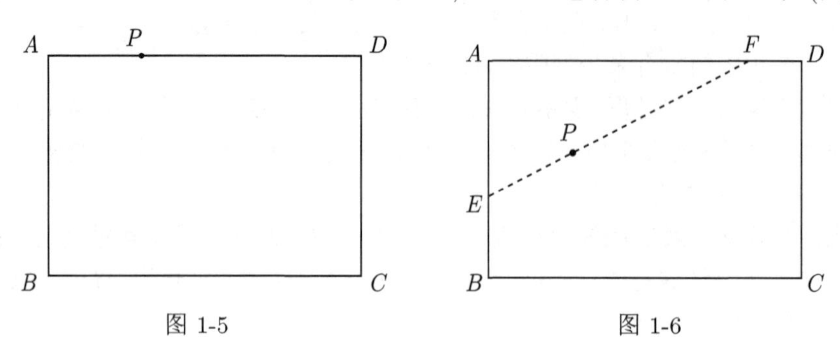

图 1-5　　图 1-6

学生活动：折叠探索，发现操作方法：过点 P 将 AD 自身重合对折，折痕即为 AD 的垂线.

设计意图：上述折叠方法利用的是公理 4，让学生在折一折操作经验基础上进一步探索，发现折纸方法，体验成功的乐趣.

师：同学们经过操作发现：过 AD 上一点 P 折 AD 的垂线只需过 P 点将 AD 自身重合对折即可. 请同学们用长方形纸任折一条直线，在上面任取一点，然后折该直线的垂线 (图 1-6).

学生活动：操作练习，相互交流.

设计意图：教师复述加深学生对垂线折叠方法的理解，学生通过进一步的操作掌握垂线的折叠方法.

师：如果点 P 在直线 AD 外，又怎样折直线 AD 的垂线？即在长方形 $ABCD$ 的内部取一点 P，如何过点 P 折 AD 的垂线 (图 1-7)？

学生活动：折叠探索，发现折叠方法：过点 P 将 AD 自身重合对折，折痕即为 AD 的垂线.

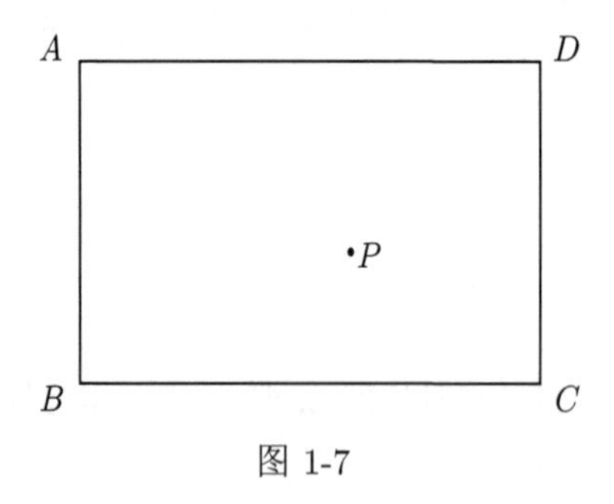

图 1-7

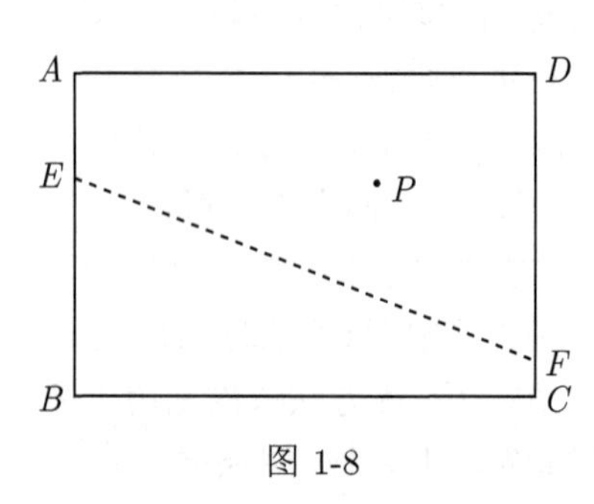

图 1-8

设计意图: 在学生已经初步掌握了垂线的折叠方法后, 进一步探索过直线外一点折该直线的垂线的方法.

师: 同学们经过探索发现, 过点 P 折 AD 的垂线只需要过点 P 将 AD 自身重合对折即可, 同样的请同学们取一张纸, 任折一条直线, 在该直线外取一点, 折该直线的垂线 (图 1-8).

学生活动: 操作, 探索发现垂线的折叠方法.

设计意图: 通过复述和重复操作加深学生对垂线折叠方法的理解, 并通过进一步的操作掌握垂线的折叠方法.

师: 过直线上或直线外一点能折几条与该直线垂直的直线?

学生活动: 操作, 发现结论: 过直线上或直线外一点有且只有一条直线与该直线垂直.

设计意图: 学生通过操作发现结论, 体验成功的乐趣.

做一做

师: 怎样折长方形 $ABCD$ 的对角线 AC 的垂直平分线?

学生活动: 操作, 发现折叠方法: 将 A、C 两点重合对折, 折痕为 EF, EF 即为 AC 的垂直平分线 (图 1-9, 图 1-10).

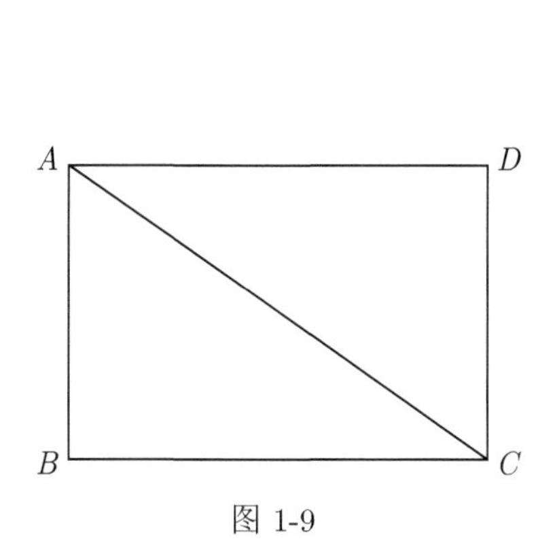

图 1-9

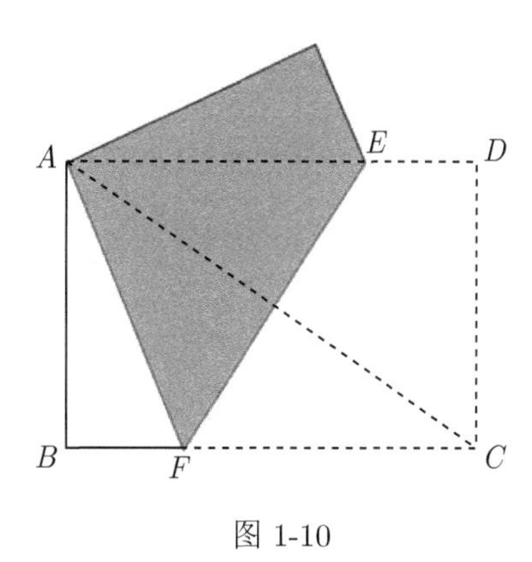

图 1-10

设计意图: 上述折叠方法是应用公理 2, 学生通过折叠进一步掌握折垂直平分线的方法.

师: 怎样折三角形 ABC 各边上的高线 (图 1-11)?

学生活动: 操作探索, 发现折叠方法: 分别过三角形 ABC 的三个顶点 A、B、C 将其对边自身重合对折, 折痕分别为 AD、BE、CF, 即为三角形 ABC 的三条高线 (图 1-12).

设计意图: 上述折叠方法是公理 4 的直接应用, 学生通过折叠, 初步了解三角形的三条高线是交于一点的.

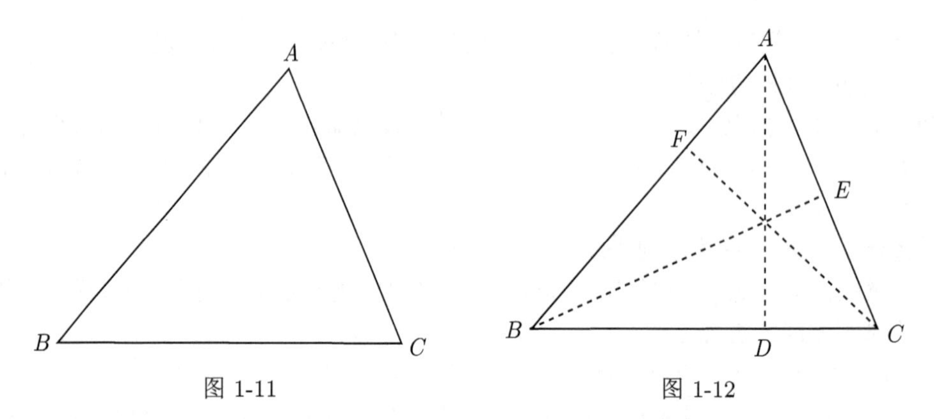

图 1-11　　图 1-12

师: 分别折出梯形、平行四边形底边上的高 (图 1-13、图 1-14).

学生活动: 折叠探索, 相互交流, 总结折叠方法.

设计意图: 进一步巩固和应用垂线的折叠方法.

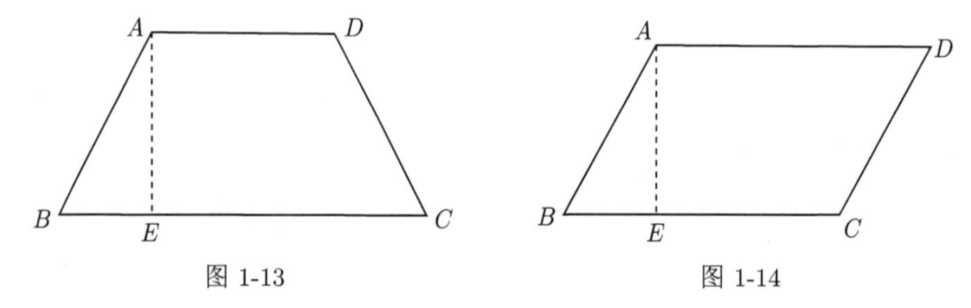

图 1-13　　图 1-14

本节通过操作探索了折叠垂线的多种方法及其应用, 并通过折叠, 发现三角形的三条高线交于一点.

6.2　平行线的教学设计

平行线是两条直线很重要的一种位置关系, 它不仅是学习平面几何、立体几何的基础, 在生活中也有着广泛的应用. 本节利用折纸探索平行线的定义和性质.

教学目标:

(1) 通过折纸操作, 理解平行线的概念, 了解同一平面内两直线的位置关系;

(2) 理解并掌握平行线的判定定理;

(3) 掌握折已知直线的平行线的方法, 掌握过直线外一点折该直线的平行线的方法.

教学重点: 平行线的概念及判断定理.

教学难点: 探索平行线的折叠方法.

教学过程如下.

折一折

师: 在第 1 节中, 我们将长方形 $ABCD$ 的两条对边 AB 与 CD 重合对折, 折痕 EF 与 AD 相互垂直, 那么在长方形 $ABCD$ 中与 AD 垂直的线还有哪些呢 (图 2-1)?

学生活动: 折叠操作、观察思考、发现结论: 在长方形 $ABCD$ 中, EF、AB、CD 都与 AD 垂直.

设计意图: 应用公理 3 将长方形 $ABCD$ 的一组对边重合对折, 让学生通过操作, 观察体会 AB、EF、CD 的位置关系.

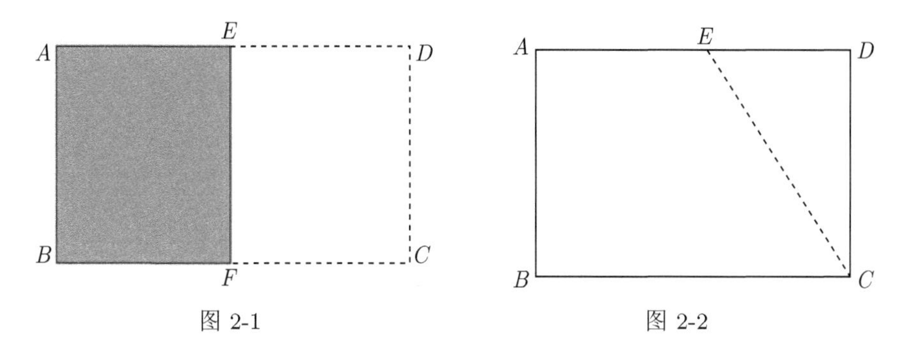

图 2-1　　图 2-2

师: 在长方形 $ABCD$ 中过点 C 折一条直线 CE, 所得四边形 ABCE 是什么形状 (图 2-2)?

(操作示范)

学生活动: 折叠操作, 发现结论: 四边形 $ABCE$ 是梯形 (图 2-3).

设计意图: 从操作过程中, 观察折叠过程中的不变性, 即 $AE/\!/BC$, 发现结论.

师: 在梯形 $ABCD$ 中, 哪些直线是相互垂直的?

学生活动: 折叠操作, 观察发现: $AE\perp AB$, $BC\perp AB$.

设计意图: 体会 AE 与 BC 的位置关系.

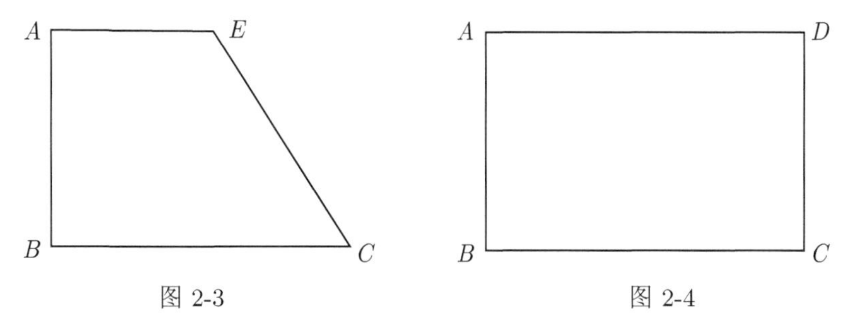

图 2-3　　图 2-4

师: 同学们发现了 AE 和 BC 都与 AB 垂直. 在同一个平面内, 当两条直线都与第三条直线垂直时, 我们称这两条直线平行. 在长方形 $ABCD$ 中 (图 2-4), 哪两条直线是相互平行的? 为什么?

学生活动: 观察纸片, 发现结论, 回答问题: 在长方形 $ABCD$ 中, $AD /\!/ BC$, $AB /\!/ CD$.
设计意图: 通过观察, 理解和掌握平行的定义.
师: 在长方形 $ABCD$ 中, 如何折 AD 的平行线?
学生活动: 折叠探索, 发现操作步骤: 在 AB 上任取一点 E, 过点 E 将 AB 自身重合对折, 折痕 EF 与 AD 平行 (图 2-5).
设计意图: 利用公理 4 折 AB 的垂线, 从而得到 AD 的平行线, 引导学生根据已有折垂线的经验, 发现折平行线的方法.

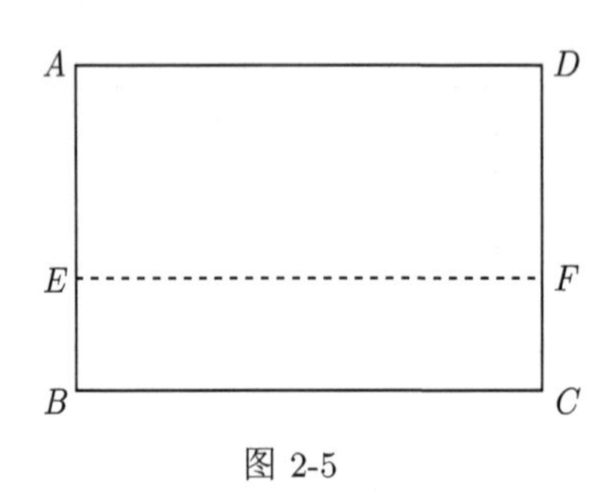

图 2-5

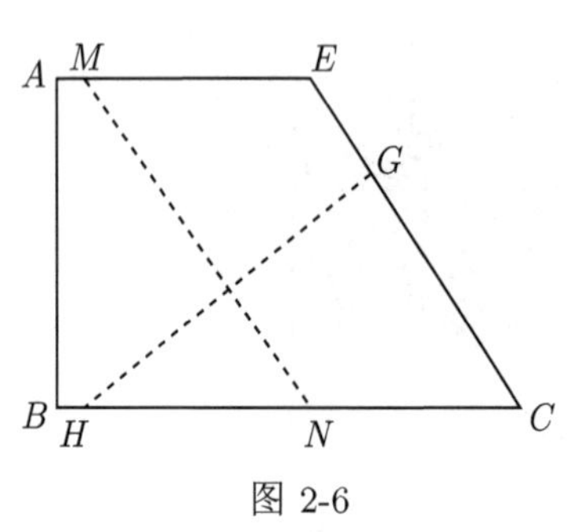

图 2-6

师: 在梯形 $ABCE$ 中, 如何折 CE 边的平行线?
学生活动: 折叠操作, 发现操作方法: 在 CE 上取一点 G, 过点 G 将 CE 自身重合对折, 折痕 GH 垂直 CE; 然后再在 AE 上取一点 M, 过点 M 将 GH 自身重合对折, 折痕 MN 与 CE 平行 (图 2-6).
设计意图: 应用公理 4, 引导学生根据平行线的定义发现折叠方法, 巩固对平行线定义的理解和应用, 初步掌握折平行线的折叠方法.
师: 点 P 是长方形 $ABCD$ 内的一点, 过点 P 怎样折 AD 的平行线 (图 2-7)?
学生活动: 探索折叠, 发现折叠方法: 过点 P 将 AB 自身重合对折, 折痕与 AD 平行.(图 2-8)
设计意图: 应用公理 4, 通过操作发现过直线外一点折该直线的平行线的方法.

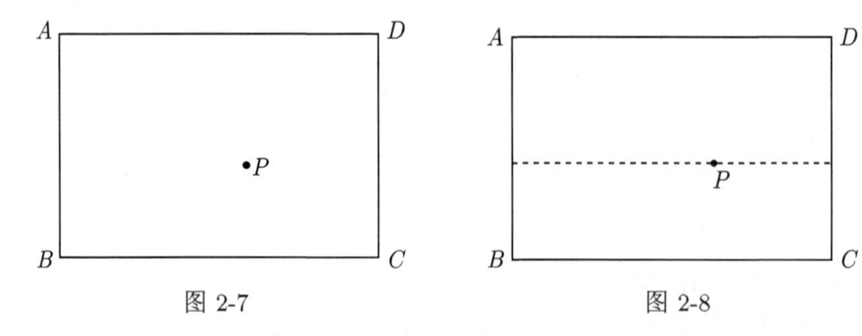

图 2-7　　图 2-8

师: 过点 P 折 AD 的平行线能够折多少条呢?

学生活动: 折叠操作, 得出结论：过点 P 折 AD 的平行线只能折一条.
设计意图: 让学生通过操作发现：过直线外一点有且只有一条直线与该直线平行.
师: 在长方形 $ABCD$ 中, GH、EF 与 BC 都相交但不垂直, 如果 $\angle 1=\angle 2$, 能否判别 GH 与 EF 平行? (图 2-9)
学生活动: 折叠操作, 发现方法：过点 B 折 GH 的垂线, 根据三角形的内角和定理可以判断折痕与 EF 也是垂直的.(图 2-9)
设计意图: 培养学生灵活运用平行线的定义发现折叠方法、得出结论.

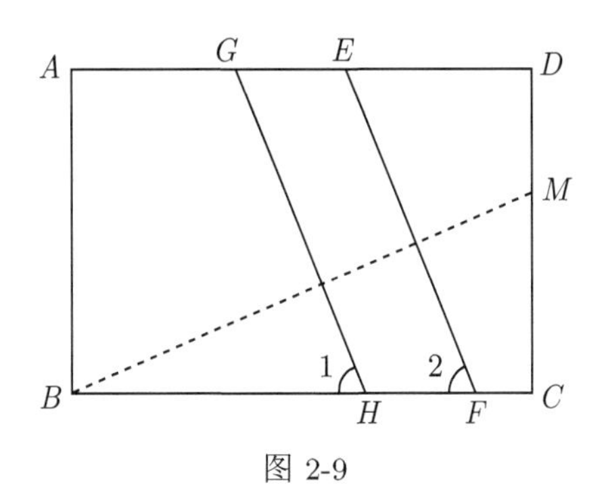

图 2-9

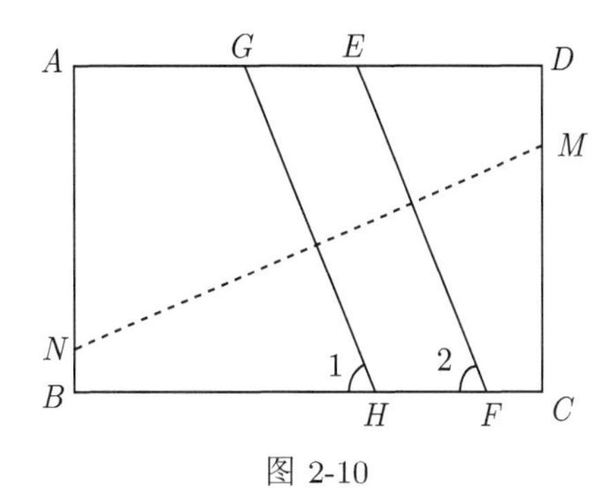

图 2-10

师: 这个结论是平行线的判定定理之一, 即同位角相等, 两直线平行. 还有没有用其他折叠方法得到这个结论的?
学生活动: 操作探索, 相互交流, 发现折叠方法：将 G、H 两点重合对折, 得 GH 的垂直平分线 MN, 然后根据四边形内角和为 360°, 说明 MN 与 EF 也垂直 (图 2-10).
设计意图: 应用公理 2, 让学生通过折纸体验发现的成就感和乐趣.
师: 在长方形 $ABCD$ 中, GH 与 MN、EF 都相交, 如果内错角相等, 即 $\angle 1=\angle 2$, 能否判断两直线平行?
学生活动: 折叠操作, 观察折痕, 得出结论：$\angle 1=\angle 2$, 而 $\angle 2=\angle 3$, 所以 $\angle 1=\angle 3$, 转化为同位角相等, 所以两直线平行.(图 2-11)

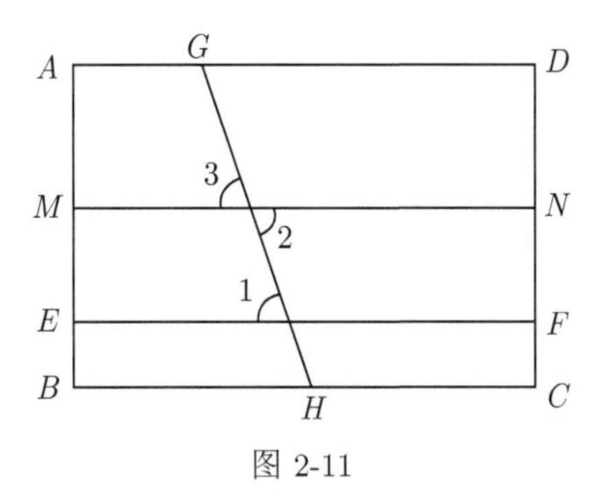

图 2-11

设计意图: 培养学生应用转化的思想解决问题.

师: 如何折与三角形 ABC 的底边 BC 平行的直线.

学生活动: 折叠探索, 发现折叠方法: 过点 A 将 BC 自身重合对折, 折痕 AD 垂直于 BC, 将点 A 折到 AD 上的任意一点, 折痕都与底边 BC 平行.(图 2-12, 图 2-13)

设计意图: 巩固和应用平行线的定义.

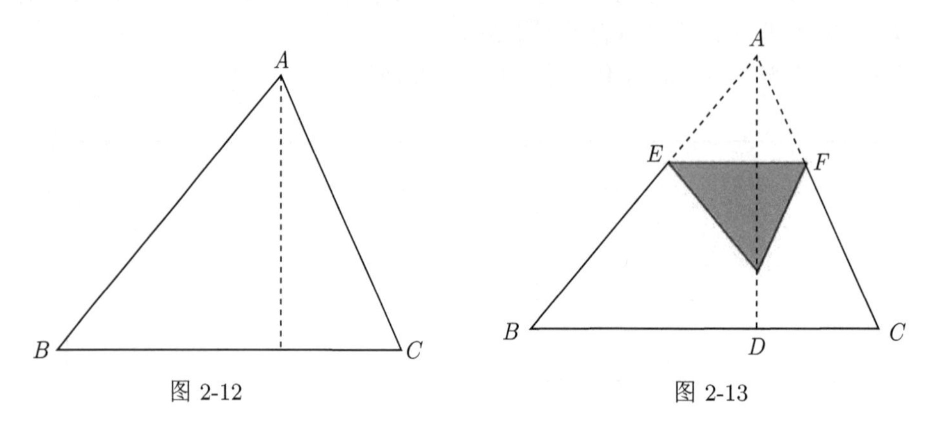

图 2-12　　图 2-13

师: BD 是正方形 $ABCD$ 的对角线, 分别将 AD、BC 与 BD 重合对折, 折痕分别为 BF 和 DE, 试证明: DE 与 BF 平行 (图 2-14).

学生活动: 折叠操作, 观察图形, 给出证明方法: 由于正方形的对角线将正方形分解成两个等腰直角三角形, 所以, $\angle1=\angle2=22.5°$, 即内错角相等.

设计意图: 应用公理 2, 巩固平行线判定定理的应用.

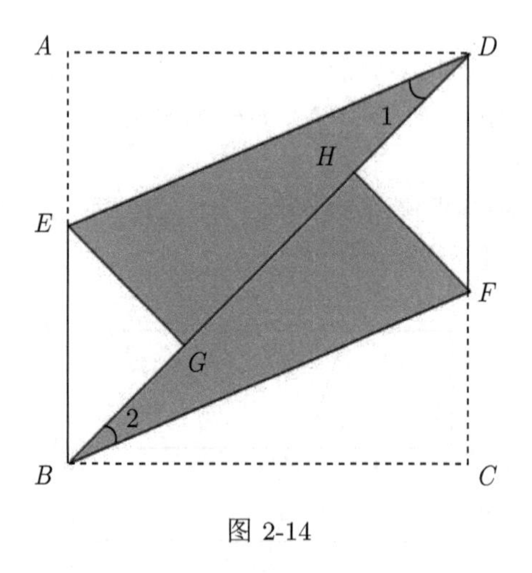

图 2-14

本节通过折纸操作, 了解了平行线的概念, 探索发现了平行线的判定定理和性质定理, 掌握了折已知直线的平行线的方法.

6.3　等腰三角形性质的教学设计

等腰三角形是初中平面几何非常重要的一个概念. 一般教科书都是将等腰三角形的内容放在“轴对称与轴对称图形”一章, 即在学习了轴对称图形、线段与角的轴对称性的基础上学习等腰三角形, 本节利用折纸的对称性探索和发现等腰三角形的性质及其判定定理.

教学目标:

(1) 探索和发现等腰三角形的性质定理和判断定理;

(2) 会利用等腰三角形的判断定理进行简单的判断;

(3) 培养学生的观察能力和动手操作能力.

教学重点: 等腰三角形性质及判定定理.

教学难点: 通过折叠归纳等腰三角形的性质定理及判定定理.

教学过程如下.

折一折

发现等腰三角形的性质定理.

师: 对于等腰三角形同学们都不陌生, 那么什么样的三角形称为等腰三角形呢? 请同学们拿出课前准备好的等腰三角形纸片 (出示各种形状的等腰三角形纸片).

学生活动: 拿出等腰三角形纸片, 进行观察, 回答问题.

设计意图: 通过提问让学生回忆等腰三角形的定义, 为进一步学习等腰三角形的性质做准备.

师: 将有两边相等的三角形称为等腰三角形, 这两条边称为等腰三角形的腰. 已知三角形 ABC 是等腰三角形, 请同学们将两腰 AB 和 AC 重合对折, 观察两底角的关系 (如图 3-1. 图 3-2).

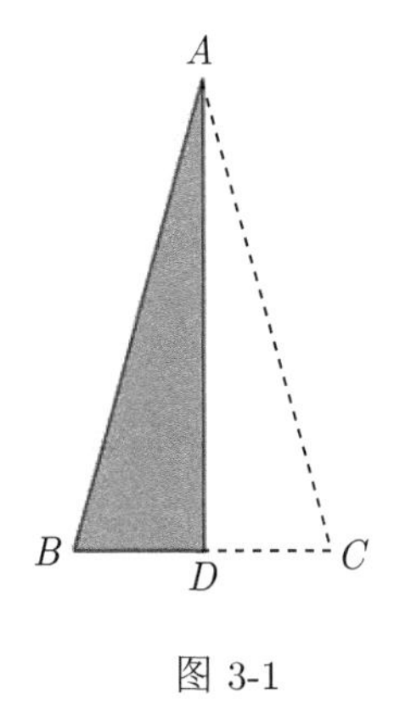

图 3-1

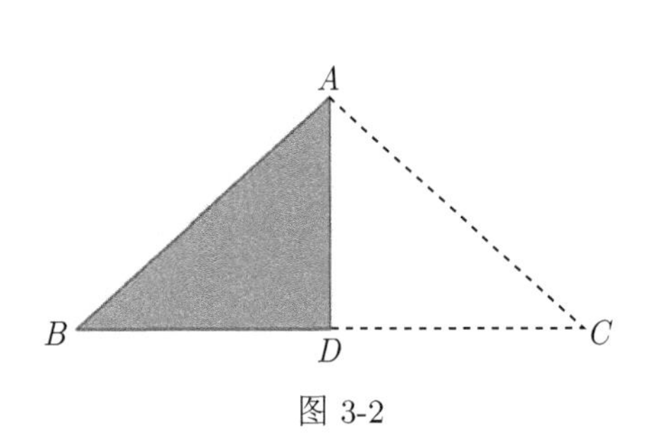

图 3-2

学生活动: 折叠操作, 观察折叠过程: 将 AB 与 AC 重合对折后, 角 B 与角 C 也重合.

设计意图: 应用公理 3, 让学生通过动手操作, 观察将两腰重合对折后, 两底角也是重合的, 从而得出等腰三角形的两底角相等的性质. 通过操作, 建立直观图形与数学知识的联系.

师: 同学们用自己准备的等腰三角形纸片通过折叠后发现, 等腰三角形的两底角重合, 也就是说等腰三角形的两底角是相等的. 是否所有的等腰三角形都具有这个性质呢? 请同学们以小组为单位进行比较: 每位同学准备的等腰三角形是否都是同形状的.

学生活动: 学生进行比较, 发现不同大小、不同形状的等腰三角形都具备两底角相等的性质.

设计意图: 培养学生从具体到抽象、从特殊到一般的思维能力.

师: 请同学们再观察折叠以后的折痕与三角形 ABC 的底边有什么关系, 并说明理由.

学生活动: 重复操作过程, 观察发现: 折痕是底边 BC 的垂直平分线. 因为折叠以后 $\angle ADB$ 与 $\angle ADC$ 的两边分别重合, 即 BD 与 CD 重合, AD 与 AD 自身重合 (图 3-3, 图 3-4).

设计意图: 让学生体验发现的过程, 感受成功的乐趣.

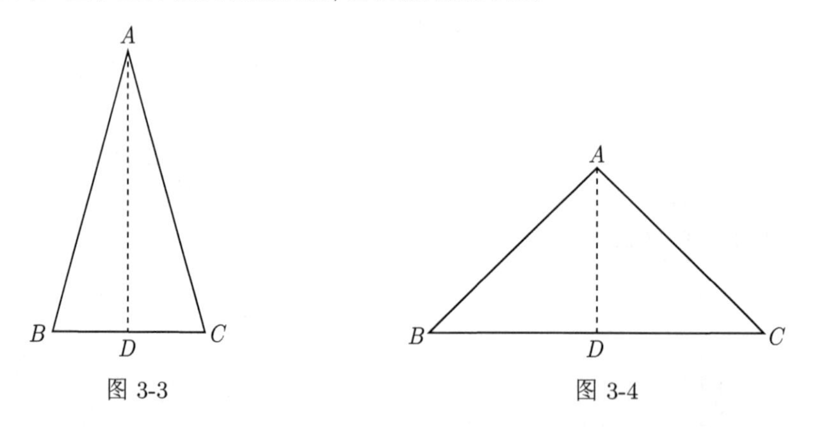

图 3-3　　图 3-4

师: 同学们发现了折痕垂直平分底边, 折痕是等腰三角形底边的高线, 那么折痕与两腰有什么关系呢? 并说明理由.

学生活动: 反复折叠, 观察折叠过程, 发现: 折痕与两腰所夹的角也是相等的, 即折痕是顶角的平分线.

设计意图: 通过前两轮的探索和师生对话, 学习相对困难一点的学生也积累了一定的经验, 此时, 可以让学习相对困难的学生参与并回答问题, 增强其学习兴趣, 提高学习的积极性.

师: 从上述操作中, 我们可以总结出等腰三角形的什么性质?

学生活动: 回答问题, 归结出等腰三角形三线合一的性质.

设计意图: 培养学生的归纳概括的能力.

想一想

发现等腰三角形的判定定理.

师: 在三角形 ABC 中, 如果 $\angle B = \angle C$, 能否判断三角形 ABC 是等腰三角形? 为什么?

学生活动: 折叠探索, 观察思考, 说明理由: 将点 B 与点 C 重合对折, 也就是将 BC 自身重合对折, 因为 $\angle B = \angle C$, 所以构成 $\angle B$ 和 $\angle C$ 的另外两条边 AB 和 AC 也应该重合, 即 $AB = AC$(图 3-5).

设计意图: 通过折叠发现等腰三角形的判断定理, 体验发现的乐趣, 培养探索的精神.

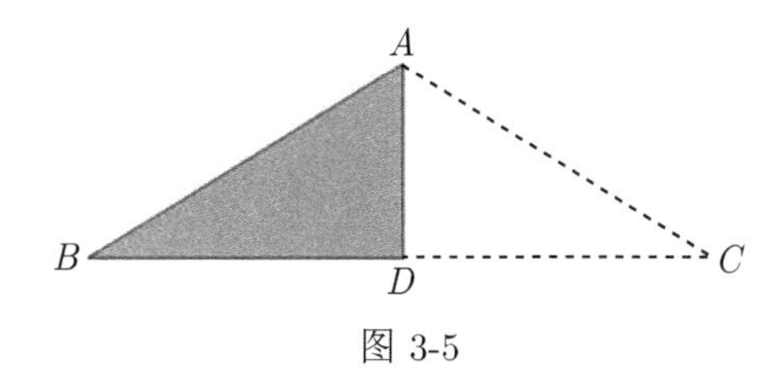

图 3-5

做一做

等腰三角形性质定理及其判定定理的应用.

师: 下面用 A4 纸的一半进行折叠, 将长方形 $ABCD$ 的顶点 D 与 B 重合对折, 折痕记为 EF, 试判断 EFB 为等腰三角形, 为什么 (图 3-6)?

学生活动: 在教师的示范下, 进行操作, 通过观察发现: 因为 $AD /\!/ BC$, $\angle DEF = \angle BFE$, 由折叠过程知 EF 是 $\angle BED$ 的平分线, $\angle DEF = \angle BEF$, 所以 $\angle BFE = \angle BEF$, 即三角形 BEF 中, $BE = BF$.

设计意图: 应用公理 2, 通过折叠巩固和应用等腰三角形的判定定理.

师: 如果将点 D 与 BC 边上的点 H 重合对折, D 的对应点记为 G, 折痕为 EF, 那么三角形 EFG 是否仍然为等腰三角形, 为什么 (图 3-7)?

学生活动: 动手操作, 观察折痕, 作出判断, 说明理由.

设计意图: 应用公理 2, 发现 EF 是 $\angle BED$ 的角平分线, 学生通过观察, 发现结论, 培养学生的迁移能力.

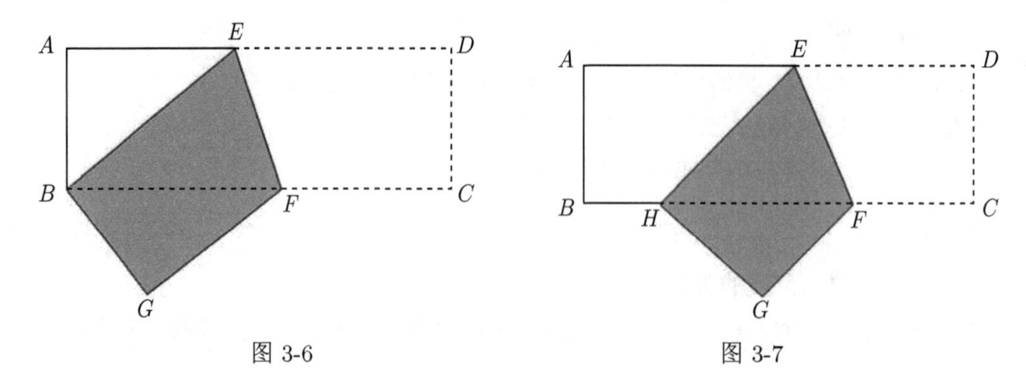

图 3-6　　图 3-7

师: 如果将 CD 与 BC 重合对折时, D 点的对应点正好在 BC 上, 折痕记为 CE, 那么 $\triangle CEG$ 是什么三角形? 为什么 (图 3-8)?

学生活动: 折叠操作, 观察思考, 回答问题: 因为 $\angle$CGE=$\angle$D=90°, 所以 $\triangle CEG$ 是等腰直角三角形.

设计意图: 应用公理 3 进行折叠, 通过操作、观察, 让学生进一步理解和掌握等腰三角形的性质及其判定.

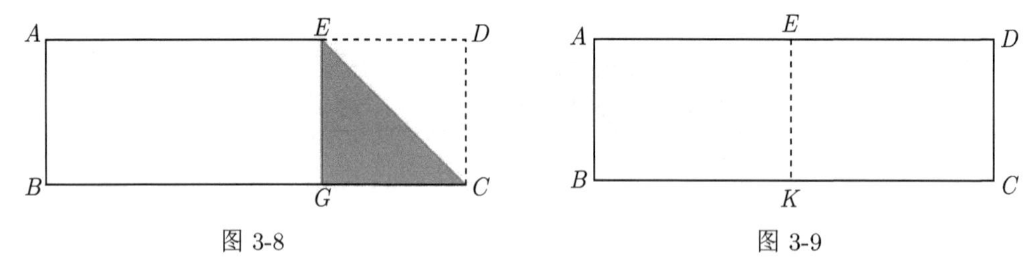

图 3-8　　图 3-9

师: 若长方形 $ABCD$ 的长宽之比为 $2\sqrt{2}$:1, 在上述操作中, 怎样折, 所得三角形 EFG 是顶角为 45° 的等腰三角形?

学生活动: 折叠探索, 发现折叠方法: 将 AB 与 CD 重合对折, 折痕为 EK(图 3-9), 则 E 是 AD 的中点, 再过点 E 将点 D 折到 BC 上, 所得三角形 EFG 即顶角为 45° 的等腰三角形 (图 3-10).

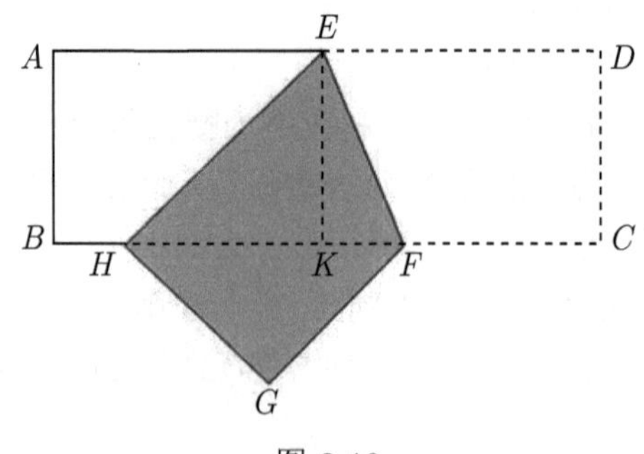

图 3-10

设计意图: 应用公理 2 和公理 5 进行折叠, 进一步培养学生的观察能力和折纸操作能力.

师: 三角形 ABC 为直角三角形, 怎样折将三角形 ABC 分成两个等腰三角形? 为什么?

学生活动: 折叠探索, 发现方法: 先将点 A 与点 C 重合对折得 AC 的中点 D, 然后过 B、D 两点折叠 (图 3-11).

设计意图: 应用公理 1 和公理 2 进行折叠, 培养学生综合应用等腰三角形、直角三角形性质的能力.

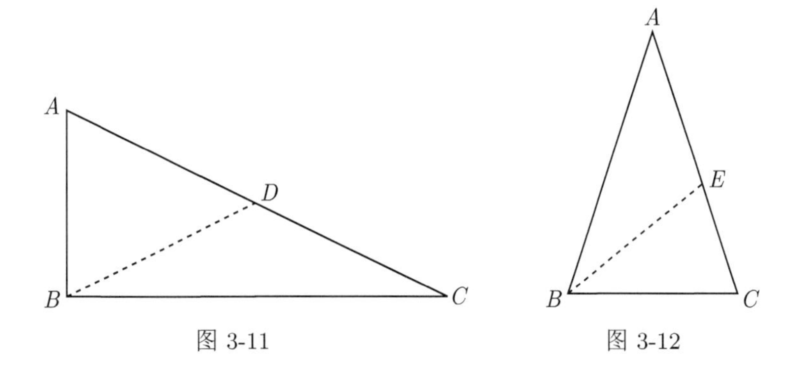

图 3-11　　图 3-12

师: 等腰三角形 ABC 的顶角为 $36°$, 怎样折可以将其分成两个等腰三角形?

学生活动: 折叠探索, 发现方法: 将 AB 与 BC 重合对折, 折痕 BE 即将三角形 ABC 分成两个等腰三角形 (图 3-12).

设计意图: 应用公理 3, 熟练掌握等腰三角形的性质及其应用.

本节通过折纸操作, 探索发现了等腰三角形的性质定理和判定定理, 掌握了等腰三角形的折叠方法.

6.4 三角形中位线定理的教学设计

三角形中位线定理是三角形的一个重要定理, 是在学生学习了三角形、四边形的概念、性质等内容之后, 作为平行线等分线段, 三角形和四边形知识的应用和深化. 三角形中位线定理对证明两直线平行和论证线段的倍分关系非常有用, 也是证明梯形中位线定理的基础.

教学目标:

(1) 通过折纸探索并发现三角形的中位线定理;

(2) 掌握三角形中位线的折叠方法.

教学重点: 中位线定理的发现.

教学难点：中位线定理的证明.

教学过程如下.

折一折

折叠探索并发现直角三角形的中位线定理.

师: 三角形的中位线是指三角形任意两边中点的连线, 请同学们拿出课前准备好的三角形, 折一条中位线, 说说你是怎么折的.

学生活动: 折叠操作, 用自己准备的不同形状的三角形折叠中位线, 通过折叠探索, 发现中位线的折叠方法：将点 A 与点 B 重合对折得 AB 的中点 E, 将点 A 与点 C 重合折叠得 AC 的中点 F, 然后过 E、F 两点折叠, 得 EF 为三角形 ABC 的中位线 (图 4-1).

设计意图: 应用公理 1 和公理 2, 探索中位线的折叠方法.

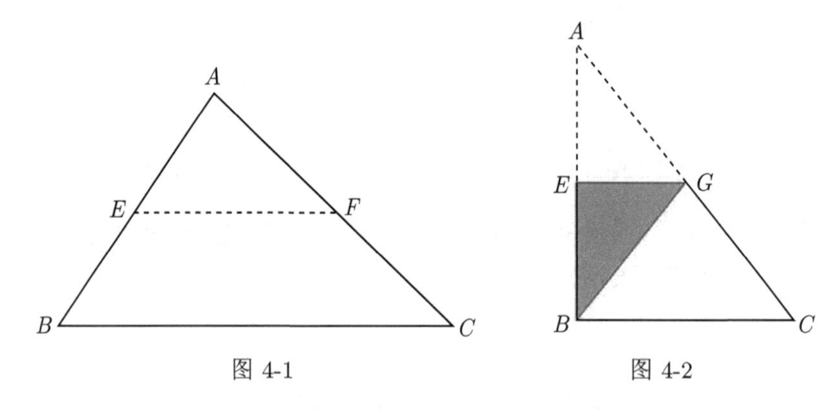

图 4-1　　图 4-2

师: 三角形 ABC 是一个直角三角形, 如何折它的中位线 (图 4-2)?

学生活动: 折叠探索, 发现在直角三角形中, 有两条中位线的折叠方法比一般三角形更简单, 只需折叠一次就可以得到：将点 A 与点 B 重合对折, 折痕为 EG, G 在 AC 上, 则 AG 是三角形 ABC 的中位线, 即 G 是 AC 的中点.

事实上, 将 A、B 两点重合对折, 折叠后三角形 AEG 与三角形 BEG 重合, 所以 $AG = BG$, 且 $\angle BAG = \angle ABG$, 又因为 $\angle GBC + \angle ABG = 90°$, $\angle GBC + \angle C = 90°$, 所以 $\angle GBC = \angle C$, 所以 $BG = CG$, 因此 $AG = CG$, 即 G 是 AC 的中点.

设计意图: 应用公理 2, 让学生感受折叠的乐趣和培养学生探索的精神.

师: 直角三角形 ABC 中, EG 是 AB 和 AC 边上的中位线, 请同学们观察折痕 EG 与第三边 BC 有什么位置关系？为什么？

学生活动: 学生重复操作, 观察发现：$EG /\!/ BC$. 因为 EG、BC 都与 AB 垂直.

设计意图: 培养学生在折叠过程中对几何图形的观察能力和推理能力.

师: 在直角三角形 ABC 中, 同学们发现了 AB 和 AC 边上的中位线与第三边 BC 是平行的, 即 $EG/\!/BC$, 那么 EG 与 BC 的长度有什么关系呢? 为什么?

学生活动: 重复折叠操作, 探索发现: $EG=\frac{1}{2}BC$. 因为 $BG=CG$, 将 B、C 两点重合对折, 折痕 FG 垂直平分 BC, 即四边形 $BFGE$ 是长方形, 即有 $EG=BF=\frac{1}{2}BC$ (图 4-3).

设计意图: 应用公理 2, 为学生探索并发现三角形中位线定理创设情境, 并引导学生发现直角三角形中中位线定理.

想一想

类比折叠, 探索对一般三角形中位线定理仍然成立.

师: 同学们发现直角三角形 $ABCD$ 的中位线平行于第三边且等于第三边的一半, 那么这个结论对一般的三角形是否成了呢? 如图 4-3 折直角三角形 ABC 的中位线 EG 的时候, 点 A 与点 B 重合, 那么折斜三角形 ABC 的 AB 和 AC 边上的中位线时, 点 A 的对应点会落在哪里呢 (图 4-4)?

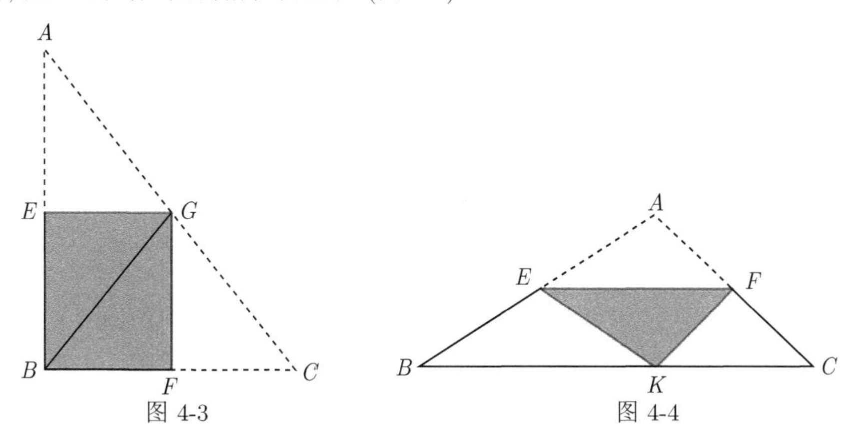

图 4-3　　图 4-4

学生活动: 折叠操作, 发现: 点 A 的对应点一定在 BC 上. 事实上, 记点 A 的对应点为 K, 因为 $AF=CF$, $AF=FK$, 所以 $CF=FK$, 即 $\angle CKF=\angle FCK$, 同理 $\angle EBK=\angle BKE$. 又因为 $\angle A=\angle EKF$, 而 $\angle A+\angle B+\angle C=180°$, 所以 $\angle EKF+\angle BKE+\angle CKF=180°$, 所以点 K 在 BC 上 (图 4-5).

设计意图: 应用公理 2, 在折纸操作中, 培养学生严密的逻辑思维能力.

师: 斜三角形 ABC 的中位线 EF 与第三边 BC 有怎样的位置关系呢? 请同学们将点 B 和点 C 分别与点 K 重合对折, 看看你能发现什么? 为什么?

学生活动: 折叠探索, 发现: $EF=GH=GK+HK=\frac{1}{2}BK+\frac{1}{2}CK=\frac{1}{2}BC.$

设计意图: 应用公理 2, 让学生在操作过程体验发现的成功感和乐趣感.

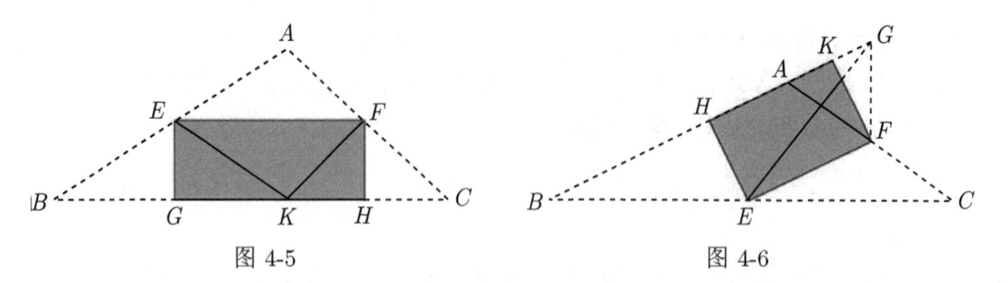

图 4-5　　图 4-6

师: 在斜三角形 ABC 中分别过 AC 和 BC 边上的中点 F 和 E 折叠, 能否相同的结论 (图 4-6)?

学生活动: 折叠操作, 归纳发现三角形的中位线定理：三角形的中位线平行于第三边且等于第三边的一半.

设计意图: 应用公理 1, 通过折叠验证中位线定理对一般斜三角形也是成立的.

做一做

探索中位线的折叠方法及中位线定理的应用.

师: 同学们在折叠过程发现：过 AB 与 AC 的中点 E、F 折叠时, 点 A 的对应点 K 在 BC 上, 那么过 A、K 两点折叠, 你能发现什么呢 (图 4-7)?

学生活动: 折叠操作, 发现：AK 与 BC 垂直 (图 4-8).

设计意图: 应用公理 1, 通过折叠培养学生发现问题的能力.

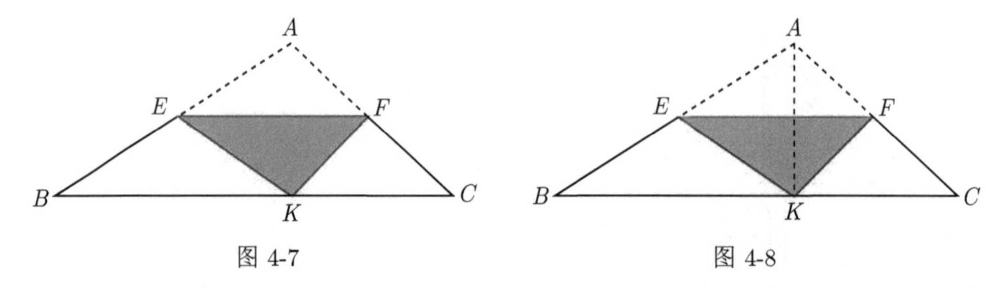

图 4-7　　图 4-8

师: 根据以上操作, 能否找到折三角形中位线的另一种方法?

学生活动: 折叠探索, 概括并总结. 第一步：过点 A 将 BC 自身重合对折, 得底边 BC 垂线 AD(图 4-9); 第二步：将 A、D 两点重合对折, 折痕为 EF, 则 EF 为三角形 ABC 的中位线 (图 4-10).

设计意图: 应用公理 2 和公理 4, 培养学生使用数学语言描述折叠过程的能力.

师: 已知三角形 ABC 是直角三角形, 请同学们归纳中位线的折叠方法.

学生活动: 归纳总结：将 A、C 两点分别与点 B 重合对折, 折痕分别为 EG 和 FG, 然后过 E、F 两点折叠即可得到直角三角形 ABC 的三条中位线 (图 4-11).

设计意图: 应用公理 1 和公理 2, 根据直角三角形的特殊性质, 进一步巩固和掌握直角三角形中位线的折叠方法, 培养学生的归纳能力.

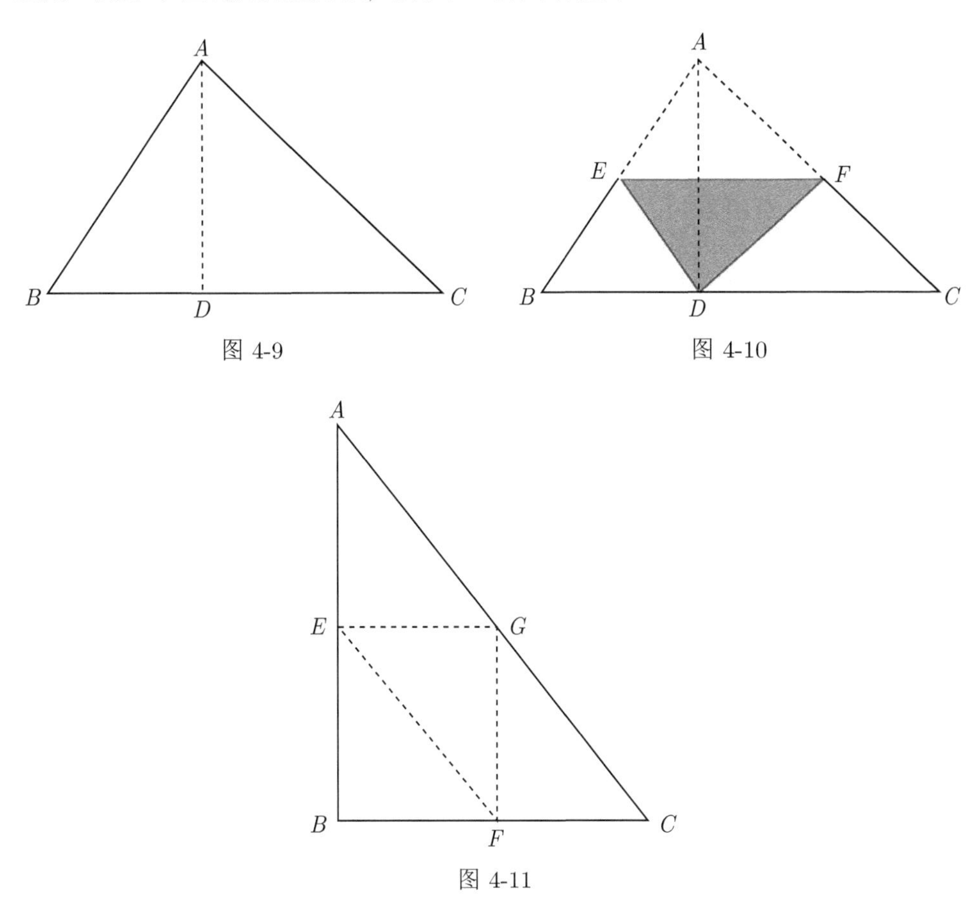

图 4-9 图 4-10

图 4-11

师: 对于一般的斜三角形 ABC, 怎样折中位线?

学生活动: 折叠操作, 归纳折叠步骤及不同的折叠方法 (图 4-12, 图 4-13).

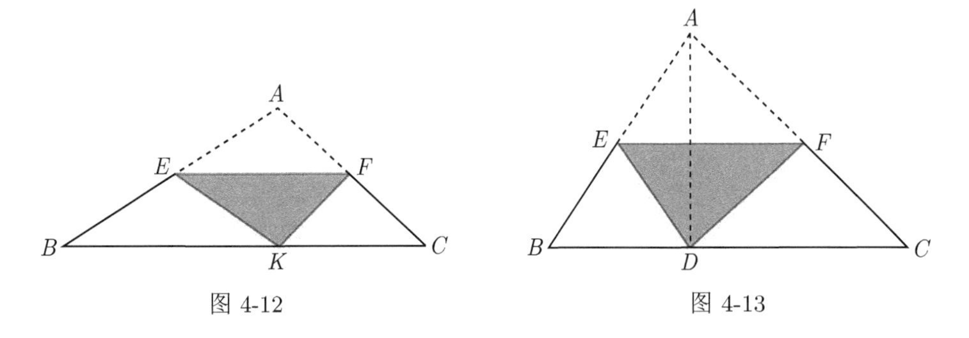

图 4-12 图 4-13

设计意图: 应用公理 1 和公理 2, 通过归纳总结进一步巩固和掌握三角形中位线的折叠方法.

师: 过正方形各边上的每相邻两个中点折叠, 观察折痕所围成的图形是什么形状?

学生活动: 折叠操作, 展示折叠成果: 正方形 (图 4-14).

设计意图: 应用公理 1, 培养学生应用三角形中位线定理解决问题的能力.

师: 分别过长方形、平行四边形、菱形各边上的中点折叠, 观察折痕所围成的图形是什么形状 (图 4-15, 图 4-16, 图 4-17)?

学生活动: 折叠操作, 小组讨论, 展示折叠成果, 说明理由.

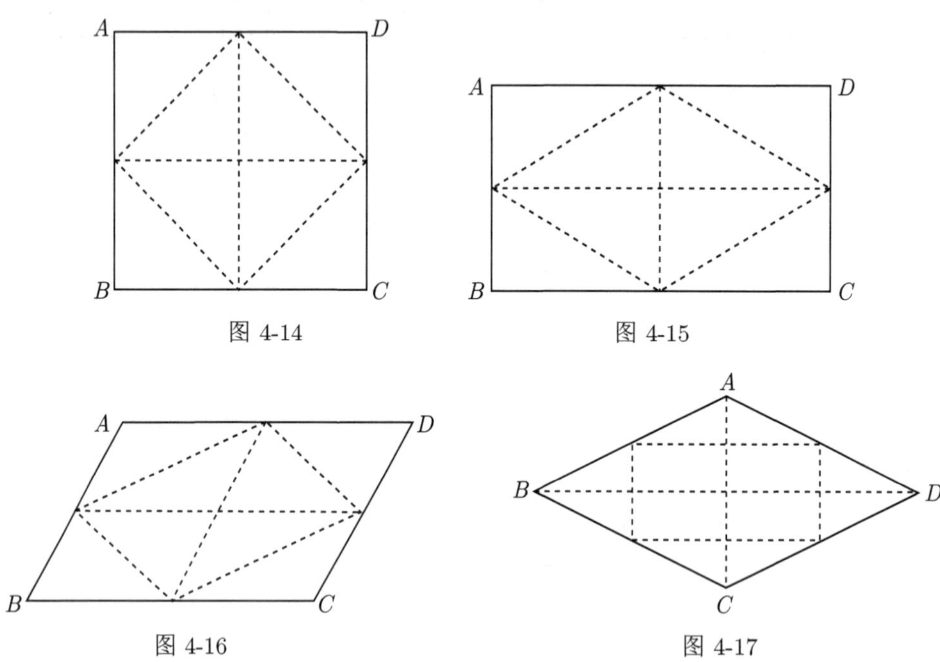

图 4-14　　图 4-15

图 4-16　　图 4-17

设计意图: 应用公理 1 进行折叠, 培养学生操作能力和观察能力.

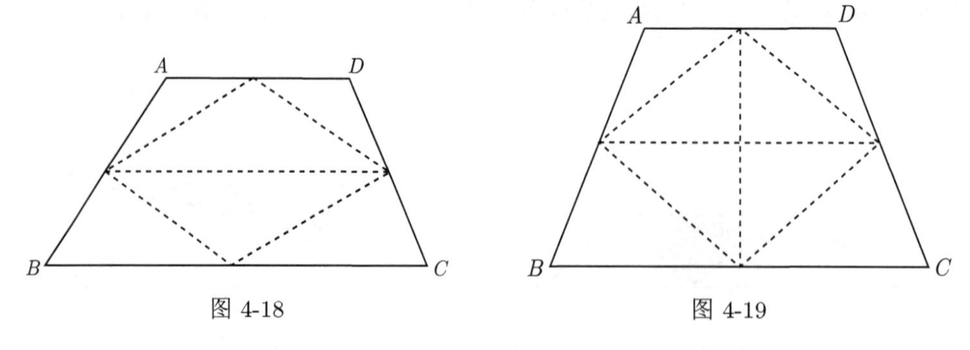

图 4-18　　图 4-19

师: 分别过梯形和等腰梯形的各边中点折叠, 观察折痕所围图形是什么图形 (图 4-18, 图 4-19)?

学生活动: 折叠操作, 展示成果, 说明理由.
设计意图: 通过操作发现结论, 通过进一步说明理由, 培养学生的推理能力.

本节通过折叠探索发现了三角形的中位线定理, 归纳出了三角形中位线的折叠方法以及中位线定理的应用.

6.5 含 30° 的直角三角形性质的教学设计

含 30° 的直角三角形是一个非常特殊的三角形, 在数学及生活中的应用都非常广泛. 本节通过折纸操作探索并发现含 30° 的直角三角形的性质.

教学目标:

(1) 掌握含 30° 的直角三角形的性质;

(2) 掌握含 30° 的直角三角形的折叠方法;

(3) 经历 "折叠探索 — 观察发现 — 猜想证明" 的过程, 培养学生的数学思维能力;

教学重点: 含 30° 直角三角形的性质及其折叠方法.

教学难点: 从折叠操作过程中发现结论并用数学语言进行描述.

教学过程如下.

折一折

探索并发现含 30° 的直角三角形的性质.

师: 请同学们尝试不用量角器能否从一张正方形的纸中剪下一个含 30° 的直角三角形?

学生活动: 折叠探索, 容易发现: 同时将正方形 $ABCD$ 的两边 AB 和 BC 向内翻折, 多次尝试后可以将正方形纸片的一个直角 $\angle B$ 三等分, 从而得到含 30° 直角三角形 (图 5-1, 图 5-2).

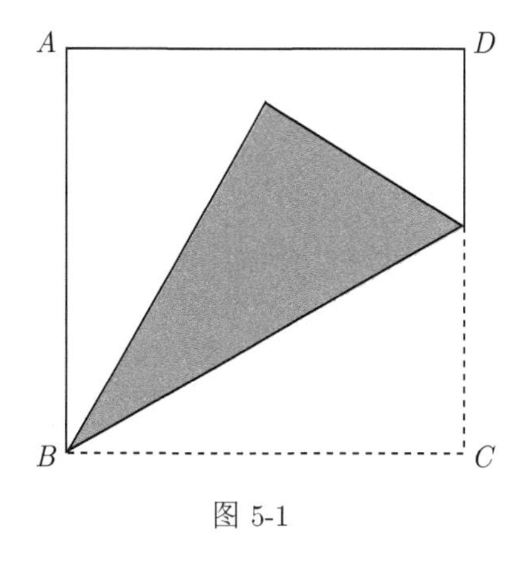

图 5-1

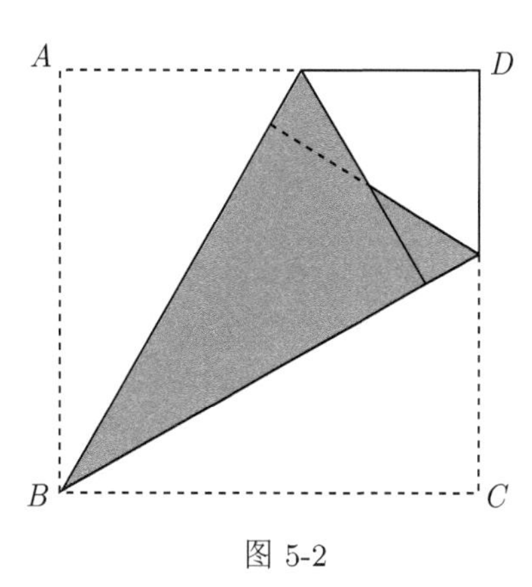

图 5-2

设计意图: 学生主动探索, 发现要经过多次尝试才能得到, 为下一步的精确折叠制造一个悬念, 提高学生的学习兴趣和探索精神.

师: 实际上我们还有更精确的折叠方法. 请同学们跟着老师按以下三个步骤进行操作: ① 将正方形 $ABCD$ 的边 AB 与 CD 重合对折, 折痕为 EF(图 5-3); ② 将点 C 折到 EF 上, 注意要让折痕通过 B 点, 折痕记为 BH(图 5-4); ③ 将 AB 与 BH 重合对折, 同学们发现了什么?

学生活动: 折叠操作, 观察折痕, 发现: AB 与 BH 重合对折的折痕正好是 BG, 即 BH、BG 将直角三等分, 即得到含 $30°$ 的直角三角形. 还可以发现, 按以上操作步骤折叠后与学生们刚开始直接探索折 $30°$ 的方法是一样的, 但后者更加精确.

设计意图: 应用公理 3, 使学生在经历过自主探索和教师示范操作后, 掌握含 $30°$ 的直角三角形的折叠方法, 体验折纸的神奇.

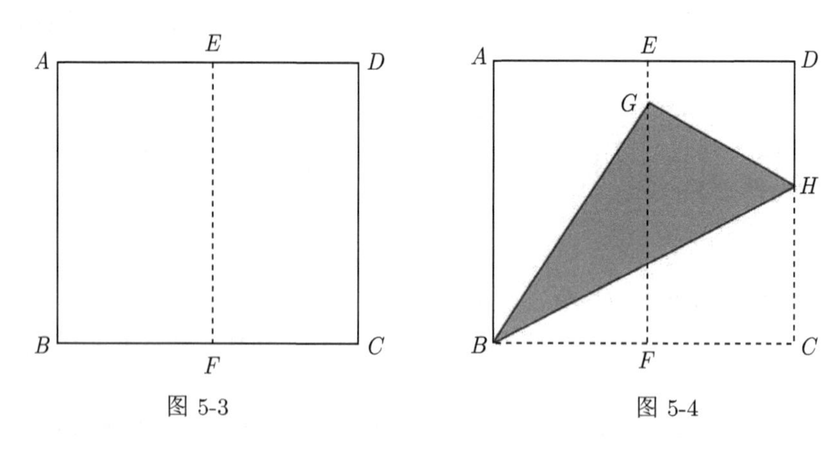

图 5-3 图 5-4

师: 请同学们将直角 $\triangle BCH$ 剪下, 探索直角边与斜边的大小关系.

学生活动: 折叠探索, 观察发现: 为了比较直角边与斜边的大小, 可以将 $30°$ 所对的直角边 CH 折到斜边 BH 上, 即将 CH 与 BH 重合对折, 折痕记为 HR, 点 C 的对应点记 K(图 5-5). 进一步观察发现, 如果将点 B 与点 H 重合对折, 其折痕与 KR 重合, 从而说明 $CH = BK = KH$, 也就是说, 直角三角形 BCH 的直角边 CH 是斜边 BH 的一半.

设计意图: 应用公理 2 和公理 3, 通过折叠, 体验发现的乐趣, 感受折纸的功能.

师: 是否所有含 $30°$ 的直角三角形都具有这个性质呢?

学生活动: 学生拿出各自在课前准备好的大小不同的正方形纸进行折叠, 得到大小不同的含 $30°$ 的直角三角形, 重复上述操作过程都能发现, $30°$ 所对的直角边是斜边的一半.

设计意图: 培养学生从特殊到一般的思维能力.

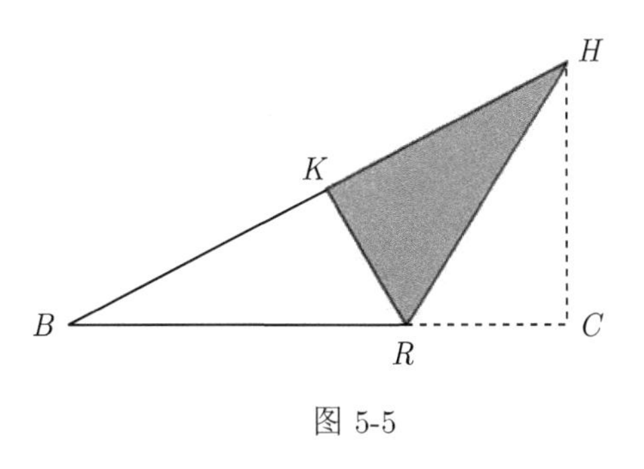

图 5-5

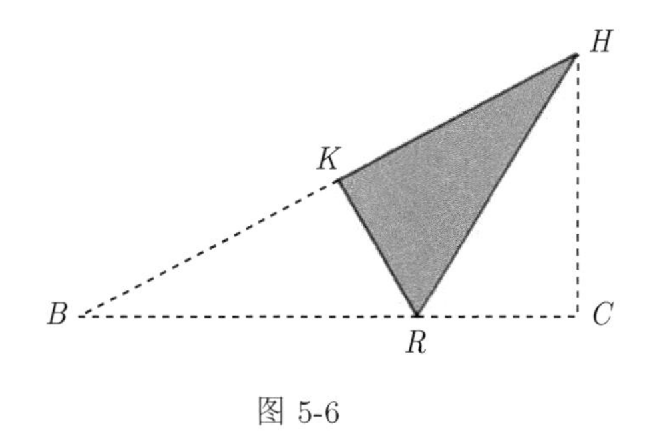

图 5-6

想一想

含 30° 直角三角形性质的逆命题.

师: 同学们在操作过程中发现了, 在含 30° 的直角三角形中, 30° 所对的直角边是斜边的一半, 在这个操作过程中你还发现了什么结论?

学生活动: 重复操作, 观察发现: 如图 5-5 所示, 折叠过程中所得到的三个直角三角形 $\triangle BKR$, $\triangle KHR$, $\triangle CHR$ 完全重合 (即它们是三个全等的含 30° 的直角三角形)(图 5-6).

设计意图: 为发现逆定理做铺垫.

师: 反之, 如果直角三角形的直角边是斜边的一半, 那么这条直角边所对的角是否为 30° 呢?

学生活动: 折叠探索 (在直角三角形 BCH 中 CH 等于 BH 的一半), 发现: ① 将 CH 与 BH 重合对折, 折痕 RH 为 $\angle BHC$ 的角平分线, 点 C 的对应点是 K, 即 $CH = CK$, 又因为 CH 等于 BH 的一半, 所以 K 是 BH 的中点, 又因为 $\angle HKR = \angle C = 90°$, 所以 KR 是 BH 的垂直平分线; ② 将点 B 和点 H 重合对折, 因折痕垂直平分 BH, 所以与 KR 重合, 且 BR 与 HR 重合, 即有 $\angle B = \angle BHR = \angle CHR$, 而在直角 BCH 中, $\angle B + \angle BHR + \angle CHR = 90°$, 故 $\angle B = 30°$(图 5-5).

设计意图: 应用公理 2 和公理 3, 通过折叠, 培养学生的观察能力和推理能力.

师: 同学们在操作过程中发现了 30° 所对的直角边是斜边的一半, 反之在直角三角形中, 如果一条直角边等于斜边的一半, 那么这条直角边所对的角等于 30°. 下面我们用这个逆定理说明为什么在图 5-4 的折叠过程中 $\angle CBH$=30°?

学生活动: 重复操作, 观察发现: 在图 5-4 的直角三角形 $\triangle BFG$ 中, BF 是 BC 的一半, 而折叠时, BC 折到 BG 的位置, 即 $BC = BG$, 所以 BF 是 BG 的一半.

设计意图: 感受折纸的神奇与应用.

做一做

折叠三角板, 进一步加深对上述命题的理解和应用.

师: 请同学们按照图 5-7～ 图 5-14 所示操作和教师的示范, 折叠含 30° 角的直角三角板.

学生活动: 看图操作或看教师的示范操作.

设计意图: 提高学生的学习兴趣, 为图形的组拼奠定基础.

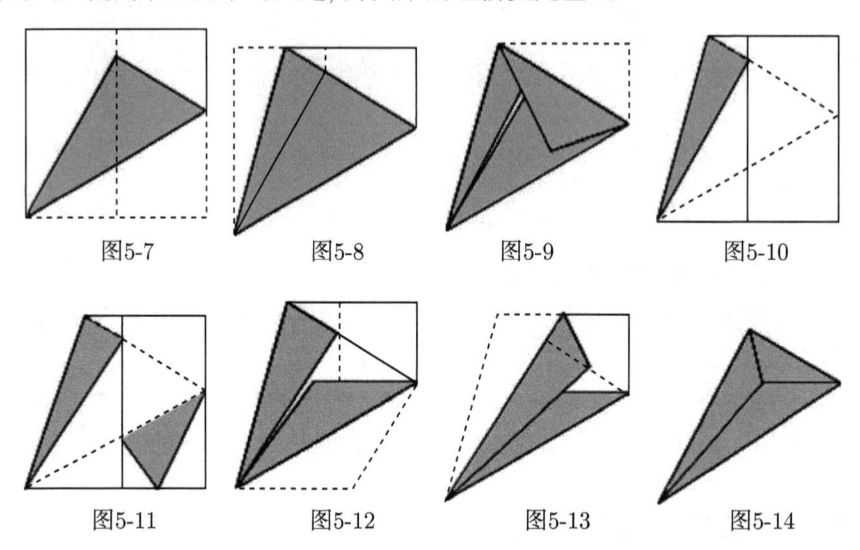

图5-7　图5-8　图5-9　图5-10

图5-11　图5-12　图5-13　图5-14

师: 请同学们用两个同样大小的含 30° 的直角三角板组拼一个三角形, 看有多少种不同的组拼图形.

学生活动: 拼图操作, 发表成果 (图 5-15, 图 5-16).

设计意图: 提高学生的学习兴趣, 进一步巩固定理的应用.

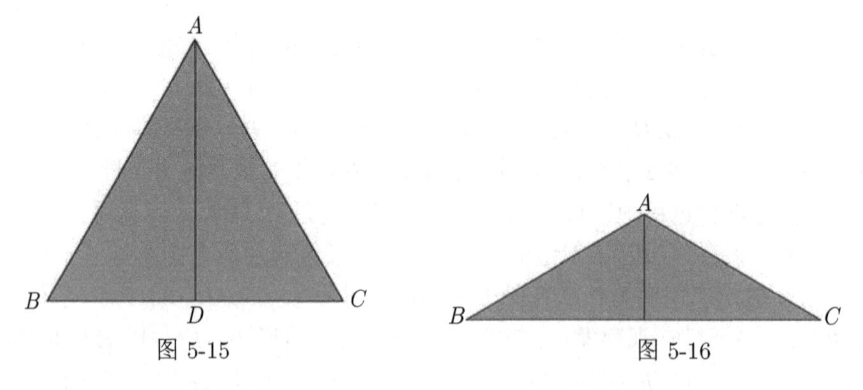

图 5-15　图 5-16

师: 你能够根据前面所发现的定理说明, 图 5-15 是一个等边三角形吗?

学生活动: 拼图操作, 回答问题.

设计意图: 提高学生的学习兴趣, 进一步巩固定理的应用.

师: 你能用三个同样大小的含 30° 的直角三角板组拼一个同样是含 30° 的直角三

角形吗？你能根据此组拼方式说明前面发现的定理吗？

学生活动：拼图操作，发表组拼结果：AB 是 AC 的一半 (图 5-17).

设计意图：提高学生的学习兴趣，进一步巩固定理的应用.

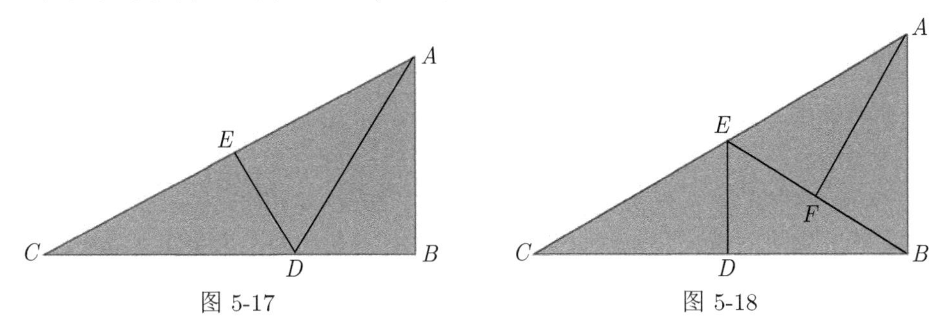

图 5-17　　图 5-18

师：你能用四个同样大小的含 30° 的直角三角板组拼一个同样是含 30° 的直角三角形吗？能发现多少种不同的组拼方式？

学生活动：拼图操作，发表组拼结果 (图 5-18，图 5-19).

设计意图：提高学生的学习兴趣，进一步巩固定理的应用.

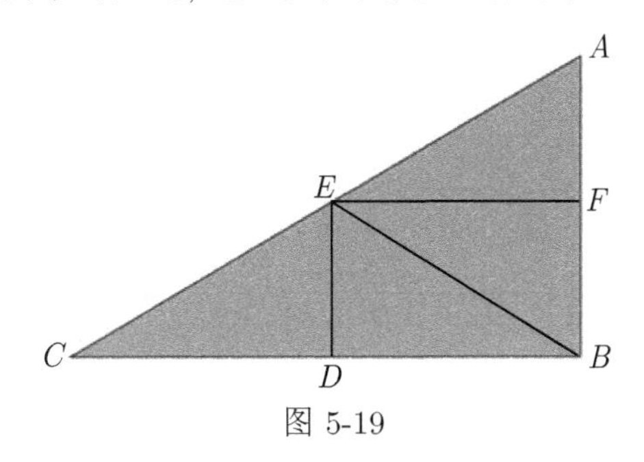

图 5-19

本节通过折纸探索并发现了含 30° 的直角三角形的性质，通过折叠含 30° 的直角三角板对图形进行组拼，进一步加深了对该性质的理解和应用.

6.6　发现勾股定理的教学设计

勾股定理是中学数学中非常重要的定理之一，它揭示了直角三角形中三边之间的数量关系，勾股定理及其逆定理在数学和生活中都有着广泛的应用. 本节应用折纸探索和体验勾股定理的发现过程[9].

教学目标：

(1) 通过折纸操作发现勾股定理;

(2) 掌握赵爽弦图的折叠方法.

教学重点：勾股定理的发现.

教学难点：勾股定理的证明.

教学过程如下.

折一折

折叠发现勾股定理.

师: 用一张正方形纸, 能否通过折叠分解为四个形状和大小都相同的正方形?

学生活动: 折叠操作, 总结折叠方法: 将正方形 $ABCD$ 的两组对边 AB 和 CD, AD 和 BC 分别重合对折, 所得折痕将正方形 $ABCD$ 分解为四个形状和大下都相同的正方形 (图 6-1).

设计意图: 让学生在操作活动中, 熟悉正方形的性质, 探索折叠方法.

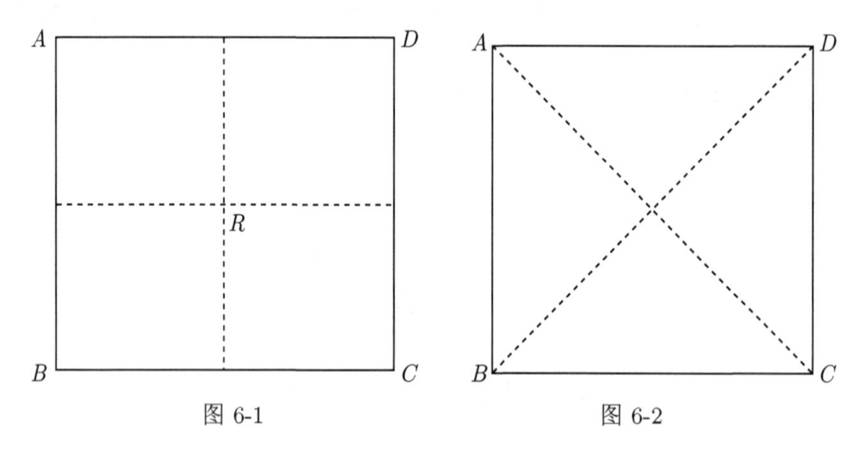

图 6-1　　图 6-2

师: 能否将正方形分解为四个形状和大小都相同的等腰直角三角形?

学生活动：折叠探索, 总结折叠方法：将正方形 $ABCD$ 的两组不相邻的顶点 A 与 C, B 与 D 分别重合对折, 所得折痕将正方形 $ABCD$ 分解为四个形状和大下都相同的等腰直角三角形 (图 6-2).

设计意图：应用公理 2, 感受点与点重合对折所得折痕是两点连线的垂直平分线.

师: 能否将正方形分解为四个形状和大小都相同的直角三角形?

学生活动：折叠操作, 总结折叠方法：将正方形 $ABCD$ 的边 AB 与 CD 重合对折, 折痕为 EF, 然后分别过 B、E 两点和 C、E 两点折叠 (如图 6-3).

设计意图：应用公理 1 和公理 3, 通过折叠培养学生的操作能力和用语言描述折叠方法的能力.

师: 还能将正方形折叠分解为四个形状和大小都相同的其他什么图形?

学生活动: 折叠探索, 发现: 还可以折叠分解为四个形状和大小都相同的长方形 (图 6-4).

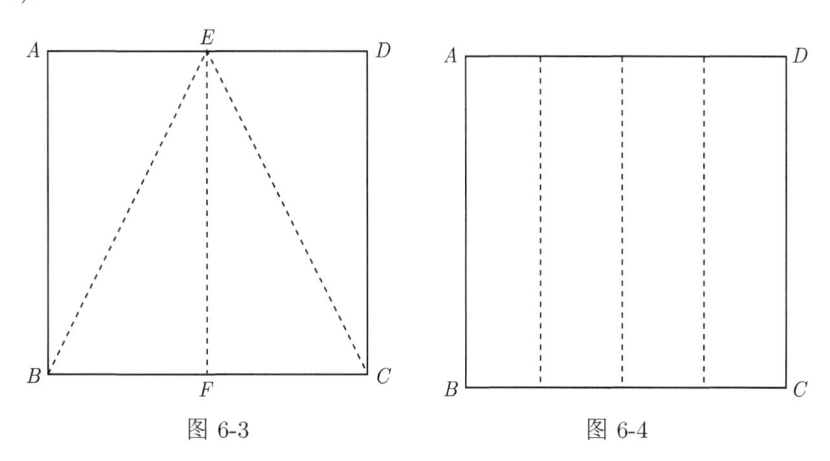

图 6-3　　图 6-4

设计意图: 培养学生观察、归纳和操作的能力.

师: 能否将正方形 $ABCD$ 分解为形状和大小都相同的两个梯形呢?

学生活动: 折叠探索, 发现折叠方法: 首先折出正方形的中心 R, 然后过 R 任折一条直线 GH, GH 都将正方形 $ABCD$ 分解为两个形状和大小都相同的直角梯形 (图 6-5).

设计意图: 培养学生的观察能力和探索精神.

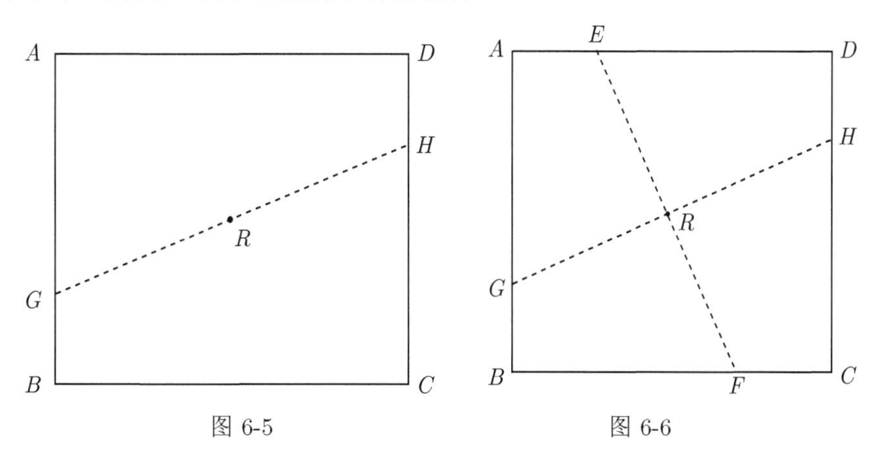

图 6-5　　图 6-6

师: 在图 6-5 的基础上, 能否将正方形再分解为四个形状和大小都相同的四边形? 这些四边形有什么特点?

学生活动: 折叠探索, 发现折叠方法: 将点 G 和 H 重合对折, 折痕为 EF, 则 GH 和 EF 就将正方形 $ABCD$ 分解为四个形状和大小都相同的四边形, 这些四边形的特点是, 有两个角是直角, 且对角互补.

设计意图: 应用公理 2, 创设发现勾股定理的情境.

师: 分别过图 6-6 中的 C 和 H, H 和 E, E 和 G, G 和 F 折叠, 看看你能发现什么 (图 6-7)?

学生活动: 操作发现: 有四个形状和大小都相同的直角三角形围成了两个正方形, (图 6-7).

设计意图: 应用公理 1, 通过折叠, 为介绍赵爽弦图做铺垫.

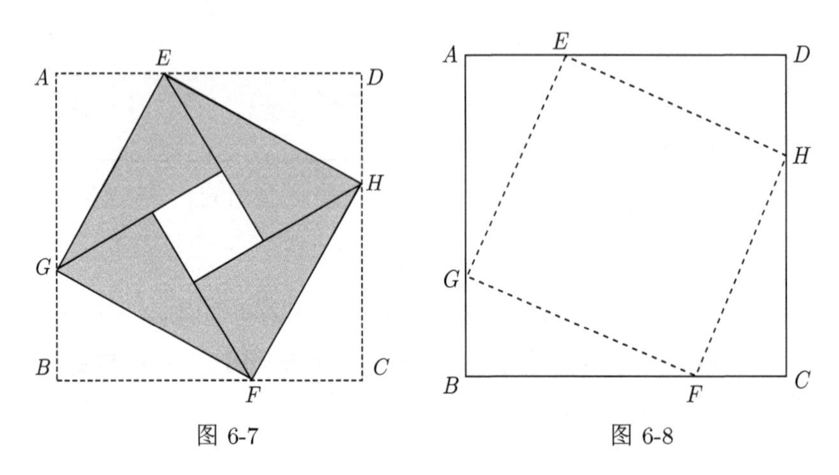

图 6-7　　图 6-8

师: 请同学们将图 6-7 的展开图即图 6-8 中四个形状和大小都相同的直角三角形剪下, 在另一张同样大小的正方形纸上组拼两个长方形并让余下的空白是两个正方形.

学生活动: 操作发现组拼方式 (图 6-9).

设计意图: 问题驱动, 培养学生的探索精神.

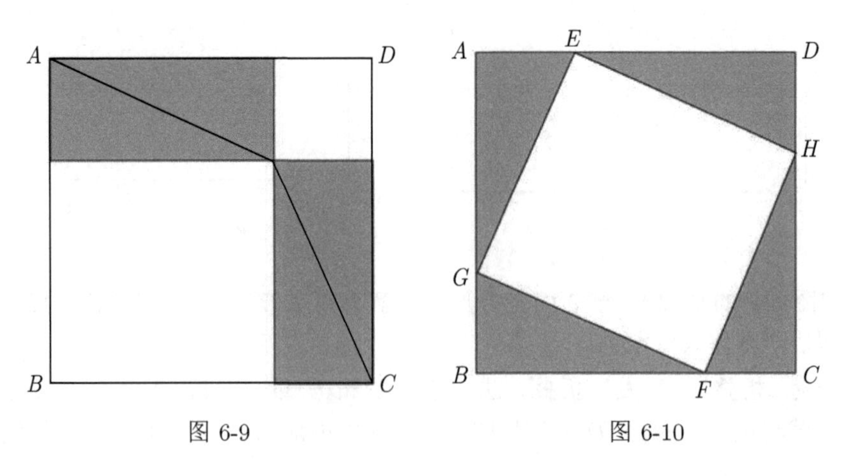

图 6-9　　图 6-10

师: 同样我们还可以将这四个形状和大小都相同的直角三角形组拼成图 6-8 所示的形状 (图 6-10), 如果设小直角三角形的边长分别为 a, b, c, 比较图 6-9 和图 6-10 中白色正方形的面积, 你能发现什么结论?
学生活动: 观察发现图 6-9 中的白色部分即两个正方形的面积之和等于图 6-10 中白色部分正方形的面积 (图 6-11 和图 6-12), 即发现勾股定理：$a^2+b^2=c^2$.
设计意图: 让学生体验发现的乐趣和感受数学的神奇.

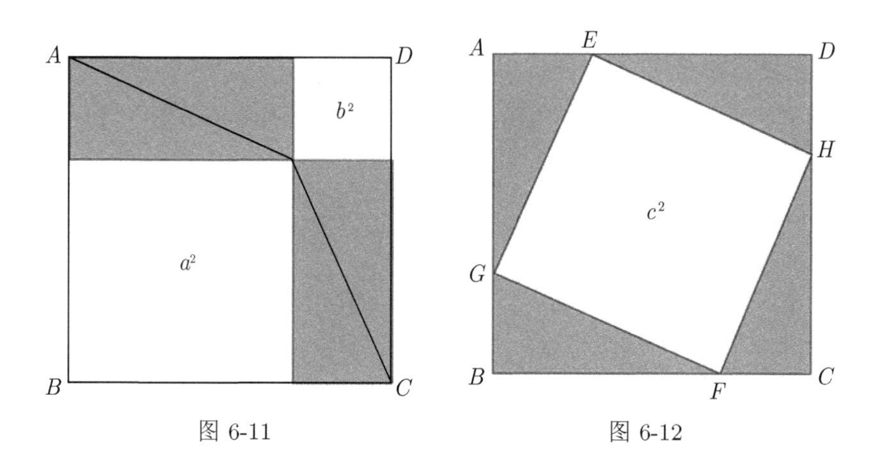

图 6-11　　图 6-12

想一想

通过组拼, 初步体验勾股定理的代数证明方法.
师: 同样还是用 a 表示小直角三角形的短直角边, 用 b 表示长直角边, c 表示斜边, 在图 6-13 中你能否用两种方法来计算正方形 $ABCD$ 的面积呢?
学生活动: 计算发现 $a^2+b^2=c^2$.

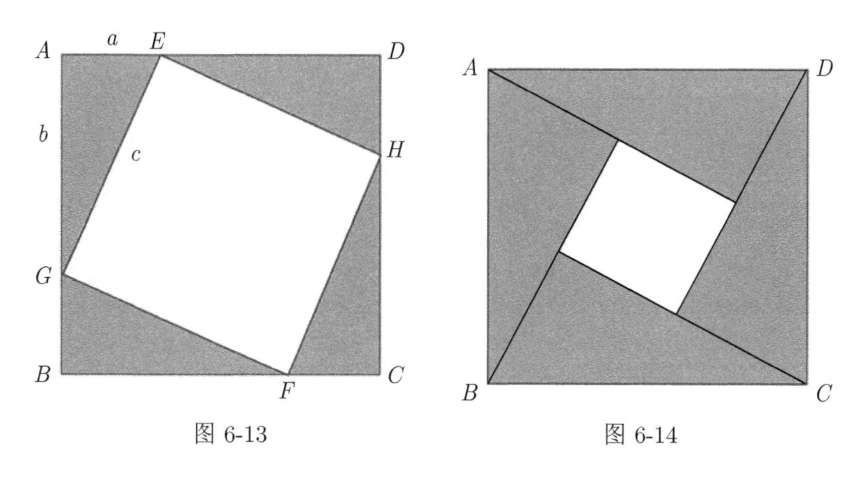

图 6-13　　图 6-14

设计意图：让学生体验能够从不同的途径发现勾股定理.

师：任意剪四个形状和大小都相同的直角三角形，你还能用其他方式组拼成一个大的正方形吗？允许中间有空白.

学生活动：操作发现组拼方式，图 6-14.

设计意图：创设情境，体验勾股定理的代数证明方法.

师：设图 6-14 中小直角三角形的三边也分别为 a, b, c, 你能否用两种方法计算正方形 $ABCD$ 的面积？

学生活动：计算发现，$a^2+b^2=c^2$.

设计意图：通过计算发现勾股定理，体验代数公式的应用及勾股定理的代数证明方法.

做一做

应用面积割补法证明勾股定理.

师：在图 6-15 的正方形 $ABCD$ 中，小正方形 $GBKM$ 和 $NKCH$ 的边长分别为 a 和 b, 你能通过适当的分解，将这两个正方形剪拼成一个大的正方形吗？

学生活动：操作尝试，探索发现剪拼方式：在 CK 上取点 F, 使得 $CF=a$, 连接 FH 和 FG(图 6-16), 再连接 EG 和 EH, 就可以发现一种剪拼方式，即将三角形 BFG 剪拼到三角形 ENG, 将三角形 CFH 剪拼到 EHN, 这样所得到的正方形 $EGFH$ 的面积就等于两个小正方形 $GBKM$ 和 $NKCH$ 的面积之和，如果设小直角三角形 BGF 的斜边为 c, 则可以通过面积割补法得到勾股定理 (图 6-17).

设计意图：培养学生对图形的观察能力和分解能力.

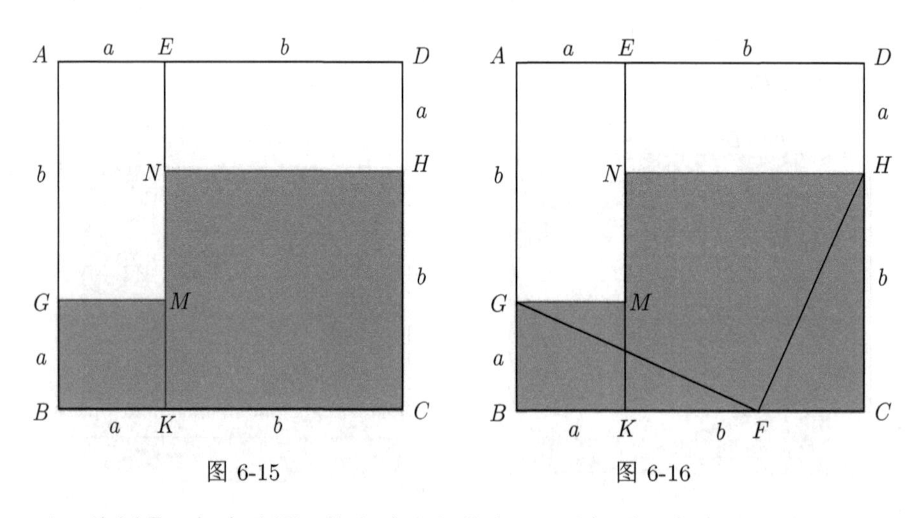

图 6-15　　图 6-16

注：将折叠“赵爽弦图”的方法进行推广，可以得到两角和的正弦公式. 其操作过程为：过长方形 $ABCD$ 的中心，折直线 EF, 再将 E、F 两点重合对折，折痕

为 GH, 顺次连接 E、H、F、G 得到菱形 $EHFG$, 如图 6-18. 分别记 $\angle CHF$ 为 α, $\angle BHE$ 为 β, 如图 6-19. 将图 6-19 的四个直角三角形剪下, 在与长方形 $ABCD$ 同样大小的长方形中组拼两个小的长方形, 如图 6-20. 根据图 6-19 中白色的菱形与图 6-20 中白色部分的面积相等, 即可以得到两角和的正弦公式, 即

$$\sin(\alpha+\beta)=\sin\alpha\cos\beta+\cos\alpha\sin\beta$$

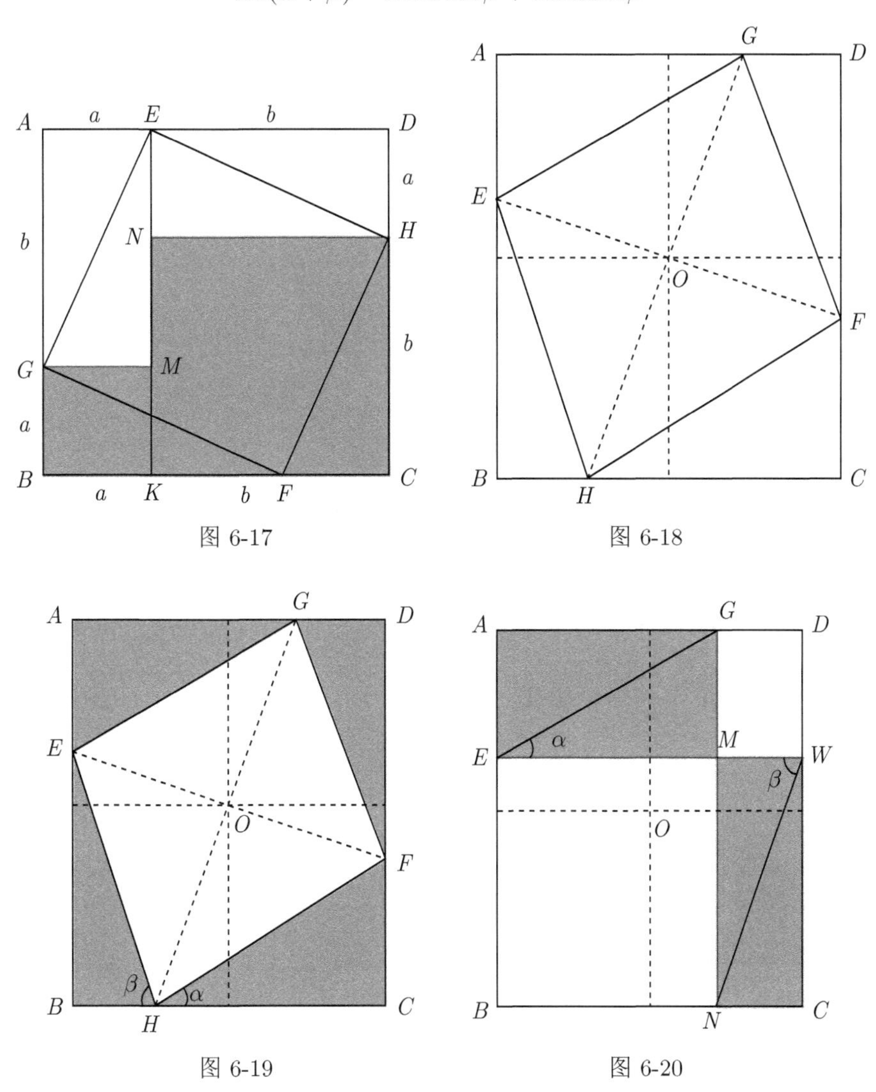

图 6-17
图 6-18
图 6-19
图 6-20

本节通过折纸操作, 发现了勾股定理和勾股定理的代数证明方法, 并通过进一步的操作了解了面积割补法证明勾股定理的方法.

6.7　发现角平分线性质的教学设计

角平分线是初中数学的一个重要的概念, 有着十分重要的性质, 是学习平面几何的基础概念之一. 本节利用折纸探索角平分线的折叠方法, 发现角平分线的性质.

教学目标:

(1) 掌握角平分线的折叠方法;

(2) 发现角平分线的性质, 并能说明理由;

(3) 初步掌握角平分线的性质及其逆命题的应用.

教学重点: 角平分线的折叠方法及其性质的发现.

教学难点: 角平分线性质的证明.

教学过程如下.

折一折

探索角平分线的折叠方法, 发现角平分线的性质.

师: 在长方形 $ABCD$ 中, 怎样折 $\angle B$ 的平分线?

学生活动: 折叠探索, 发现操作方法: 将 AB 与 BC 重合对折, 折痕为 BE, 点 A 的对应点为 F. 因折叠后 $\triangle ABE$ 与 $\triangle BEF$ 重合, 所以 $\angle ABE = \angle FBE$, 即 BE 是 $\angle B$ 的平分线 (图 7-1).

设计意图: 因为长方形的四个角都是直角, 学生容易找到折叠方法, 为探索一般的角平分线的折叠方法奠定基础.

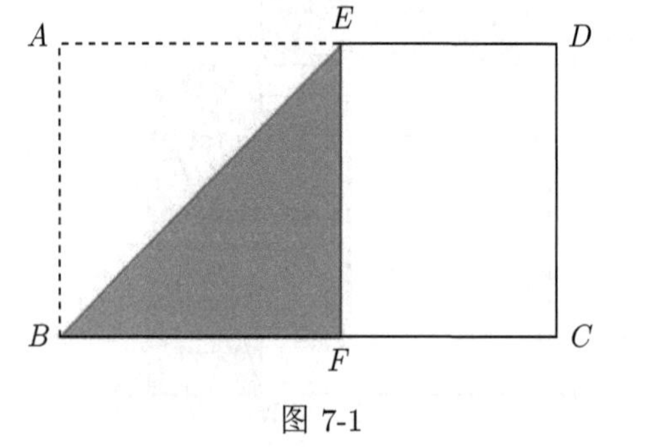

图 7-1

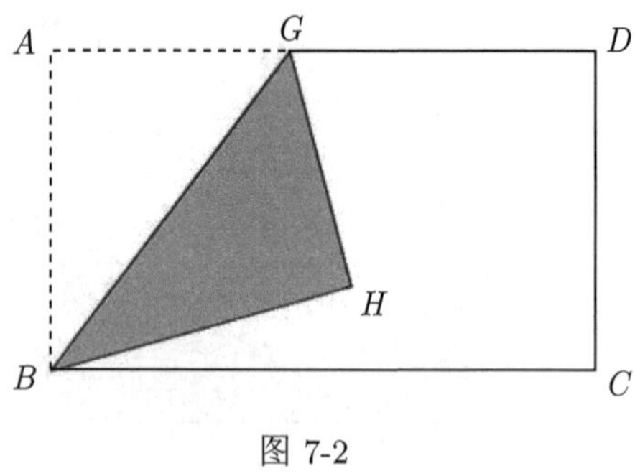

图 7-2

师: 过长方形 $ABCD$ 的顶点 B 任折一直线 BG, 得到 $\angle GBC$(图 7-2), 沿 BG 将三角形 ABG 剪下 (图 7-3), 请同学们探索如何折 $\angle GBC$ 的角平分线?

学生活动: 折叠操作, 探索发现: 将 BG 与 BC 重合对折即可, 折痕为 BM, 点 B 的对应点为 H(图 7-4).

设计意图: 应用公理 3, 掌握角平分线的折叠方法.

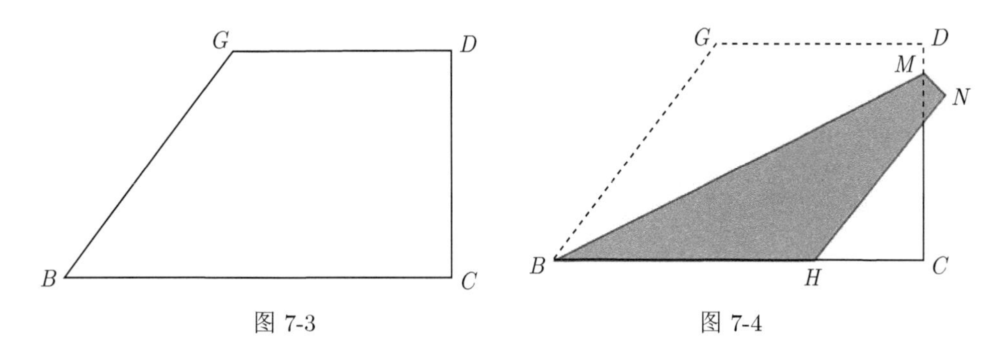

图 7-3 图 7-4

想一想

1) 发现角平分线的性质.

师: 在图 7-4 的 BM 上取一点 E, 过点 E 将 BC 自身重合对折, 即过点 E 折 BC 的垂线, 观察折叠后的展开图 (图 7-5), 你发现了什么?

学生活动: 折叠探索, 在折叠以后的展开图中, $EK = EL$, 即总结得出, 角平分线上的点到这个角两边的距离相等.

设计意图: 应用公理 4, 创设情境, 探索发现角平分线的性质.

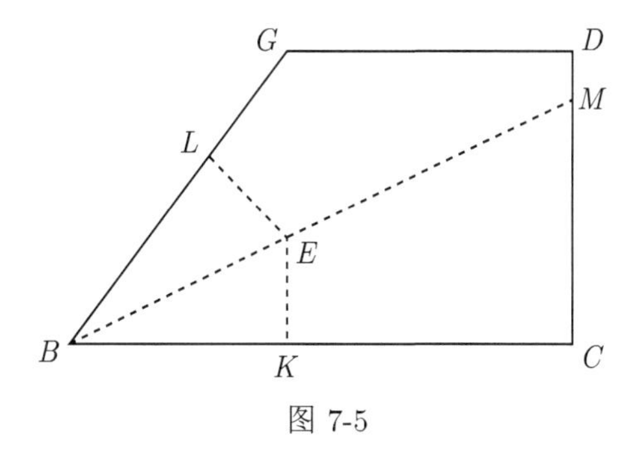

图 7-5

2) 折三角形的内角平分线, 发现角平分线性质的逆命题.

师: 将三角形 ABC 的边 AC 与 AB 重合对折, 折痕为 AD, 点 C 的对应点为 E, 则 AD 为 $\angle A$ 的平分线 (图 7-6), 在折叠后重合的边 AE 上取一点 F, 过点 F 将 AE 自身重合对折, 即折 AE 的垂线 (图 7-7), 观察展开图中折痕的关系.

学生活动: 折叠操作, 观察发现: 用图 7-6 折 AE 的垂线时, 折痕一定与 AD 相交, 这说明到角两边距离相等的点一定在这个角的平分线上 (图 7-8).

设计意图: 应用公理 2 和公理 4, 通过折叠培养学生对图形的观察能力, 体验发现的乐趣.

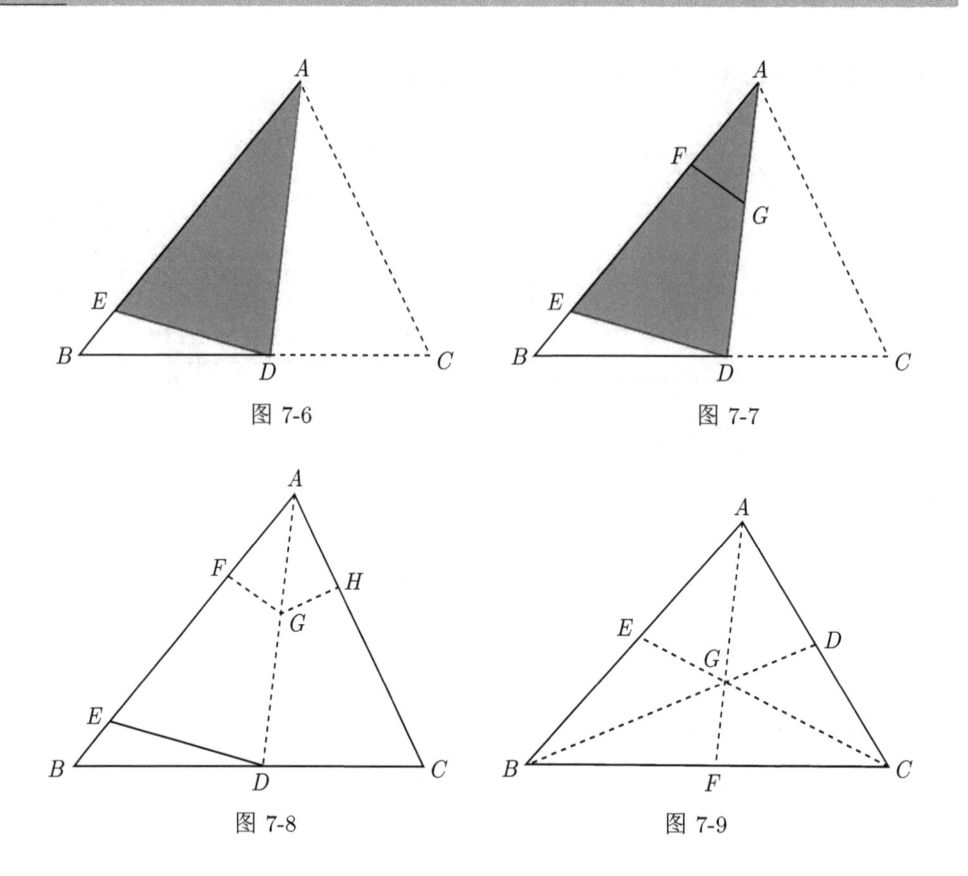

图 7-6　图 7-7

图 7-8　图 7-9

做一做

折多边形的内角平分线, 观察折痕所围成的图形.

师: 将三角形 ABC 的每个角的平分线都折出来, 看看能发现什么.

学生活动: 折叠操作, 发现: 将三角形的每两边重合对折可得到三条内角平分线, 并且这三条内角平分线交于一点 (图 7-9).

设计意图: 应用公理 3, 通过操作感受三角形的三条内角平分线交于一点.

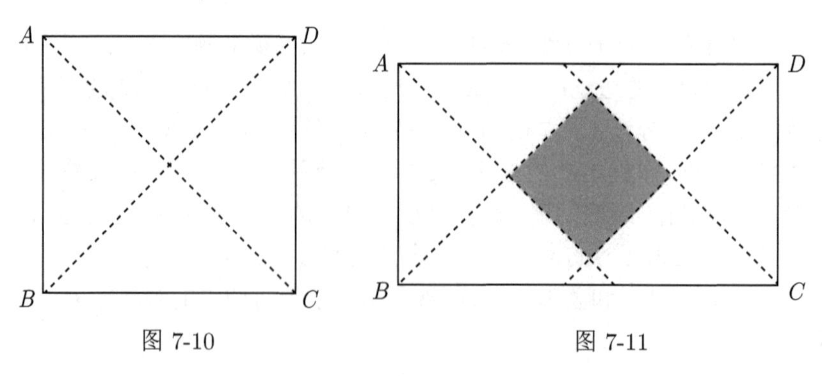

图 7-10　图 7-11

师: 分别折正方形和长方形的内角平分线, 观察它们是否也交于一个点?
学生活动: 折叠操作, 观察发现：正方形有四个内角均为直角, 但只有两条角平分线, 它们交于一点, 这一点是正方形的中心; 长方形的内角平分线则围成了一个正方形 (图 7-10, 图 7-11).
设计意图: 巩固内角平分线的折叠方法, 培养学生对图形的观察能力和推理能力.
师: 分别折菱形和等腰梯形的内角平分线, 观察它们所围成的图形.
学生活动: 折叠操作, 观察发现：菱形所围成的图形是长方形, 等腰梯形所围成的图形是风筝 (图 7-12, 图 7-13).
设计意图: 巩固内角平分线的折叠方法, 培养学生对图形的观察能力和推理能力.

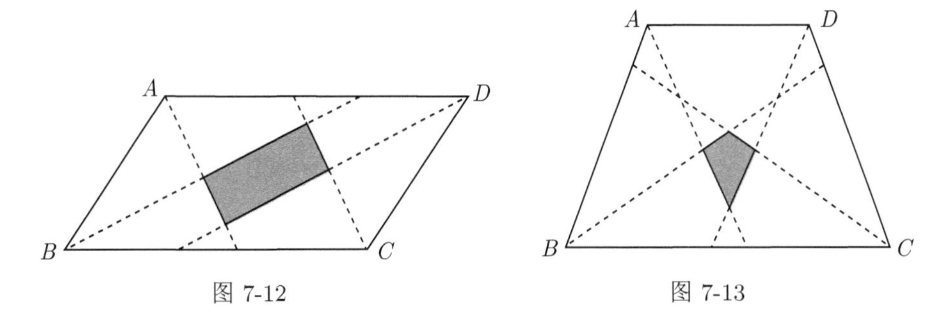

图 7-12　　图 7-13

本节通过折纸操作, 发现了内角平分线的折叠方法, 探索并发现了内角平分线的性质.

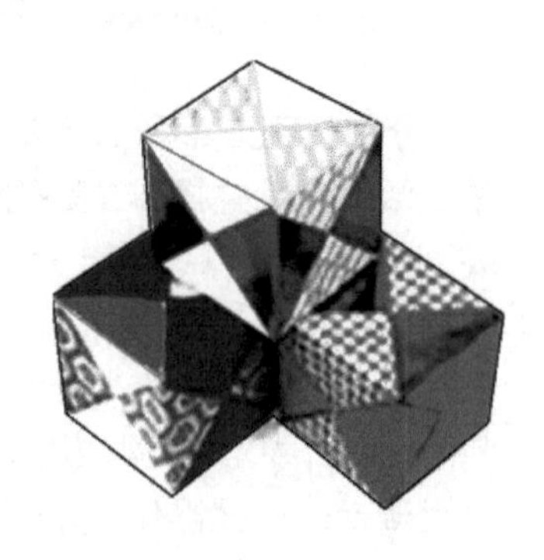

第7章

中考题中的折纸问题解析

中国现行的全日制义务教育数学课程标准在“空间与图形”学习领域中，非常重视培养学生的动手操作能力，提倡让学生在操作中感受和体验数学知识的形成和发展. 因折纸具有操作性和直观性的特点，常被应用于“空间与图形”的教学和练习题中，近年来，全国各地的中考数学试题中也常有“折纸问题”出现. 但据我们调查发现，由于对“折纸问题”中折纸过程的描述没有统一的语言，给学生理解题意造成了一定的障碍，以至于许多学生见到折纸问题就害怕，不知道从何切入. 本章从近几年全国各地的中考数学试题中精选了 16 道与折纸相关的问题，对问题的产生进行了分析，并应用第 1 章的折纸公理及其性质对折纸过程进行了描述，解答折纸问题，最后对题目的表达方式进行了重述.

例 1(2003 山西省)　取一张矩形的纸片进行折叠，具体操作过程如下：

第一步：先把矩形 $ABCD$ 对折，折痕为 MN，如图 1-1(1)；

第二步：再把 B 点叠在折痕线 MN 上，折痕为 AE，点 B 在 MN 上的对应点为 B'，得 $\mathrm{Rt}\triangle AB'E$，如图 1-1(2)；

第三步：沿 EB' 线折叠得折痕 EF，如图 1-1(3).

利用展开图 1-1(4) 探究：

(1) $\triangle AEF$ 是什么三角形？

(2) 对于任一矩形，按照上述方法是否都能折出这种三角形？请说明理由.

折叠方法解析：

第一步 “先把矩形 $ABCD$ 对折” 实际上是指：将矩形 $ABCD$ 的边 BC 与 AD 重合对折 (公理 3), 折痕为 MN, 如图 1-2, 图 1-3 为展开图;

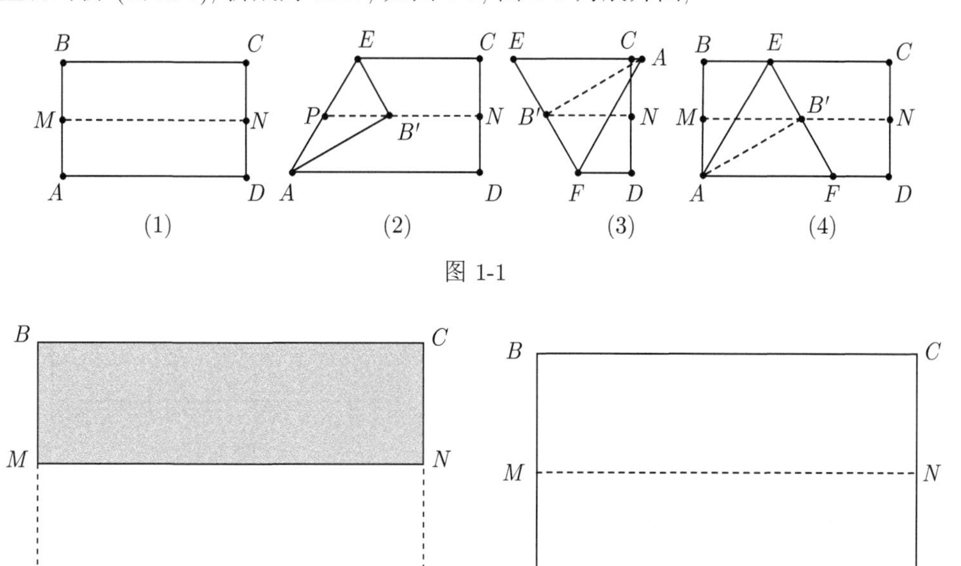

图 1-1

图 1-2　$AD \to BC$　　　　图 1-3

第二步 “将点 B 折到 MN 上” 是指：过点 A 将点 B 折到 MN 上 (公理 5), 折痕为 AE, B 的对应点为 G, 如图 1-4, 图 1-5 为展开图;

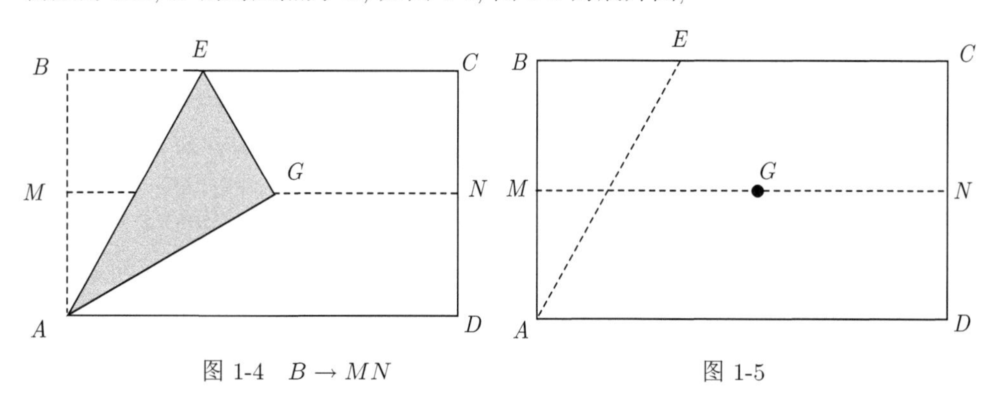

图 1-4　$B \to MN$　　　　图 1-5

第三步 “沿 EB' 线折叠” 是指：过点 E 和 B' 折叠 (公理 1), 折痕为 EF, 如图 1-6, 图 1-7 为展开图.

问题解答：

(1)$\triangle AEF$ 是什么三角形?

(如图 1-8) 因为长方形 $ABCD$ 的两对边 AD 与 BC 平行, $\angle 1=\angle EAF$, 又根据第二步, 过点 A 将点 B 折到 MN 上, 点 B 关于折痕 AE 的对应点为 G, 可得 $\triangle ABE \cong \triangle AEG$, 有 $\angle 1=\angle 2$, 由此可知 $\angle 2=\angle EAF$, 即三角形 AEF 为等腰三角形, 有 $AF = EF$, 如图 1-8.

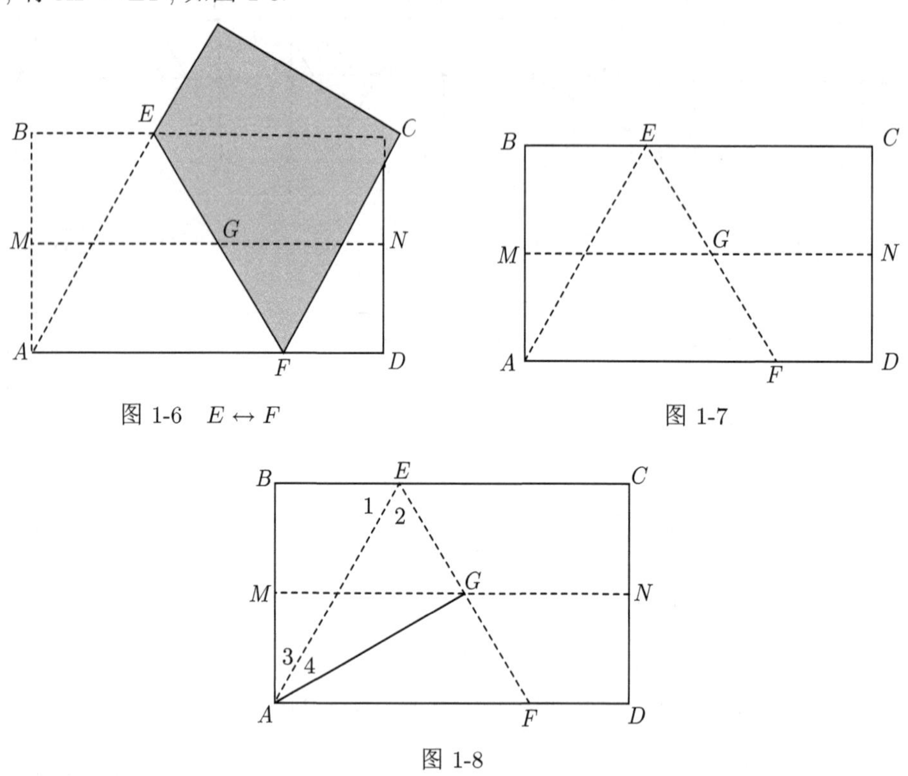

图 1-6　$E \leftrightarrow F$

图 1-7

图 1-8

又因为将长方形 $ABCD$ 的两对边 BC 与 AD 重合对折, 由第 1 章的性质 3 知, $MN /\!/ BC /\!/ AD$, 因为 $MN \perp AB$, 且 M 是 AB 的中点. 因为 AM 是 AB 的一半, 而 $AB = AG$, 所以在直角 $\triangle AMG$ 中, 直角边 AM 是斜边 AG 的一半, 有 $\angle MAG = 60°$, 因为 $\angle 3=\angle 4$, 所以 $\angle 4 = 30°$, 由 $\angle AGE = \angle B$ 可知, $\angle AGE = 90°$, 所以 $\angle 2 = 60°$, 因为有一个角是 $60°$ 的等腰三角形一定为等边三角形, 故知 $\triangle AEF$ 是等边三角形.

(2) 对任一矩形按照上述操作折出的都是等边三角形.

首先折等腰三角形.

已知 $ABCD$ 为矩形, 过点 A 将点 B 折到 AD 边上, 折痕为 AE, 点 B 的对应点为 F, 则三角形 AEF 为等腰直角三角形, 如图 1-9; 如果过点 A 将点 B 折到矩形内部, 折痕为 AE, 点 B 的对应点为 G, 过 E、G 两点折叠, 折痕与 AD 的交点记为 F, 则 AEF 为等腰三角形, 如图 1-10.

事实上, 因为点 B 关于折痕 AE 的对应点为 G, 则有 $\triangle ABE \cong \triangle AEG$, $\angle AEB = \angle AEG$, 而 $BC /\!/ AD$, $\angle AEB = \angle EAF$, 所以 $\angle AEG = \angle EAF$, 即 $\triangle AEF$ 为等腰三角形.

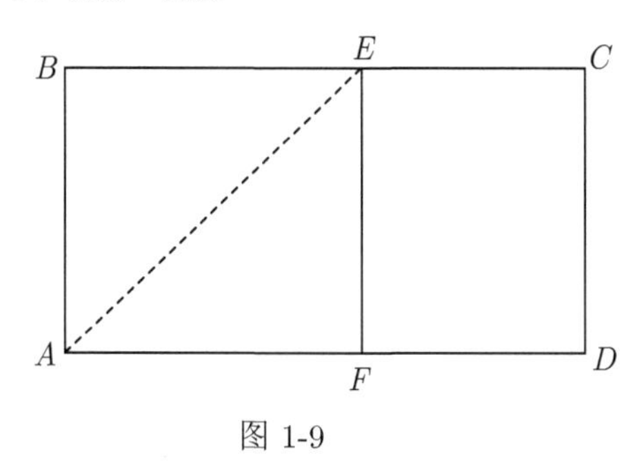

图 1-9

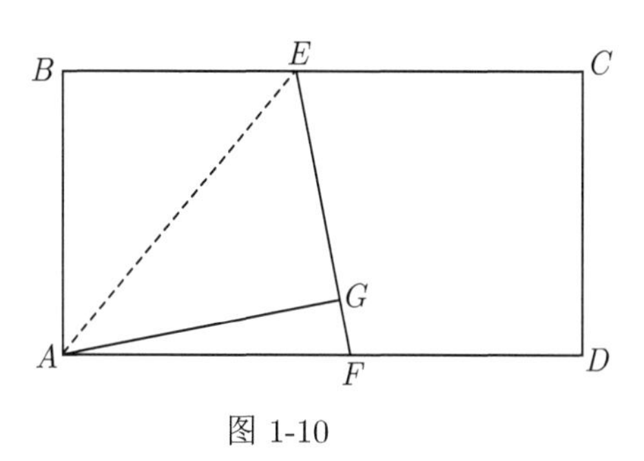

图 1-10

关于折含 30° 的直角三角形, 可参见第 2 章第 5 节, 在矩形 $ABCD$ 中过点 A 将点 B 折到中线 MN 上即可将角 A 三等分而得到含 30° 的直角三角形, 如图 1-11.

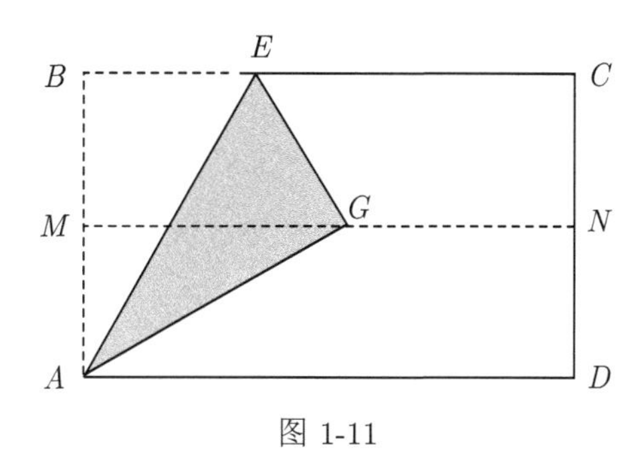

图 1-11

题目重述:

取一张矩形的纸片进行折叠, 操作过程如下: 第一步, 将矩形 $ABCD$ 的 AD 与 BC 两条对边重合对折, 折痕记为 MN, 如图 1-2; 第二步, 把点 B 折到 MN 上, 同时让折痕过点 A, 折痕记为 AE, 点 B 在 MN 上的对应点为 G, 得 Rt$\triangle AGE$, 如图 1-4; 第三步: 过 E、G 两点折叠得折痕 EF, 如图 1-6. 利用展开图 1-7 探究:

(1) $\triangle AEF$ 是什么三角形?

(2) 对于任一矩形, 按照上述方法是否都能折出这种三角形? 请说明理由.

例 2(2004 年芜湖市)　亲爱的同学们, 在我们的生活中处处有数学的身影. 请看图 2-1, 折叠一张三角形纸片, 把三角形的 3 个角拼在一起, 就得到一个著名的几何定理, 请你写出这一定理的结论: ________.

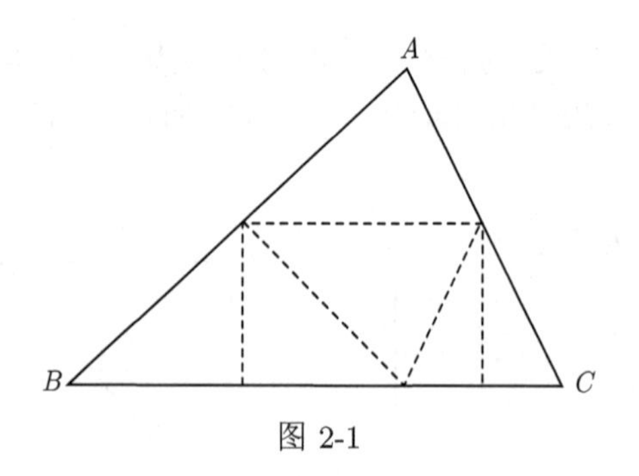

图 2-1

折叠方法解析:

"折叠一张三角形的纸片, 将三角形的三个角拼在一起" 的具体折纸过程可以用以下 4 步操作完成.

操作 1 过 $\triangle ABC$ 的顶点 A 将底边 BC 自身重合对折 (公理 4), 折痕为 AD, 由第 1 章的性质 4 知, 折痕 AD 即为 BC 的垂线, 如图 2-2;

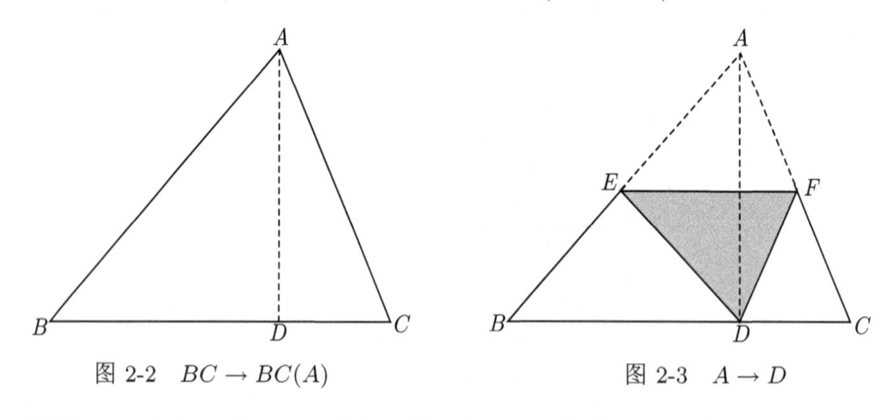

图 2-2 $BC \to BC(A)$　　图 2-3 $A \to D$

操作 2 将点 A 与点 D 重合对折 (公理 2), 折痕为 EF, 如图 2-3;

由第 1 章性质 2 可知, 折痕 EF 垂直平分 AD, 所以 EF 是三角形 ABC 的中位线, 即 $EF /\!/ BC$ 且 $EF = \frac{1}{2}BC$;

操作 3 将点 B 与点 D 重合对折 (公理 2), 折痕过点 E, 记为 EG, 如图 2-4;

由操作 2 知 $AE = DE$, 且 $AE = BE$, 所以 $BE = DE$, 即 $\triangle BDE$ 是等腰三角形, 将点 B 与 D 重合对折, 由第 1 章性质 2 可知折痕垂直平分线段 BD, 所以折痕过点 E, 且点 G 是 BD 的中点.

操作 4 将点 C 与点 D 重合对折 (公理 2), 同理可知, 折痕过点 F, 记为 FH, H 为 CD 的中点, 如图 2-5.

问题解答:

从上述操作中找出三角形的一个著名定理.

直接根据操作 1 至操作 4 可以发现, 通过折叠三角形 ABC, 三个角拼成了一个平角, 即 180°, 所以三角形的三内角和为 180°.

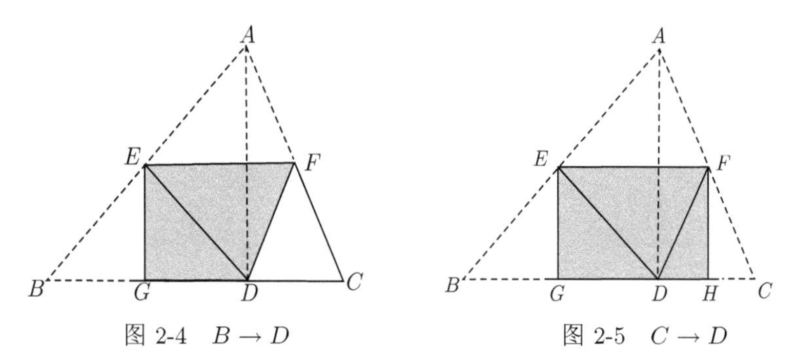

图 2-4 $B \to D$　　图 2-5 $C \to D$

本题是填空题, 没有要求说明理由, 仅仅是通过操作发现三角形内角和为 180° 的结论. 事实上, 因为点 A 关于折痕 EF 的对应点是 D, 所以 $\triangle AEF \cong \triangle DEF$, 同样可知 $\triangle BEG \cong \triangle DEG$, $\triangle CFH \cong \triangle DFH$, 所以,

$$\angle EAF = \angle EDF, \quad \angle EBG = \angle EDG, \quad \angle FCH = \angle FDH$$

即三角形 ABC 的三内角和为 180°.

题目重述:

如图 2-1, 过三角形 ABC 的顶点 A 将 BC 边自身重合对折, 折痕为 AD, D 在 BC 上, 然后将 B、C 两点分别与点 D 重合对折, 这样就把三角形的 3 个角拼在一起, 得到一个著名的几何定理, 请你写出这一定理的结论: ________.

例 3(2004 太原市)　如图 3-1 在 ABC 中, $\angle C = 90°$, 沿过点 B 的一条直线 BE 折叠 $\triangle ABC$ 使点 C 恰好落在 AB 边的中点 D 处, 则 $\angle A$ 的度数 =________.

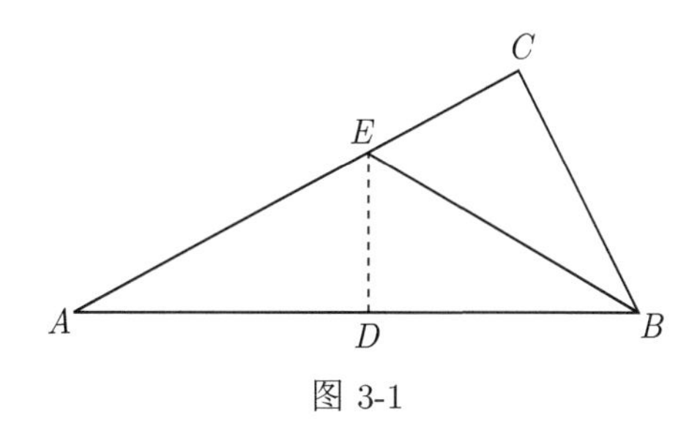

图 3-1

折叠方法解析:

"沿过点 B 的一条直线 $\triangle BE$ 折叠 ABC", 这里的 BE 应该是按照某种方法折叠以后留下的折痕, 而不是预设的.

"折叠 $\triangle ABC$ 使点 C 恰好落在 AB 边的中点 D 处", 如果已知 D 是 AB 的中点, 可以将两个已知点 C 和 D 重合对折; 或者可以将 BC 和 AB 重合对折.

用第 1 章的折纸公理描述操作过程:

操作 1 将 BC 与 AB 重合对折 (公理 3), 折痕为 BE, 点 C 的对应点记为 D, 如图 3-2;

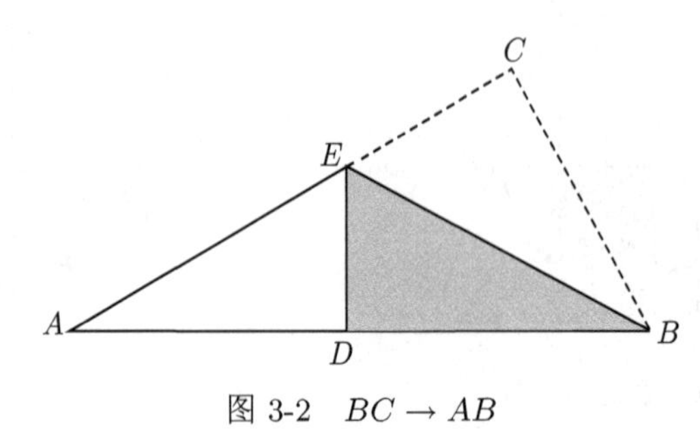

图 3-2 $BC \to AB$

操作 2 将 A、B 两点重合对折 (公理 2), 折痕正好与 DE 重合.

或者还可以叙述为: 将点 A 与点 B 重合对折, 折痕为 DE, 然后再将点 C 与点 D 重合对折, 折痕正好与 BE 重合.

问题解答:

求 $\angle A$ 的度数.

因为点 C 关于折痕 BE 的对应点为 D, 所以 $\triangle BCE \cong \triangle BDE$, 所以 $BC = BD$, $\angle BDE = \angle BCE = 90°$, 即 $ED \perp AB$. 将 A、B 两点重合对折的折痕垂直平分线段 AB, 由操作 2 可知 D 为 AB 的中点, 即直角三角形的直角边 BC 等于斜边 AB 的一半, 所以 $\angle A$=30°.

题目重述:

在三角形 ABC 中, $\angle C = 90°$, 将 BC 与 AB 重合对折, 折痕为 BE, 点 C 恰好落在 AB 边的中点 D 处, 则 $\angle A$ 的度数 =________.

例 4(2004 年河南省) 如图 4-1 是一张矩形纸片, 要折出一个面积最大的正方形, 小明把矩形的一个角沿折痕 AE 翻折上去, 使 AB 和 AD 边上 AF 重合, 则四边形 $ABEF$ 就是一个最大的正方形, 他判断的方法是 ________.

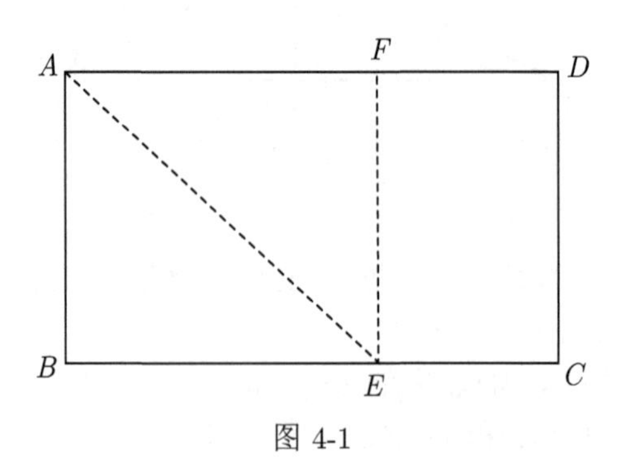

图 4-1

折叠方法解析：

"折痕"应该是折后留下的痕迹，"把矩形的一个角沿折痕 AE 翻折上去"可以描述为：将长方形 $ABCD$ 的边 AB 与 AD 重合对折 (公理 3)，折痕为 AE，点 B 的对应点记为 F，如图 4-2.

问题解答：

说明四边形 $ABEF$ 是长方形 $ABCD$ 中最大的正方形.

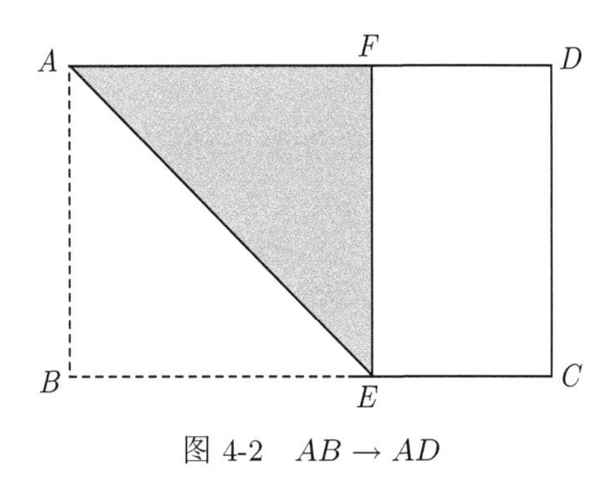

图 4-2　$AB \to AD$

由公理 3，折痕 AE 是 $\angle BAD$ 的平分线，所以 $\angle BAE = 45°$，有 $AB = BE$，所以四边形 $ABEF$ 是正方形，由于正方形的边长是长方形的宽，所以 $ABEF$ 是长方形 $ABCD$ 中最大的正方形.

题目重述：

如图 4-1 是一张矩形纸片，要折出一个面积最大的正方形，小明把矩形的一边 AB 与 AD 重合对折，折痕为 AE，点 B 的对应点为 F，则四边形 $ABEF$ 就是一个最大的正方形，他判断的方法是 ________.

例 5(2004 上海)　如图 5-1，等腰梯形 $ABCD$ 中，$AD/\!/BC$，$\angle DBC = 45°$. 翻折梯形 $ABCD$，使点 B 重合于点 D，折痕分别交 AB、BC 于点 F、E，若 $AD = 2$，$BC = 8$. 求 (1)BE 的长；(2)$\angle CDE$ 的正切值.

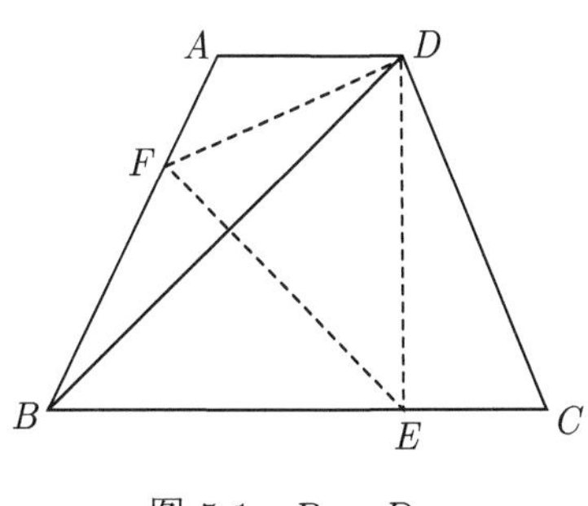

图 5-1　$B \to D$

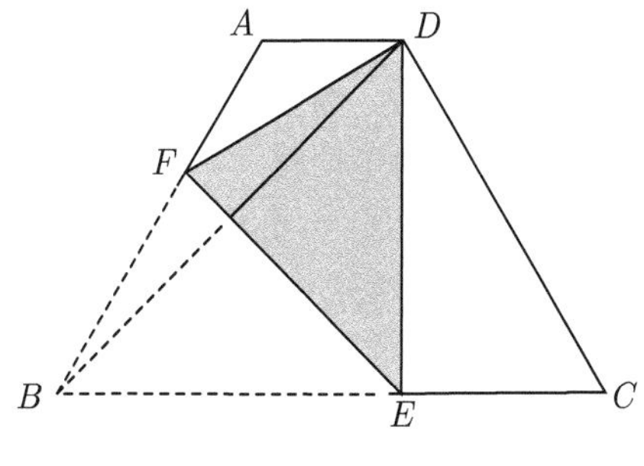

图 5-2　$B \to D$

折叠方法解析:

"翻折梯形 $ABCD$, 使点 B 重合于点 D" 实际是用了公理 2, 将两点重合对折. 已知条件 $\angle DBC = 45^\circ$ 主要是为了推出 $ED\perp BC$ 而设的 (如图 5-2), 如果没有这个条件只能推出 $BE = DE$, 如图 5-3. 另外 $\angle DBC = 45^\circ$ 这个条件也可以不给出而通过折纸操作来隐含.

应用第 1 章的折纸公理描述操作过程:

操作 1 将梯形 $ABCD$ 的顶点 B、D 重合对折 (公理 2), 折痕为 EF, 如图 5-2;

操作 2 过点 D 将 BC 自身重合对折 (公理 4), 折痕正好过点 E, 如图 5-3.

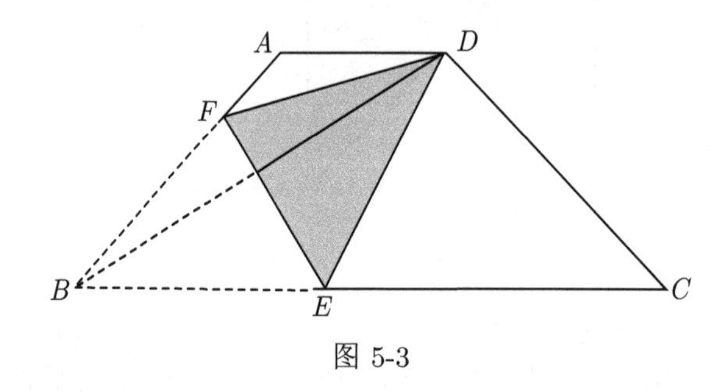

图 5-3

问题解答:

(1) 求 BE 的长; (2) $\angle CDE$ 的正切值.

将 B、D 两点重合对折, 由第 1 章的性质 2 可知, 折痕 EF 垂直平分 BD, 且 $\triangle DEF \cong \triangle BEF$, 即有 $DE = BE$, 由操作 2及第 1 章的性质 4 知道 $DE\perp BC$. 因为四边形 $ABCD$ 是等腰梯形, 所以 $CE = \dfrac{1}{2}(BC - AD)$, 由 $AD = 2$, $BC = 8$ 可得 $CE = 3$, 从而 $BE = 5$.

(2) $\tan\angle CDE = \dfrac{CE}{DE} = \dfrac{3}{5}$.

题目重述:

如图 5-1, 等腰梯形 $ABCD$ 中, $AD/\!/BC$, $AD = 2$, $BC = 8$. 将点 B 与点 D 重合对折, 折痕为 EF, 若过 D 将 BC 自身重合对折, 折痕恰经过点 E. 求: (1)BE 的长; (2)$\angle CDE$ 的正切值.

例 6(2005 威海) 如图 6-1, 梯形纸片 $ABCD$, $\angle B = 60^\circ$, $AD/\!/BC, AB = AD = 2, BC = 6$. 将纸片折叠, 使点 B 与点 D 重合, 折痕为 AE, 则 $CE =$ ____.

折叠方法解析:

将点 B 与点 D 重合对折, 如果折痕正好过点 A, 说明 $AB = AD$, 因此题目中 $AB = AD$ 这个条件可以包含在折纸过程中.

用折纸公理描述折叠过程: 将梯形 $ABCD$ 的两顶点 B 与 D 重合对折 (公理

2), 折痕正好通过顶点 A, 与 BC 交于点 E, 如图 6-2.

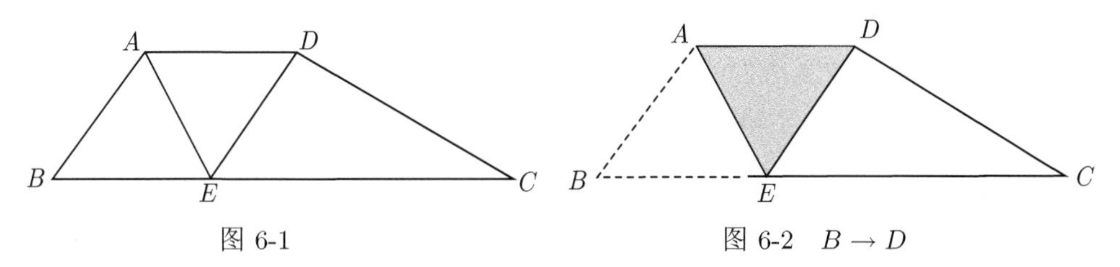

图 6-1　　图 6-2　$B\to D$

问题解答:

求 CE 的长度.

因为点 B 关于折痕 AE 的对应点为 D, 有 $\triangle ABE\cong\triangle ADE$, 即 $AD=AB$, $\angle ABE=\angle ADE$, 又因为 $ABCD$ 为梯形, 即 $AD/\!/BC$, 所以 $\angle ADE=\angle CED$, 所以 $\angle ABE=\angle CED$, 即 $AB/\!/DE$, 所以四边形 $ABED$ 为平行四边形, 有 $AD=BE$, 所以 $CE=BC-AD=4$.

题目重述:

如图 6-1, 已知梯形纸片 $ABCD$, $AD/\!/BC$, $\angle B=60^\circ$, $AB=2$, $BC=6$. 将 B、D 两点重合对折, 若折痕恰好过点 A 并交 BC 于 E, 则 $CE=$____.

例 7(2005 苏州市)　如图 7-1, 平行四边形纸条 $ABCD$ 中, E、F 分别是边 AD, BC 的中点, 张老师请同学们将纸条的下半部分 $\square ABFE$ 沿 EF 翻折, 得到一个 V 字形图案.

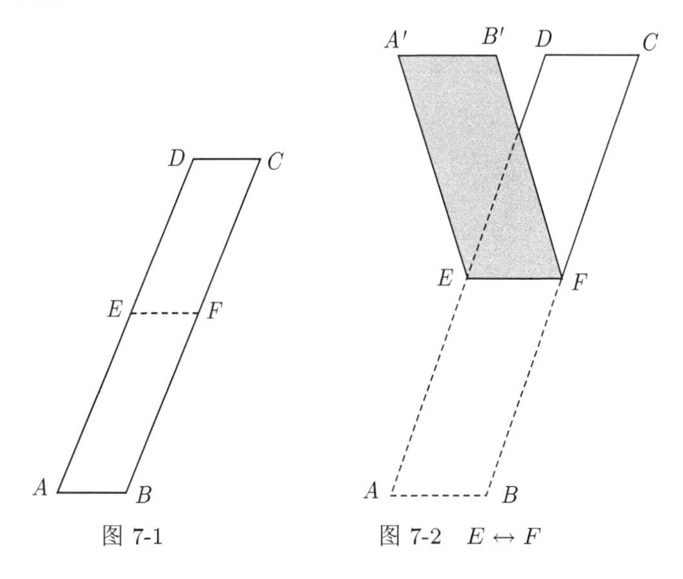

图 7-1　　图 7-2　$E\leftrightarrow F$

(1) 请你在原图中画出翻折后的图形 $\square A'B'FE$ (用尺规作图, 不写画法, 保留作图痕迹);

(2) 已知 $\angle A$=63°, 求 $\angle B'FC$ 的大小.

折叠方法解析：

本题是想利用折纸所得的信息来帮助作图, 计算角的大小. 事实上, 边 AD 和 BC 上的中点可以通过折纸操作来完成. 当平行四边形 $ABCD$ 边长的比在一定范围的时候, 直接用公理 3 将 AB 与 CD 重合对折即可得到 AD 和 BC 的中点, 本题可以用下列操作来完成.

操作 1 分别将 A、D 两点和 B、C 两点重合对折 (公理 2), 得 AD 和 BC 的中点 E 和 F;

操作 2 过 E、F 两点折叠 (公理 1), 折痕为 EF, 点 A 和点 B 的对应点分别为 A' 和 B', 如图 7-2.

问题解答：

(1) 用尺规作图画出翻折后的图形 $\square A'B'FE$(用尺规作图, 不写画法, 保留作图痕迹);

要用尺规作图作出翻折后的平行四边 $A'B'FE$, 关键是要分别确定 A、B 两点关于折痕 EF 的对应点的位置. 由第 1 章性质 2 知 AA' 和 BB' 分别被 EF 垂直平分, 如图 7-3, 且 $B'F=BF, A'E=AE$, 因此尺规作图可以由以下三步完成：

第一步：以点 F 为圆心 BF 为半径画圆, 与 CD 的延长线交于点 B';

第二步：以点 E 为圆心 AF 为半径画圆, 与 CD 的延长线交于点 A';

第三步：分别连接 A'、E 和 B'、F 得平行四边形 $A'B'FE$(图 7-4).

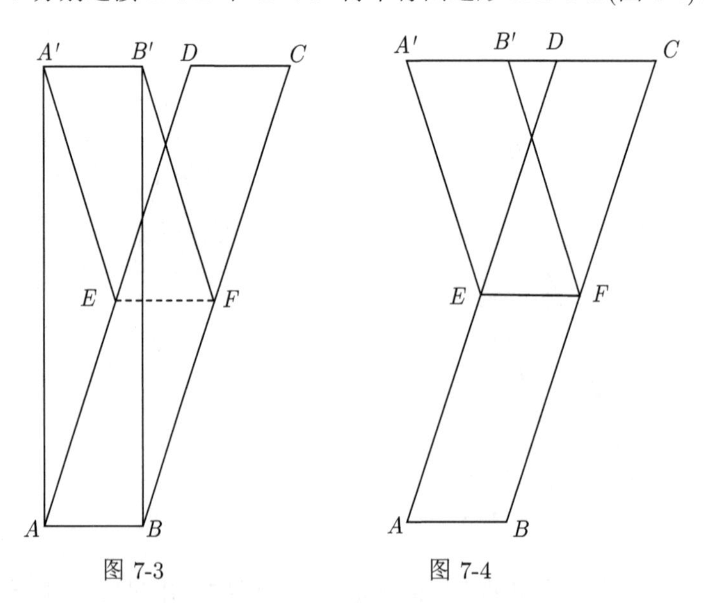

图 7-3　　图 7-4

(2) 已知 $\angle A=63°$, 求 $\angle B'FC$ 的大小.

$B'F=BF, F$ 为 BC 的中点, $\triangle B'CF$ 为等腰三角形, 所以

$$\angle B'FC=180^\circ-2\angle C=180^\circ-2\angle A=54^\circ$$

题目重述:

如图 7-1, 平行四边形纸条 $ABCD$ 中, 分别将 A、D 两点和 B、C 两点重合对折, 得 AD 和 BC 的中点 E 和 F; 过 E、F 两点折叠, 折痕为 EF, 点 A 和点 B 的对应点分别为 A' 和 B'.

(1) 请你在原图中画出翻折后的图形 $\square A'B'FE$ (用尺规作图, 不写画法, 保留作图痕迹);

(2) 已知 $\angle A=63^\circ$, 求 $\angle B'FC$ 的大小.

例 8(2005 苏州) 如图 8-1, 平面直角坐标系中有一张矩形纸片 $OABC$, O 为坐标原点, 点 A 坐标为 (10, 0), 点 C 坐标为 (0, 6). D 是 BC 边上的动点 (与点 B、C 不重合), 现将 COD 沿 OD 翻折, 得到 $\triangle FOD$; 再在边 AB 上选取适当的点 E, 将 $\triangle BDE$ 沿 DE 翻折, 得到 $\triangle GDE$, 并使直线 DG, DF 重合.

(1) 如图 8-2, 若翻折后点 F 落在 OA 边上, 求直线 DE 的函数关系式;

(2) 设 $D(a,6), E(10,b)$, 求 b 关于 a 的函数关系, 并求 b 的最大值;

(3) 一般地, 请你猜想直线 DE 与抛物线线 $y=-\dfrac{1}{24}x^2+b$ 的公共点的个数, 在图 8-2 的情形中通过计算验证你的猜想, 如果直线 DE 与抛物线 $y=-\dfrac{1}{24}x^2+b$ 始终有公共点, 请在图 8-1 中作出这样的公共点.

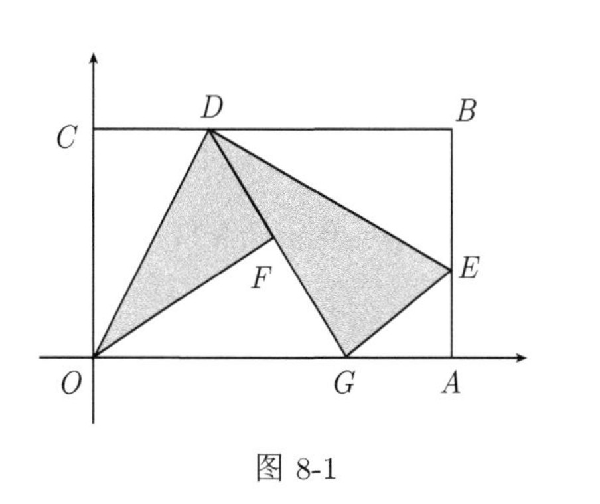

图 8-1

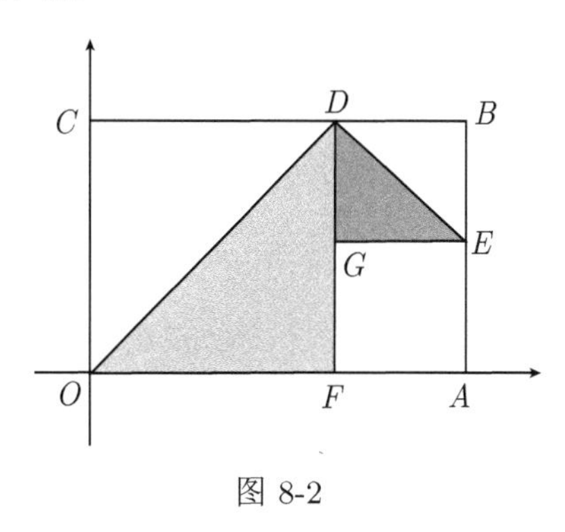

图 8-2

折叠方法解析:

本题是该套试卷中的最后一题, 共 8 分.

用折纸公理描述, 本题的操作过程包括两个步骤:

操作 1 在边 BC 上取一点 D, 过 O、D 两点折叠 (公理 1), 折痕为 OD, C 的对应点为 F, 如图 8-1;

操作 2　将 BD 与 DF 重合对折 (公理 3), 点 B 的对应点为 G, G 在 OA 上, 如图 8-1.

问题解答：

(1) 在操作 1 中, 若点 C 的对应点 F 在边 OA 上 (图 8-2), 求直线 DE 的函数关系.

在操作 1 中, 若点 C 的对应点 F 在边 OA 上 (图 8-2), 则 $D(6,6)$, 由 $OD\perp DE$ 得直线 DE 的斜率为 -1, 由此可得直线 DE 的方程为 $y=-x+12$.

(2) 在图 8-1 中设 $D(a,6), E(10,b)$, 求 b 关于 a 的函数关系, 并求 b 的最大值.

由 $D(a,6)$ 得直线 OD 的斜率为 $\dfrac{6}{a}$, 所以直线 ED 的斜率为 $-\dfrac{a}{6}$, 由此可得直线 DE 的方程为 $y=-\dfrac{a}{6}(x-a)+6$, 将 $x=10$ 代入得 $y=\dfrac{1}{6}a^2-\dfrac{5}{3}a+6$, 由 $E(10,b)$ 得 b 关于 a 的函数关系为：

$$b=\frac{1}{6}a^2-\frac{5}{3}a+6$$

容易求得当 $a=5$ 时, b 的最大值为 $\dfrac{11}{6}$.

(3) 在图 8-1 中, 猜想直线 DE 与抛物线线 $y=-\dfrac{1}{24}x^2+6$ 的公共点的个数, 在图 8-2 的情形中通过计算验证你的猜想, 如果直线 DE 与抛物线 $y=-\dfrac{1}{24}x^2+6$ 始终有公共点, 请在图 8-1 中作出这样的公共点.

由于抛物线 $y=-\dfrac{1}{24}x^2+6$ 的顶点在 C(0, 6) 且开口向下, 与 x 轴的交点为 (12, 0) 和 (-12, 0), 可以猜想直线 DE 与抛物线 $y=-\dfrac{1}{24}x^2+6$ 只有一个公共点. 在图 8-2 的情形中, 由 (1) 知直线 DE 的方程为 $y=-x+12$, 代入抛物线方程 $y=-\dfrac{1}{24}x^2+6$ 并化简得 $x^2-24x+144=0$, 由 $\Delta=0$ 说明直线 DE 与抛物线 $y=-\dfrac{1}{24}x^2+6$ 只有一个公共点.

在图 8-1 中, 将 $y=-\dfrac{a}{6}(x-a)+6$ 代入 $y=-\dfrac{1}{24}x^2+6$ 中, 化简得 $x^2-4ax+4a^2=0$, 由 $\Delta=0$ 也可以看出若直线 DE 与抛物线 $y=-\dfrac{1}{24}x^2+6$ 始终有一个公共点, 记为 H, 则 H 的横坐标为 $2a$, 由此, 在 DB 上取一点 M, 使 $DM=CD$, 过 M 作 BC 的垂线与 DE 的交点即为点 H.

题目重述：

如图 8-1, 平面直角坐标系中有一张矩形纸片 $OABC$, O 为坐标原点, 点 A 坐标为 (10, 0), 点 C 坐标为 (0, 6). 在边 BC 上取一点 D(与点 B、C 不重合), 过

O、D 两点折叠, 折痕为 OD, C 的对应点为 F; 再将 BD 与 DF 重合对折, 点 B 的对应点为 G, G 在 OA 上.

(1) 如图 8-2, 若折叠后点 F 落在边 OA 上, 求直线 DE 的函数关系式;

(2) 设 $D(a,6)$, $E(10,b)$, 求 b 关于 a 的函数关系, 并求 b 的最大值.

(3) 一般地, 请你猜想直线 DE 与抛物线线 $y=-\dfrac{1}{24}x^2+b$ 的公共点的个数, 在图 8-2 的情形中通过计算验证你的猜想, 如果直线 DE 与抛物线 $y=-\dfrac{1}{24}x^2+b$ 始终有公共点, 请在图 8-1 中作出这样的公共点.

例 9(2006 南京)　已知矩形纸片 $ABCD$, $AB=2$, $AD=1$, 将纸片折叠, 使顶点 A 与边 CD 上的点 E 重合.

(1) 如果折痕 FG 分别与 AD、AB 交于点 F、G, $AF=\dfrac{2}{3}$, 求 DE 的长;

(2) 如果折痕 FG 分别与 CD、AB 交于点 F、G, AED 的外接圆与直线 BC 相切, 求折痕 FG 的长, 如图 9-1.

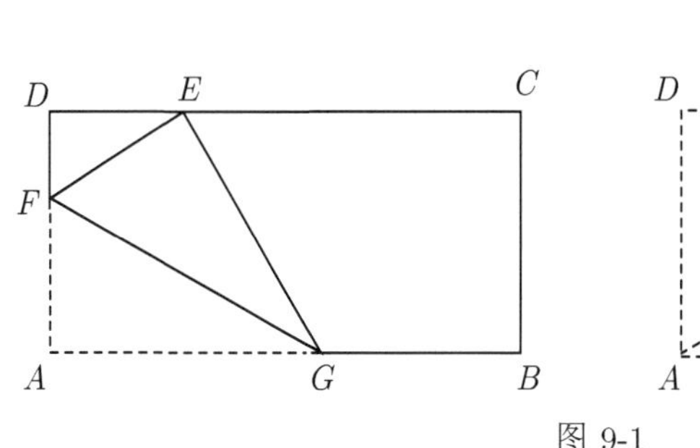

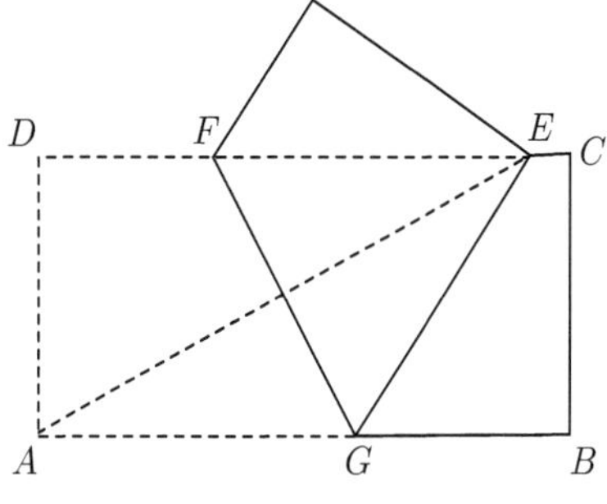

图 9-1

折叠方法解析:

本题的折纸操作方法可以用以下 4 个步骤描述:

操作 1　将 AD 与 BC 重合对折 (公理 3), 折痕为 MN, 如图 9-2;

操作 2　将 AD 与 MN 重合对折, 折痕为 RS, 如图 9-3;

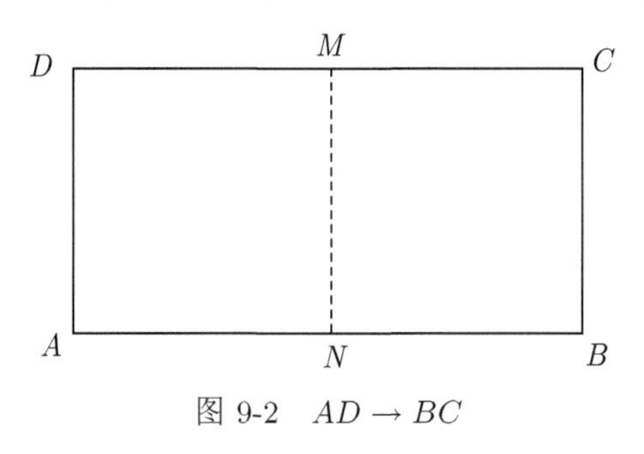

图 9-2　$AD\to BC$

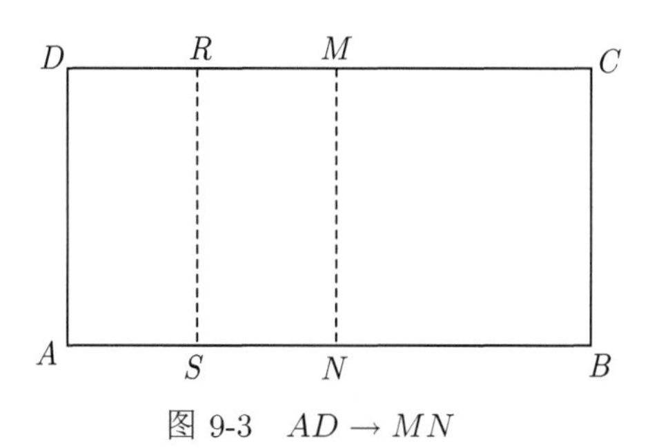

图 9-3　$AD\to MN$

操作 3 过 S、M 两点折叠 (公理 1), 折痕为 MS, 折叠以后 BS 与 AD 的交点为 F, 如图 9-4;

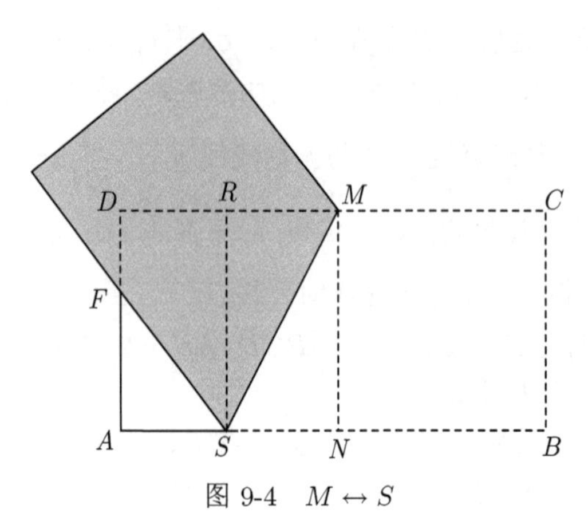

图 9-4 $M \leftrightarrow S$

操作 4 过点 F 将点 A 折到 BC 上 (公理 5), 折痕为 FG, 点 A 的对应点为 E, 如图 9-5.

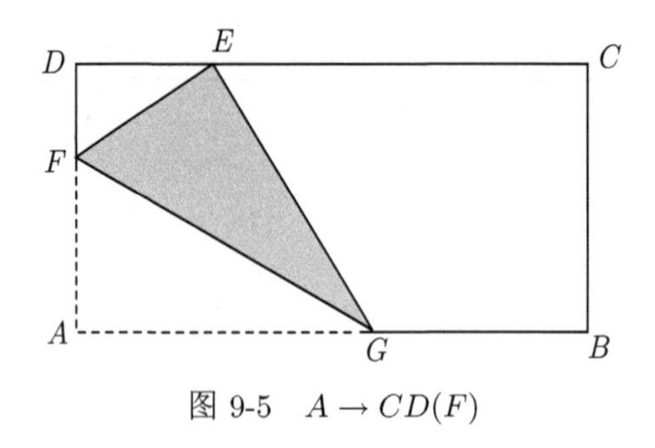

图 9-5 $A \to CD(F)$

问题解答:

(1) 从操作 1 到操作 3, 根据方贺第三定理, 点 F 为 AD 的三等分点. 因为 A 关于折痕 FG 的对应点为 E, 所以 $AF = EF, EF = \dfrac{2}{3}$, $DF = \dfrac{1}{3}$, 所以 $DE = \dfrac{\sqrt{5}}{3}$.

(2) 折叠的关键是要确定点 E 的位置, 我们先假设已经折出来了, 如图 9-6, 然后再计算 CE 的长度, 从而确定点 E 的位置.

记 AE 与 FG 的交点为 P, 过点 P 作 $PQ \perp BC$ 于 Q, 由于 BC 与三角形 ADE 的外接圆相切, 所以 $PQ = AP = EP$, 且 $\angle AQE = 90°$, $CQ = BQ$, 因此 $\angle CQE + \angle AQB = 90°$, 有 $\angle CQE = \angle QAB$, 所以 $\triangle CEQ \backsim \triangle ABQ$, $\dfrac{CE}{CQ} = \dfrac{BQ}{AB}$, 由此可解得 $CE = \dfrac{1}{8}$. 因为线段的 $\dfrac{1}{8}$ 是容易折叠的, 所以问题 (2) 可以由下列操作

来完成折叠过程.

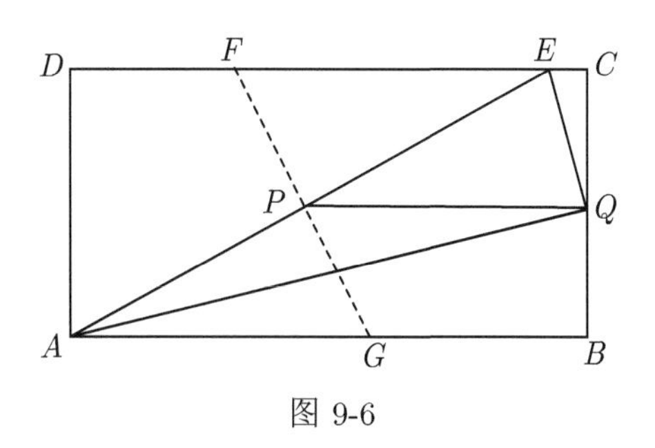

图 9-6

操作 5　将长方形 $ABCD$ 的边 BC 与 AD 重合对折 (公理 3), 折痕为 M_1N_1, 再将 BC 与 M_1N_1 重合对折, 折痕为 M_2N_2, 继续将 BC 与 M_2N_2 重合对折, 即可得到 $CE=\dfrac{1}{8}$, 如图 9-7.

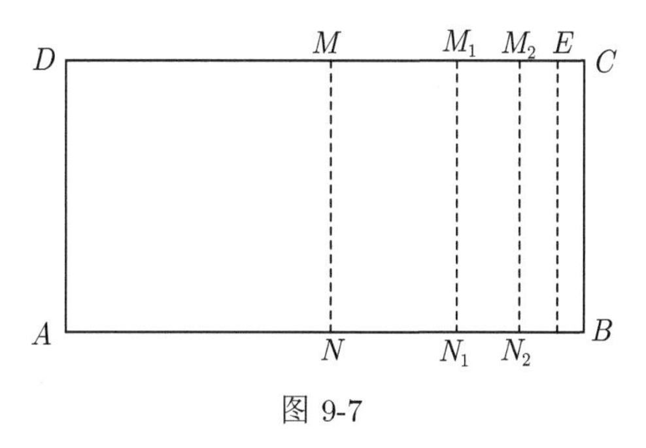

图 9-7

操作 6　将 A、E 两点重合对折, 折痕为 FG, 如图 9-8.

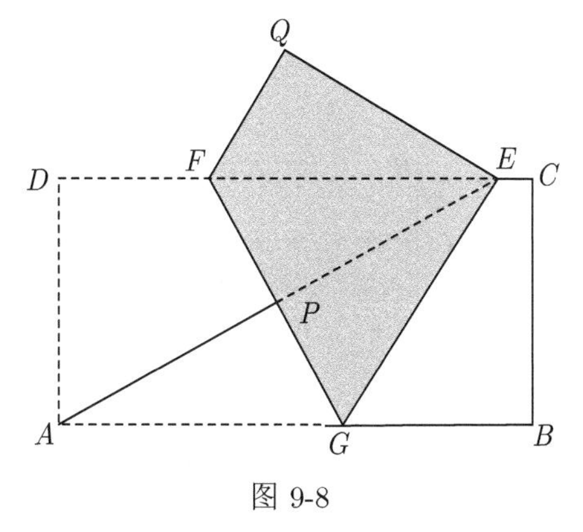

图 9-8

求折痕 FG 的长度.

在图 9-8 中, 由操作 6 知 $GF\perp AE$, 所以 $\angle AGP+\angle GAP=90^\circ$, 而 $\angle GAP+\angle DAE=90^\circ$, 所以 $\angle AGP=\angle DAE$.

如图 9-9, 过点 F 折 AB 的垂线 FH, 因为 $\angle AGP=\angle DAE$ 则 $\triangle FHG\backsim\triangle ADE$, 由 $\dfrac{HG}{FH}=\dfrac{AD}{DE}$, 得 $HG=\dfrac{AD\times FH}{DE}=\dfrac{AD^2}{CD-CE}=\dfrac{1}{2-\dfrac{1}{8}}=\dfrac{8}{15}$, 又由于 $FH^2+HG^2=FG^2$, 所以 $FG=\dfrac{\sqrt{289}}{15}$.

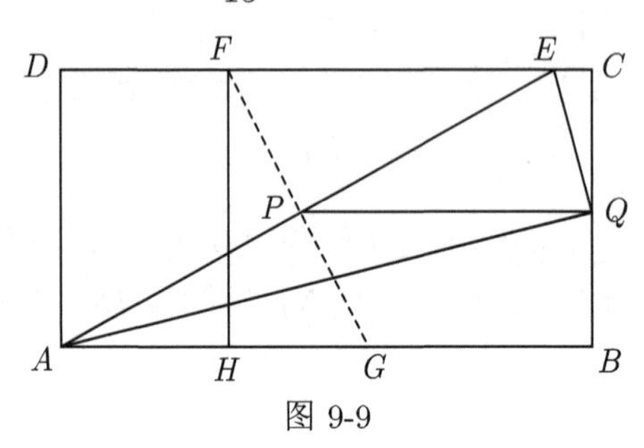

图 9-9

由于本题所涉及到的操作步骤比较复杂, 我们就不再进行**题目重述.**

例 10(2007 荆门市)　如图 10-1, 在平面直角坐标系中, 有一张矩形纸片 $OABC$, 已知 $O(0,0), A(4,0), C(0,3)$, 点 P 是 OA 边上的动点 (与点 O、A 不重合). 现将 $\triangle PAB$ 沿 PB 翻折, 得到 $\triangle PDB$, 再在边 OC 上选取适当的点 E, 将 $\triangle POE$ 沿 PE 翻折, 得到 $\triangle PFE$, 并使直线 PD, PF 重合.

(1) 设 $P(x\,,0)$, $E(0,\ y)$, 求 y 关于 x 的函数关系.

(2) 如图 10-2, 若翻折后点 D 落在边 BC 上, 求过点 P、B、E 的抛物线的函数关系.

(3) 在 (2) 情况下, 在抛物线上是否存在点 Q, 使得 $\triangle PEQ$ 为直角三角形? 若不存在, 说明理由, 若存在, 求出点 Q 的坐标.

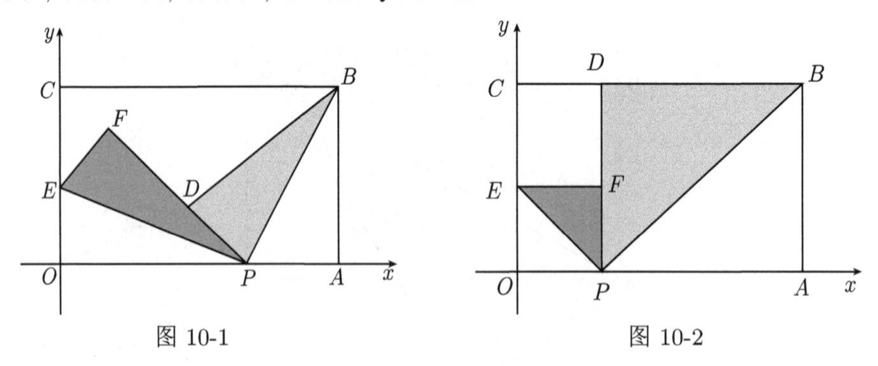

图 10-1　　图 10-2

例 10 与例 8 类似, 只是折叠的方向不同, 请读者自行探究.

例 11(2008 太原市)　如图 11-1, 在梯形 $ABCD$ 中, $AD/\!/BC$, $AB=DC=3$, 沿对角线 BD 翻折梯形 $ABCD$, 若点 A 恰好落在下底 BC 的中点 E 处, 则梯形的

周长为 ________.

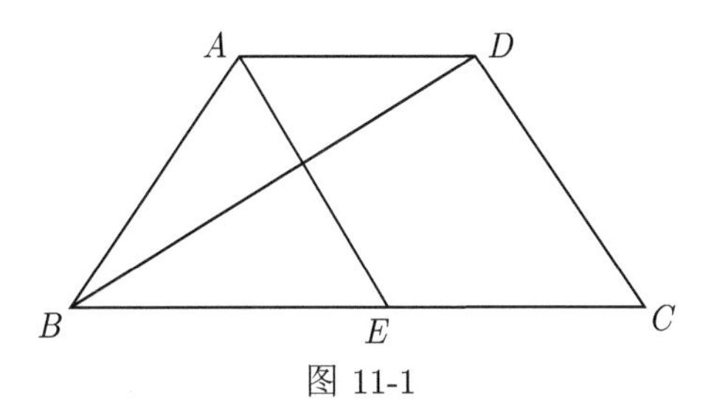

图 11-1

折叠方法解析：

"沿对角线 BD 翻折梯形 $ABCD$", 实际上是过 B、D 两点折叠, "若点 A 恰好落在 BC 的中点 E 处" 这必须是非常特殊的梯形才能办到. 那么这是怎样的一个梯形呢?

如图 11-2, 因为点 A 关于折痕 BD 的对应点为 E, 所以 $\triangle ABD \cong \triangle BDE$, 即 $AB = BE$, $AD = DE$, $\angle ADB = \angle EDB$. 因为 $AD /\!/ BC$, 有 $\angle ADB = \angle DBE$, 所以 $\angle DBE = \angle EDB$, 即 $BE = DE$, 因此四边形 $ABED$ 是菱形, 又因为 E 是 BC 的中点, 而 $AB = CD$, 所以 $\triangle CDE$ 是等边三角形.

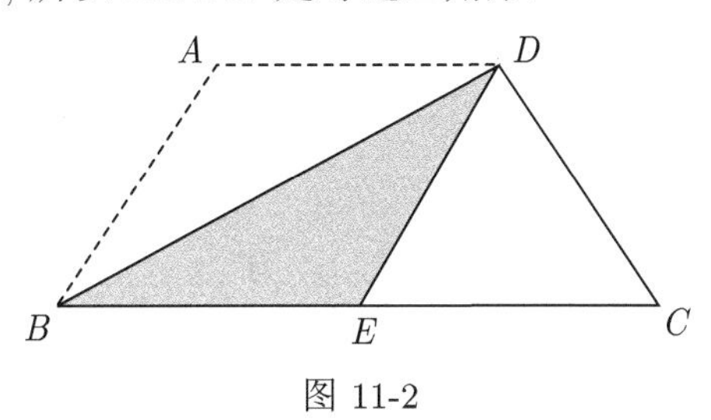

图 11-2

问题解答：

由上述讨论可知, 梯形 $ABCD$ 是底角为 $60°$ 的等腰梯形, 周长等于 5 倍腰的长度, 即等于 15.

题目重述：

如图 11-1, 在梯形 $ABCD$ 中, $AD /\!/ BC, AB = DC = 3$, 将 B、C 两点重合对折, 得 BC 的中点 E, 若过 B、D 两点折叠, 点 A 的对应点恰好与 E 点重合, 则梯形的周长为 ________.

例 12(2008 莆田市)　如图 12-1, 四边形 $ABCD$ 是一张矩形纸片, $AD = 2AB$, 若沿过点 D 的折痕 DE 将 A 角翻折, 使点 A 落在 BC 上 A' 处, 则 $\angle EA'B =$ ________.

折叠方法解析：

"沿过点 D 的折痕 DE 将 A 角翻折, 使点 A 落在 BC 上 A' 处", 将点 A 折到

BC 上有许多折叠方法, 但要让折痕经过点 D 就只有一种折叠方法了, 所以这个时候的折痕 DE 是唯一的, 但折纸过程的叙述不能先有折痕然后才折叠. 本题的折纸过程可以根据第 1 章的公理 5 叙述为：如图 12-2, 过点 D 将点 A 折到边 BC 上 (公理 5), 折痕为 DE, 点 A 的对应点为 A'.

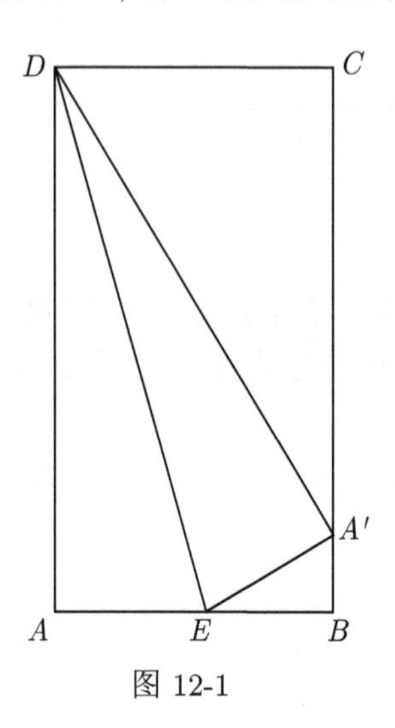

图 12-1

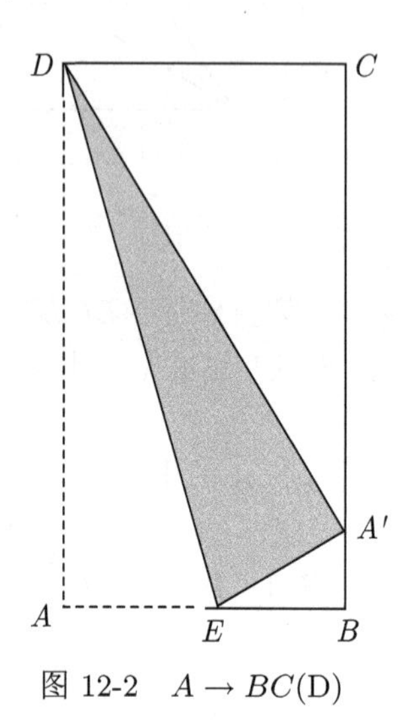

图 12-2　$A \to BC$(D)

问题解答：

求 $\angle EA'B$ 的度数.

因为点 A 关于折痕 DE 的对应点为 A', 所以 $\triangle ADE \cong \triangle A'DE$, 有

$$\angle EA'D = \angle EAD = 90^\circ, \quad DA' = AD$$

又由 $\angle EA'B + \angle CA'D = 90^\circ$, $\angle CA'D + \angle CDA' = 90^\circ$, 可得 $\angle EA'B = \angle CDA'$, 在 $\triangle CDA'$ 中, 由 $CD = 1$, $DA' = DA = 2$ 可知 $\angle CDA' = 60^\circ$, 所以 $\angle EA'B = 60^\circ$.

题目重述：

如图 12-1, 四边形 $ABCD$ 是一张矩形纸片, $AD = 2AB$, 过点 D 将点 A 折到 BC 上, 折痕为 DE, 点 A 的对应点为 A', 则 $\angle EA'B=$________ 度.

例题 13(2008 宁德市)　如图 13-1, 将矩形 $ABCD$ 的四个角向内折起, 恰好拼成一个无缝无重叠的四边形 $EFGH$, 若 $EH = 3\text{cm}$, $EF = 4\text{cm}$, 则边 AD 的长是多少？

折叠方法解析：

从已经折好的图中计算 AD 的长度并不复杂, 但怎样才能 “恰好拼成一个无缝无重叠的四边形” 可以通过下列操作完成：

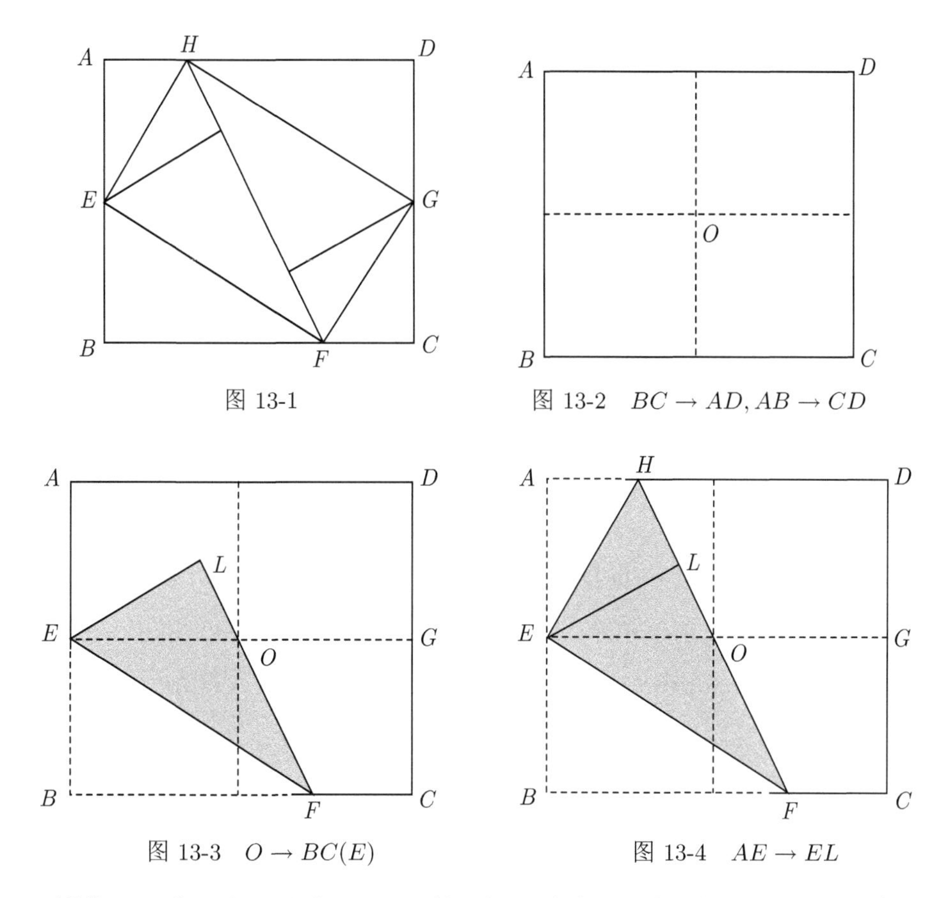

图 13-1

图 13-2　$BC \to AD, AB \to CD$

图 13-3　$O \to BC(E)$

图 13-4　$AE \to EL$

操作 1　将正方形纸片 $ABCD$ 的两组对边分别重合对折 (公理 3), 两条折痕的交点是正方形的中心 O, 如图 13-2;

操作 2　过点 E 将 O 折到边 BC 上 (实际折叠时可以过点 E 让 BC 通过点 O 折叠)(公理 5), 折痕为 FL, 点 B 的对应点为 L, 如图 13-3;

操作 3　将 AE 与 EL 重合对折 (公理 3), 折痕为 EH, 易知 H、L、F 在一条直线上, 如图 13-4;

操作 4　将 DH 与 GH 重合对折 (公理 3), 折痕为 HG, 如图 13-5;

操作 5　将点 C 与 K 重合对折 (公理 2), 折痕为 FG, 如图 13-6.

问题解答:

由第 3 章第 2 节的讨论知四边形 $WFGH$ 是一个二重长方形, 即是一个无缝且只有二层重叠的长方形, 所以该长方形的面积等于原长方形面积的二分之一, 而该长方形的面积等于 $EF \times EH = 12$, 所以原长方形面积等于 24, 由 $EH = 3$, 易知 $AE < 3$, 所以 $AD = 6\text{cm}$.

由于本题所涉及操作步骤比较多, 我们就不再进行**题目重述.**

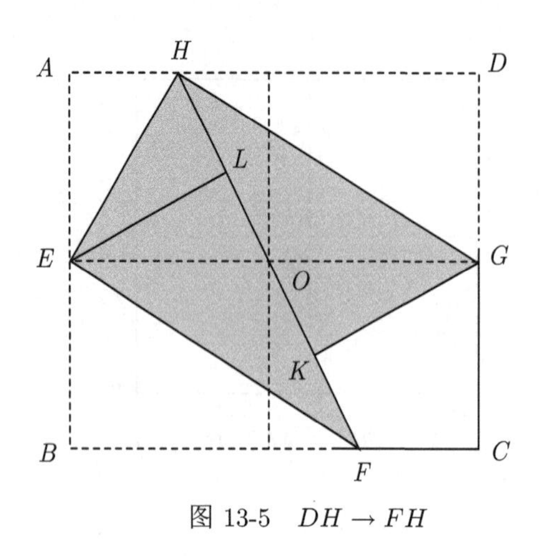

图 13-5　$DH \to FH$

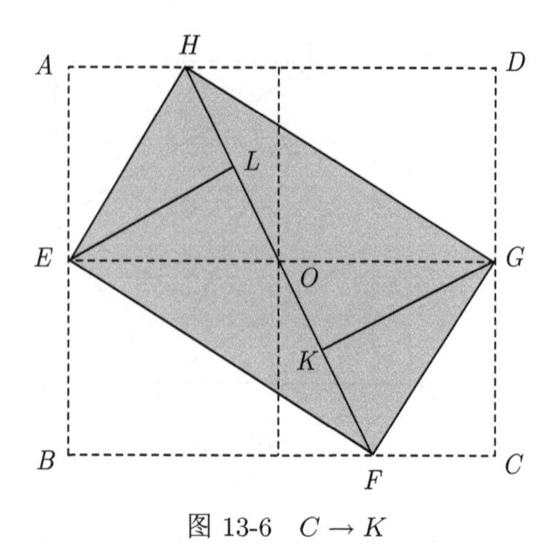

图 13-6　$C \to K$

例 14(2009 淄博市)　矩形纸片 $ABCD$ 的边长 $AB = 4$, $AD = 2$, 将矩形纸片沿 EF 折叠, 点 A 与点 C 重合, 折叠后在其一面着色 (如图 14-1), 则着色部分的面积为 = ________.

(A) 8　　(B) $\dfrac{11}{2}$　　(C)4　　(D) $\dfrac{5}{2}$

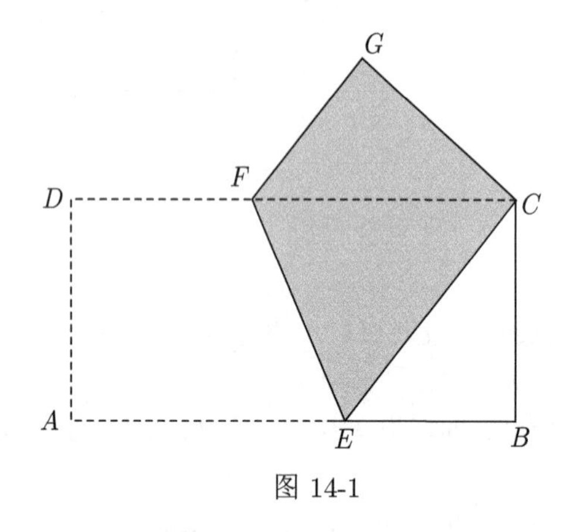

图 14-1

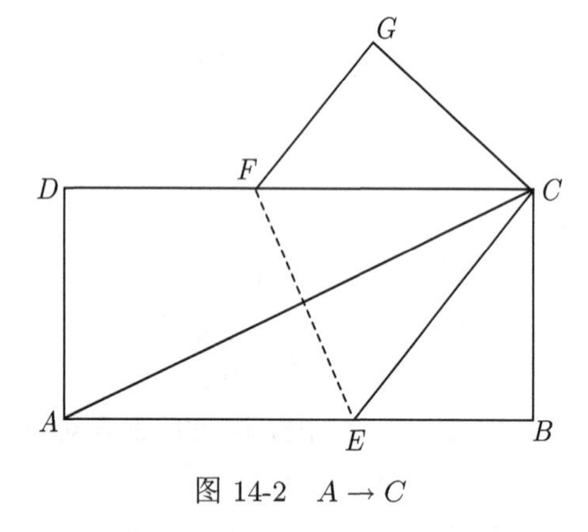

图 14-2　$A \to C$

折叠方法解析:

“将矩形纸片沿 EF 折叠, 点 A 与点 C 重合”, 实际上, 将两点重合对折的折痕是唯一的, 所以先给出折痕, 然后再将两点重合对折这种描述方式不够严谨, 本题的操作过程可以用公理 2 描述为: 将矩形 $ABCD$ 的两顶点 A 与 C 重合对折, 折痕为 EF, 点 D 的对应点为 G, 如图 14-2.

问题解答:

求梯形 $CEFG$ 的面积.

因为点 A 关于折痕 EF 的对应点为 C, 点 D 关于折痕 EF 的对应点为 G, 所以四边形 $ADFE$ 与四边形 $CEFG$ 全等, 所以 $AD=CG$, 又因为折痕垂直平分两对应点的连线, 即 EF 垂直平分 AC, 有 $CF=CE$, 所以梯形 $CEFG$ 的上底 FG 加下底 CE 正好等于 CD, 于是梯形 $CEFG$ 的面积等于 4.

题目重述:

矩形纸片 $ABCD$ 的边长 $AB=4$, $AD=2$, 将点 A 与点 C 重合, 折痕为 EF, 点 D 的对应点记为 G, 如图 14-1, 则四边形 $CEFG$ 的面积为 = ________.

(A) 8　　(B) $\dfrac{11}{2}$　　(C) 4　　(D) $\dfrac{5}{2}$

例 15(2010 青岛市)　把一张矩形纸片 $(ABCD)$ 按图 15-1 方式折叠, 使顶点 B 和 D 重合, 折痕为 EF, 若 $AB=3\text{cm}$, $BC=5\text{cm}$, 则重叠部分 DEF 的面积是 ____ 平方厘米.

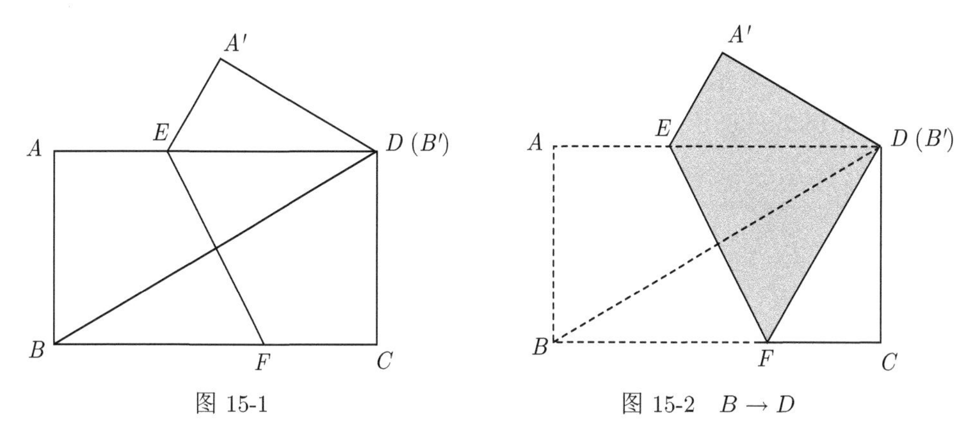

图 15-1　　图 15-2　$B\to D$

折叠方法解析:

题目中的操作方法与例 14 类似, 可以直接叙述为 “将点 B 与点 D 重合对折”.

问题解答:

容易计算 $DE=\dfrac{17}{5}$, $AE=\dfrac{8}{5}$, 要要 DEF 的面积, 需要折痕 EF 的长和对角线 BD 的长:

$$BD=\sqrt{9+25}=\sqrt{34},\quad EF=\sqrt{9+(BF-AE)^2}=\frac{3}{5}\sqrt{34}$$

由此可得 $\triangle DEF$ 的面积是 $\dfrac{51}{5}$.

题目重述:

如图 15-2, $ABCD$ 是矩形纸片, 将点 B 与点 D 重合对折, 折痕为 EF, 若 $AB=3\text{cm}$, $BC=5\text{cm}$, 则重叠部分 $\triangle DEF$ 的面积是 ________ 平方厘米.

例 16(2010 四川省)　如图 16-1, 矩形 $ABCD$ 沿 AE 折叠, 使点 D 落在边 BC 上的点 F 处, 如果 $\angle BAF = 60°$, 那么 $\angle DAE =$ ________.

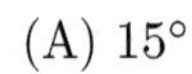 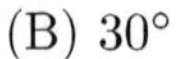

(A) 15°　　(B) 30°　　(C) 45°　　(D) 60°

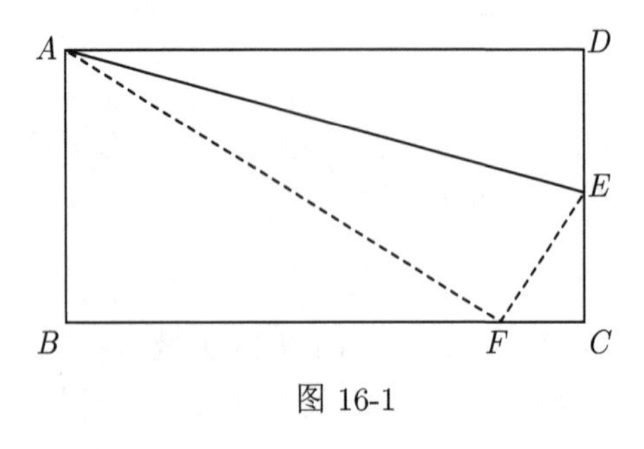

图 16-1

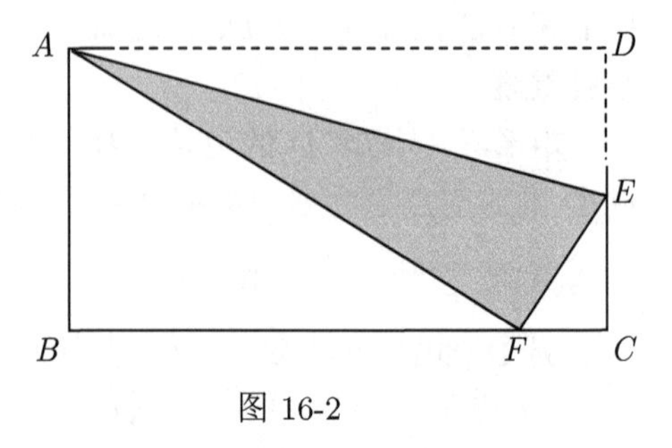

图 16-2

折叠方法解析:

本题与例 12 类似, 可以将 "矩形 $ABCD$ 沿 AE 折叠, 使点 D 落在边 BC 上的点 F 处" 用公理 5 描述: 过点 A 将点 D 折到 BC 上, 折痕为 AE, D 的对应点为 F, 如图 16-2.

问题解答:

从条件 $\angle BAF = 60°$ 可知 $AB = \frac{1}{2}BF$, 又 $BF = AD$, 所以 $AB = \frac{1}{2}AD$, 且 $\angle DAE = \angle FAE$, 即 $\angle DAE = 15°$.

题目重述:

如图 16-1, 在矩形 $ABCD$ 中, $AB = \frac{1}{2}AD$, 过点 A 将 D 折到边 BC 上, 折痕为 AE, D 的对应点为 F, 那么 $\angle DAE =$ ________.

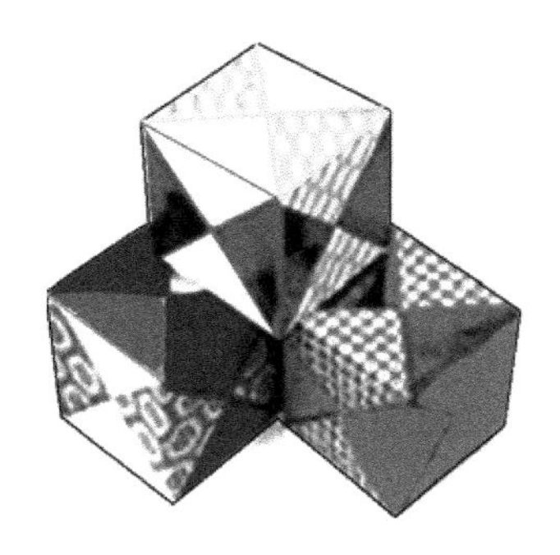

参考文献

[1] Justin Jacques. Resolution par le pliage de l'equation du troisieme egree et applications geometriques. reprinted in Proceedings of the First International Meeting of Origami Science and Technology, H. Huzita ed. 1989: 251–261

[2] Humiaki Huzita. Understanding Geometry through Origami Axioms. The First International Conference on Origami in Education and Therapy (COET91) (1991)

[3] 阿部恒. すごいぞ折り紙. 日本評論社, 2007:74–76

[4] 芳賀和夫. オリガミクス〈1〉幾何図形折り紙. 日本評論社, 1999:1–3

[5] 芳賀和夫. オリガミクス〈2〉幾何図形折り紙. 日本評論社, 1999

[6] 加藤渾一. 折り紙と数学の楽しみ. ORIGAMI & Mathmatics, 2008:176–177

[7] 加藤渾一. 折り紙と数学の楽しみ. ORIGAMI & Mathmatics, 2008:61–62

[8] 加藤渾一. 折り紙と数学の楽しみ. ORIGAMI & Mathmatics, 2008:66–67

[9] ロベルト．ゲレシユレーガー著. 深川英俊訳. 折紙の数学. 森北出版. 2008:25–32

[10] 黄燕苹. 用折纸探索勾股定理的古典证法. 第三届数学史与数学教育国际研讨会论文集, 2009:292–297

[11] 黄燕苹, 张辉蓉. 中考折纸问题解析. 数学教学, 2009

下面是写作过程中参阅过的文献:

[12] 堀井洋子 + 折り紙サークル. 折り紙で数学. 明治図書, 2006

[13] Yoshita. 折り紙で学ぶ数学 1. 星の環会, 2008

[14] Yoshita. 折り紙で学ぶ数学 2. 星の環会, 2008

[15] 川崎敏和. バラと折り紙と数学と. 森北出版株式会社, 2007

[16] 川崎敏和. 究極の夢折り紙. 朝日出版社, 2010

[17] 布施知子. ユニット折り紙エッセンス. 日貿出版社, 2010

[18] 布施知子. ゆかいな多面体. 日本ヴォーグ, 2007

[19] 杉村卓二. 折り紙の手紙. 東方出版, 1995